Akademie der Wissenschaften
zu Berlin

The Academy of Sciences
and Technology in Berlin

Forschungsbericht 3

Einheit, Interdisziplinarität, Komplementarität

W
DE
G

Akademie der Wissenschaften zu Berlin
The Academy of Sciences and Technology in Berlin

Forschungsbericht 3

Arbeitsgruppe:
Einheit der Wissenschaften

Leiter:
Jürgen Mittelstraß

Walter de Gruyter · Berlin · New York · 1991

»Wer nichts als Chemie versteht[,]
versteht auch die nicht recht.«
Georg Christoph Lichtenberg

Inhalt

Vorwort

Die Akademie der Wissenschaften zu Berlin hat im August 1989 eine Studiengruppe eingesetzt und mit der Vorbereitung und Durchführung eines internationalen Kolloquiums »Einheit der Wissenschaften« beauftragt. Dieses Kolloquium fand vom 25.-27. 6. 1990 in Bonn statt. Der Studiengruppe gehörten an: Dr. Bernd Gräfrath, Dr. Renate Huber und Dr. Brigitte Uhlemann. Wissenschaftlicher Leiter war Prof. Dr. Jürgen Mittelstraß.

Wesentlicher Teil der Vorbereitung des Kolloquiums war die Erarbeitung einer Studie zum Stand der Diskussion. Diese wurde in einer ersten Fassung im April 1990 fertiggestellt und den Teilnehmern des Kolloquiums vorab zugestellt. Die Studie wird nunmehr ergänzt vorgelegt. In der Ratssitzung am 7. 12. 1990 wurde sie evaluiert; die Ergebnisse der Diskussion sind in die Studie eingeflossen. Eine Veröffentlichung der Kongreßakten erfolgt in Kürze.

Sowohl die Arbeit der Studiengruppe als auch die Durchführung des Kongresses wurden aus Mitteln des Bundesministers für Forschung und Technologie finanziert*, dem die Akademie der Wissenschaften zu Berlin an dieser Stelle ihren Dank ausspricht.

Prof. Dr. Dr. h. c. mult. Horst Albach
(Präsident der Akademie der Wissenschaften zu Berlin)

* Das diesem Bericht zugrunde liegende Vorhaben wurde mit Mitteln des Bundesministers für Forschung und Technologie unter dem Förderkennzeichen KGS 2200 2 gefördert. Die Verantwortung für den Inhalt dieser Veröffentlichung liegt bei der Akademie der Wissenschaften zu Berlin und den Autoren.

1. Einleitung

Die gegenwärtige Wissenschaft gerät immer häufiger ins Kreuzfeuer der Kritik. Naturwissenschaftliche Erkenntnisse scheinen eine Eigendynamik zu entwickeln, deren nachteilige Folgen weder abzuschätzen noch aufzuhalten sind. Die Spezialisierung der Wissenschaften führt zu einer Unüberschaubarkeit des Wissens, für dessen Anwendung eine verantwortungsvolle Überprüfung zwar geboten, diese aber allem Anschein nach nicht zu leisten ist. Als Konsequenz einer derartigen Wissenschaftskritik werden Forderungen erhoben, die von der Ablehnung des Ideals technischer Verfügbarmachung, wie es für die neuzeitliche Wissenschaft charakteristisch ist, bis zur Ablehnung der von den Wissenschaften mitgeprägten rationalen Kultur überhaupt reichen.

In der vorliegenden Studie soll geprüft werden, inwieweit die angesprochenen Defizite tatsächlich bestehen und inwieweit sie den Wissenschaften angelastet werden können. Die mit der Partikularisierung der Fächer und Disziplinen verbundenen Probleme sollen dabei im Vordergrund stehen. Hier ist nicht nur auf die Nachteile isolierter Forschungsgewohnheiten hinzuweisen, sondern auch aufzuzeigen, wie problemorientiertes Forschen die Überschreitung der jeweiligen disziplinären Grenzen notwendig macht. Dieses in der Wissenschaftspraxis virulente Erfordernis der *Trans*disziplinarität hat seine wissenschaftstheoretische Voraussetzung in der Idee der Einheit der Wissenschaft. Danach gibt es

> eine Einheit der Wissenschaft oder ein begründetes Programm ihrer Darstellung, 1. weil die *Welt*, als Gegenstand der Wissenschaft, eine ist (›Einheit der Natur‹), 2. weil das wissenschaftliche *Interesse* eines ist (es geht um ein rationales Begreifen der Welt), 3. weil die *Rationalitätskriterien* und damit mittelbar auch die Methoden, die die wissenschaftliche Arbeit leiten, tendenziell auf Einheit verweisen (Rationalitätskriterien sind Ausdruck ein und derselben Vorstellung von wissenschaftlicher Rationalität), 4. weil, ›philosophischer‹ gesprochen, die Idee der *Vernunft* eine und diese oberste Orientierung allen rationalen Handelns ist, 5. weil das forschende *Subjekt* eines und die Wissenschaft nicht subjektlos ist.[1]

1 J. Mittelstraß, »Wohin geht die Wissenschaft?: Über Disziplinarität, Transdisziplinarität und das Wissen in einer Leibniz-Welt«, *Konstanzer Blätter*

Inwieweit wissenschaftliche Rationalität dabei auch eine Orientierungsfunktion gegenüber der praktischen Vernunft zu übernehmen vermag, wird gesondert zu behandeln sein. Hier ist vor einer Überforderung der Wissenschaften zu warnen, wobei überzogene Ansprüche bestimmte Formen der Wissenschaftskritik geradezu herausfordern. Diese Mahnung gilt auch bezüglich der Geisteswissenschaften, die für ihre neuerliche Aktualität womöglich einen allzu hohen Preis bezahlen müssen, wenn ihnen nun Aufgaben aufgebürdet werden, die sie nicht zu leisten vermögen. So kann von den Geisteswissenschaften nicht erwartet werden, daß sie, allein auf sich selbst gestellt, bestehende Orientierungsprobleme bezüglich technischer Entwicklungen meistern oder gar die verantwortungsvolle Anwendung naturwissenschaftlicher Forschungsergebnisse sicherstellen können. Wenn dies die zentrale Rechtfertigung der Geisteswissenschaften wäre, müßten diese nach ihrem wohl unvermeidbaren Scheitern schnell wieder an Aktualität verlieren.

Auch wenn wissenschaftliche Erkenntnis prinzipielle Leistungsgrenzen hat, erkennbar z. B. darin, daß sich ethische Probleme nicht wissenschaftlich lösen lassen, so darf doch nicht übersehen werden, daß die Wissenschaften nicht lediglich Verfügungswissen bereithalten, sondern auch zur Orientierung in der Welt verhelfen. Nur darf dieses Vermögen nicht so mißverstanden werden, als gehörten die wissenschaftlichen Disziplinen diesbezüglich in strikt getrennte Klassen (wie dies etwa durch die »Zwei Kulturen«-These von C. P. Snow[2] oder durch das Kompensationsmodell der Geisteswissenschaften von O. Marquard[3] suggeriert wird). Alle Wissenschaften müssen sich vielmehr als integraler Bestandteil *einer* rationalen Kultur begreifen, wobei die Vermittlung von Orientierung nicht die exklusive Aufgabe einer einzelnen Disziplin oder Disziplinengruppe sein kann.[4]

---

für Hochschulfragen 26 (1989), S. 99. Vgl. M. Carrier u. J. Mittelstraß, »Die Einheit der Wissenschaft«, in: Akademie der Wissenschaften zu Berlin, *Jahrbuch 1988* (Berlin/New York, 1989), S. 93 – 118.

2 C. P. Snow, *The Two Cultures and the Scientific Revolution: The Rede Lecture 1959* (Cambridge, 1959).

3 O. Marquard, »Über die Unvermeidlichkeit der Geisteswissenschaften«, in: Ders., *Apologie des Zufälligen: Philosophische Studien* (Stuttgart, 1986), S. 98 – 116.

4 J. Mittelstraß, *Glanz und Elend der Geisteswissenschaften* (= *Oldenburger Universitätsreden* Nr. 27), (Oldenburg, 1989), S. 21 f.

Dennoch haben die Geisteswissenschaften besondere Aufgaben, die nur sie zu leisten vermögen. Sie vermitteln z. B. historische Erfahrung, die zum Selbstverständnis unserer Kultur beiträgt, und dies nicht nur erzählerisch, um die Konflikte der Moderne zu betäuben bzw. postmodern zur Seite zu schieben, sondern fortbildend. Diese aufklärerische und zukunftsorientierte Perspektive muß sich dabei auf die Gesamtkultur beziehen: Die Geisteswissenschaften müssen erkennen, daß der zugrundegelegte Kulturbegriff sich nicht auf die traditionellen »Bildungsgüter« der Geisteswissenschaften beschränken darf, sondern eben auch die Naturwissenschaften einschließen muß.

Aus diesem Programm ergibt sich ein Bild der Wissenschaft, das trotz aller (unvermeidlichen) Spezialisierung der Disziplinen in einem bestimmten Sinn an der Idee der Einheit der Wissenschaft festhält. Diese »Einheit in der Vielheit« läßt sich am besten mit dem Begriff der *Komplementarität* fassen: Jede Disziplin hat ihren eigenen Zugang zur Welt, weist aber über sich selbst hinaus, insofern sie allein die (wissenschaftliche) Erfassung der Welt nicht zu leisten vermag. Wissenschaftliche Probleme passen sich nicht den jeweils historisch gewachsenen disziplinären Grenzziehungen an; sie machen es vielmehr erforderlich, daß eine wissenschaftliche Disziplin und daß der einzelne Forscher den Blick für fächerübergreifende Fragestellungen frei halten. Übergreifende Einheitsvorstellungen kommen dabei einerseits methodologisch in der für alle Wissenschaften verbindlichen Anwendung von Rationalitätskriterien zum Ausdruck, werden andererseits aber auch im Verständnis von Wissenschaft als einem Forschungszusammenhang deutlich, wobei disziplinäre Grenzziehungen zweitrangig werden.

Abschließend sei darauf hingewiesen, daß neben der Vielfalt wissenschaftlicher Zugangsweisen auch außerwissenschaftliche Wege der Welterkenntnis und Weltkonstitution existieren, die etwa in der Kunst zum Tragen kommen. Auch die Wissenschaft hat ihre Grenzen; und zwar nicht nur in methodologischer Hinsicht, sondern auch, wie bereits erwähnt, bezüglich der Arten von Fragen, die sie beantworten kann. Dies bedeutet aber nicht – wie von postmodernen Kritikern des »Logozentrismus« behauptet – die Bankrott-Erklärung der wissenschaftlichen Rationalität, sondern zeigt nur, daß sich einerseits Erkenntnis nicht auf propositionales Wissen einschränken läßt, und daß andererseits Vernunft mehr umfaßt als wissenschaftliche Rationalität: Auch für die Zukunft bleibt neben der wissenschaftlichen Urteilskraft die praktische Urteilskraft unverzichtbar.

2. »Zwei Kulturen« (oder mehr !?): Theoretische und praktische Aspekte

C. P. Snow beschreibt in seiner »Rede Lecture« von 1959 ein Phänomen, das sich in der entwickelten westlichen Industriegesellschaft, und zwar insbesondere in England, immer aufdringlicher zur Geltung bringt: eine bedauernswerte Spaltung in verschiedene Kulturen, zwischen denen Sprachlosigkeit herrscht. Die typischste ist diejenige zwischen Naturwissenschaftlern und »Literaten«;[1] sie ist aber nicht beschränkt auf diese.[2] Snow sieht z. B., daß Barrieren auch zwischen verschiedenen naturwissenschaftlichen Disziplinen oder zwischen Naturwissenschaftlern und Ingenieuren bestehen.[3] Nur ist das Problem unter Naturwissenschaftlern weniger gravierend, insofern prinzipiell, aufgrund seiner Ausbildung und seiner Arbeitsweise, jeder Naturwissenschaftler in der Lage ist, sich in die Forschungen einer anderen naturwissenschaftlichen Richtung einzuarbeiten.[4]

Snow sagt selbst, daß das Renaissance-Ideal des ›uomo universale‹ heute nicht mehr realisierbar ist.[5] Ein Mensch kann allein nicht mehr auf der Höhe der Forschung in allen Gebieten sein (oder sie gar auf allen Gebieten vorantreiben). Was aber verlangt werden kann, ist eine umfassende Bildung, die die Grundzüge des heutigen Wissens einem jeden vermittelt (so wie dies nach Snows Ansicht in den USA und der

1 In der Snow-Rezeption wurde dieser Gegensatz übertragen auf denjenigen zwischen Natur- und Geisteswissenschaften. Snow selbst spricht von »scientists« bzw. »physical scientists« einerseits und »intellectuals« bzw. »literary intellectuals« andererseits.

2 Vgl. C. P. Snow, »Ein Nachtrag« (1963), in: H. Kreuzer (Hrsg.), *Die zwei Kulturen: Literarische und naturwissenschaftliche Intelligenz: C. P. Snows These in der Diskussion* (München, 1987), S. 68.

3 Vgl. ebd., S. 69. Vgl. auch C. P. Snow, *The Two Cultures and the Scientific Revolution* (Cambridge, 1959), S. 29.

4 Snow, »Nachtrag«, S. 75.

5 Ebd., S. 65.

UdSSR zumindest ansatzweise geschieht[6]). Die besonders betonte Forderung nach der Verbreitung gerade naturwissenschaftlicher Erkenntnisse beruht darauf, daß derartige Kenntnisse noch zu sehr vernachlässigt sind und mangelndes Wissen in diesen Bereichen größeren Schaden anrichtet als eine ähnliche Unkenntnis im geisteswissenschaftlichen Bereich. Zwar ist die Unterentwicklung einer jeden der beiden kulturellen Sphären von Nachteil;[7] aber naturwissenschaftliches Denken ist heute unabdingbar geworden. Es ermöglicht das Weiterleben der Menschheit; die Verbreitung der Naturwissenschaft ist der einzige Weg, übergroßes Leiden von der Menschheit abzuwenden.[8] Wir profitieren seit langem vom wissenschaftlichen Fortschritt, und die dritte Welt wünscht sich diesen Fortschritt. Viele Intellektuelle haben nach Snow dagegen eine geradezu *anti*wissenschaftliche Einstellung;[9] er fordert sie auf, doch einmal zu zeigen, wo ein vorindustrielles Paradies existierte.[10] Zur Zeit Snows war anscheinend das Gefühl für gesellschaftliche Verantwortung einseitig verschoben: Nach Snow geben sich die »Literaten« beschaulichen Reflexionen über individuelle Sinnfragen hin und vergessen darüber das Leiden eines großen Teils der Menschheit, der von der industriellen Revolution noch nicht profitiert hat und eine direkte, physische Existenzkrise erlebt. Die Naturwissenschaftler setzen sich demgegenüber nach Snow tatkräftig für das Wohl ihrer Mitmenschen ein.[11]

Snow geht es mit seiner These von den »zwei Kulturen« in erster Linie nicht um unterschiedliche theoretische Grundlagen und Methoden der Wissenschaften, sondern um eine bedauernswerte, faktisch bestehende Sprachlosigkeit zwischen empirischen Subjekten (insbesondere in England). Für unseren Zusammenhang bleibt zu fragen, ob die von Snow beschriebene Spaltung tatsächlich besteht, ob sie, wenn sie besteht, durch die von ihm propagierten Bildungsanstrengungen behoben

6 Vgl. Snow, *Two Cultures*, S. 32 f. Vgl. »Nachtrag«, S. 71.
7 Vgl. Snow, »Nachtrag«, S. 67.
8 Vgl. ebd., S. 78.
9 Vgl. Snow, *Two Cultures*, S. 11.
10 Vgl. Snow, »Nachtrag«, S. 82.
11 Vgl. Snow, *Two Cultures*, S. 7.

werden kann oder ob sie auf unaufhebbaren, prinzipiellen Unterschieden der verschiedenen Wissenschaften beruht.

In diesem Zusammenhang muß bemerkt werden, daß Snow in seinem Vortrag mehrere Themen überhaupt nicht behandelt, die heute ebenfalls mit seinem Schlagwort der »zwei Kulturen« in Verbindung gebracht werden.[12] So vernachlässigt er etwa die Frage, inwiefern uns die Wissenschaften (gleich welcher Richtung) zu einer praktischen Orientierung verhelfen, die über die Mitteilung von Faktenwissen hinausgeht. Hier verläßt sich Snow anscheinend darauf, daß ein jeder so viel Verantwortung und Mitgefühl besitzt, daß das Wissen um die Leiden der Menschheit und um die Wege zu ihrer Linderung für die Begründung und die Konsensbildung von Handlungsanweisungen genügt.[13] Ebenso fehlt bei Snow die Erörterung des Themas der möglicherweise nötigen Kontrolle bestimmter Entwicklungen der Wissenschaften (insbesondere der Naturwissenschaften). Er merkt lediglich an, daß auch die politischen Entscheidungsträger hinreichend kompetent in wissenschaftlichen Fragen sein müssen.[14] Ernsthafte Folgeprobleme der Naturwissenschaften sind für Snow allerdings ohnehin nicht zu erwarten.[15]

Relevant bleibt Snows Untersuchung dagegen insofern, als sie die Aufmerksamkeit auf schädliche Nebenwirkungen einer weitreichenden Spezialisierung der wissenschaftlichen Disziplinen gelenkt hat. Sein immer wieder aufgegriffenes Schlagwort der »zwei Kulturen« ist dabei über den engeren Zusammenhang von Snows ursprünglichem Thema hinaus fruchtbar geworden, indem es den Blick für Partikularisierungstendenzen in der heutigen Wissenschaft geschärft hat, die von der Aufsplitterung der Disziplinen (auf methodisch-theoretischer und institutionell-praktischer Ebene) bis hin zur Trennung von empirischer Forschung (die uns über technische Möglichkeiten informiert) und der Entscheidungsfindung (über angemessene Forschungszwecke) zur praktischen Orientierung reicht.

12 Vgl. H. Kreuzers »Vorwort zur Taschenbuchausgabe«, in: H. Kreuzer (Hrsg.), *Die zwei Kulturen*, S. 11–17.
13 Vgl. Snow »Nachtrag«, S. 77 ff. Vgl. Snow, *Two Cultures*, S. 7.
14 Vgl. Snow, »Nachtrag«, S. 94 f.
15 Vgl. ebd., S. 95.

Wir wollen im folgenden zunächst untersuchen, inwieweit die im Schlagwort der zwei (oder mehr) Kulturen angesprochene Aufsplitterung der Disziplinen vielleicht nicht auf praktischen Zufällen beruht, sondern zwingende wissenschaftstheoretische Ursachen in der obsolet gewordenen Vorstellung von der Einheit der Wissenschaften hat. Sollte es möglich sein, die Einheit der Wissenschaften in einem bestimmten Sinne zu retten, bestünde hingegen auch Hoffnung, die faktische Aufsplitterung der Disziplinen nicht als naturgegeben anzusehen und sie auf eine vernünftige Weise zu verändern.

3. Einheit der Wissenschaften: Allgemeine Wissenschaftstheorie

Die Idee der »Einheit der Wissenschaft« hält fest an der Vorstellung, daß es ein System der Wissenschaft gibt, das über eine bloße Ansammlung von Wissensbeständen oder die Aufzählung von Disziplinen hinausgeht. Im folgenden sollen verschiedene Einheitsmodelle vorgestellt und diskutiert werden. Diese gründen sich entweder *inhaltlich* auf die Vorstellung von der Einheit der *Wissenschaftssprache* und der Einheit der wissenschaftlichen *Gesetze* oder aber auf die Idee der Einheit der wissenschaftlichen *Methode* bzw. übergreifender Rationalitätskriterien.

3.1 Konstruktionen und Kritik

3.1.1 Leibniz und Kant: Zwei typische Einheitskonzepte

Die Idee der Einheit der Wissenschaft, d. h. der Art des wissenschaftlichen Zugangs zur Welt, und dann auch, auf Disziplinenebene, die Idee der Einheit der Wissenschaften, ist sehr alt und versteht sich bei den Alten gewissermaßen von selbst: Die Antike und das Mittelalter sehen die Einheit der Wissenschaft gewährleistet in der als selbstverständlich angenommenen kosmischen bzw. göttlichen Weltordnung. Die faktisch herzustellende Einheit erscheint dann gleichsam wie das Nachzeichnen oder Ausfüllen eines vorgebenen Musters.

Spätestens seit der Aufklärung gilt diese Vorstellung einer objektiven Einheit der Wissenschaft als obsolet. Kant macht mit allem Nachdruck deutlich, daß die notwendige Subjektivität all unserer Erkenntnis keine Einschränkung, sondern im Gegenteil unsere Autonomie bedeutet. Die Vorstellung einer unserem Erkennen vorgegebenen Ordnung ist von diesem Standpunkte aus nicht nur unsinnig, sondern überdies ein Symptom fehlender Emanzipation, fortbestehender Abhängigkeit von hypostasierten Gewalten. Nicht der Rekurs auf vorgegebene Instanzen, sondern die Reflexion der eigenen Voraussetzungen, welches Unternehmen Kant die *Kritik der reinen Vernunft* nennt, liefert seit Kant die Richtschnur für die Überprüfung von Geltungsansprüchen.

Auch aus der Perspektive dieser sogenannten *kopernikanischen Wende* ist die Einheit der Wissenschaft etwas höchst Erstrebenswertes. Sie gilt freilich nicht mehr als etwas Aufzufindendes oder zu Entdekkendes, sondern als eine »Idee der Vernunft« selbst.

> Unter der Regierung der Vernunft dürfen unsere Erkenntnisse überhaupt keine Rhapsodie, sondern sie müssen ein System ausmachen, in welchem sie allein die wesentlichen Zwecke derselben unterstützen und befördern können. Ich verstehe aber unter einem Systeme die Einheit der mannigfaltigen Erkenntnisse unter einer Idee. Diese ist der Vernunftbegriff von der Form eines Ganzen, so fern durch denselben der Umfang des Mannigfaltigen so wohl, als die Stelle der Teile untereinander, a priori bestimmt wird. Der szientifische Vernunftbegriff enthält also den Zweck und die Form des Ganzen, das mit demselben kongruiert. Die Einheit des Zwecks, worauf sich alle Teile und in der Idee desselben auch unter einander beziehen, macht, daß ein jeder Teil bei der Kenntnis der übrigen vermißt werden kann, und keine zufällige Hinzusetzung, oder unbestimmte Größe der Vollkommenheit, die nicht ihre a priori bestimmte Grenzen habe, stattfindet.[1]

Wenn Kant von »der Vernunft« spricht, meint er damit so etwas wie eine ideale Kompetenz des Erkennens und Handelns, eine Reihe von Voraussetzungen, die wir als nicht-ideale Teilnehmer an der rationalen Kultur zwar nur unter kontingenten Bedingungen realisieren können, die wir aber jederzeit als erfüllt unterstellen müssen. Gerade weil wir als empirische Wesen »allgemeine Menschenvernunft« nur unter kontingenten Bedingungen exemplifizieren, bedarf es solcher sinnkriterialer Analysen, wie die *Kritik der reinen Vernunft* sie gibt.[2] Kant hat deutlich gesehen, daß wir das in transzendentaler Reflexion Thematisierte nicht einfach aus der Sphäre des primären Erkennens und Handelns aufneh-

---

1 Kant, *Kritik der reinen Vernunft* B 860 f.

2 Dieses Argument für die Nichttrivialität der *Kritik der reinen Vernunft* gibt H. Schnädelbach. Vgl. H. Schnädelbach, *Reflexion und Diskurs: Fragen einer Logik der Philosophie* (Frankfurt, 1977), S. 373. Schnädelbachs Überlegungen zur Logik philosophischer Erläuterungen, seine These, daß in reflexiver Erkenntnishaltung nur beschreibbar ist, was wir uns exemplifizierend vorführen können, so daß die Objekte des philosophischen Diskurses einen *operativen* Charakter haben, ist in die hier gegebene Kant-Interpretation eingegangen.

men können, sondern daß es das in solchen Diskursen Beschriebene nur »gibt«, insofern wir es selbst »hervorbringen«, d. h. uns über eine Beschreibung unserer primären Erfahrung verständigen, Bedeutungen festlegen.

Die Rede von der Einheit der Wissenschaft als einer »regulativen Idee« meint dann folgendes: Die Idee einer systematischen Einheit konstituiert sich in unserem immer wieder notwendigen Bemühen, uns über Sinn- und Geltungsbedingungen gerade auch unseres abgeleiteten, der konkreten Anschauung und des situativen Kontextes enthobenen Erkennens und Handelns Klarheit zu verschaffen. Und zwar konstituiert sie sich als die Leitvorstellung einer für alle Beteiligten gemeinsam einnehmbaren Perspektive, aus der wir Erkenntnisansprüche gemäß allgemeinen, von jeder bestimmten Inhaltlichkeit abgelösten Kriterien einordnen und, in diesem formalen Sinne, beurteilen können; sie entwirft also, um an Kants Rede von den Ideen als Weltbegriffen anzuknüpfen, eine wissenschaftliche Welt. Daß diese wissenschaftliche Welt, gemäß Kants Verständnis der transzendentalen Ideen, als ein schrittweise zu Realisierendes und nicht als Totalität gegeben ist, folgt der kritischen Einsicht, daß Autonomie in Heteronomie umschlägt, wenn der universale Zusammenhang unmittelbar gegeben ist.[3]

In der Sicht der Aufklärung und besonders der Nachfolge der Aufklärung ist die Einheit der Wissenschaft also letztlich in der Einheit unserer rationalen Kultur gewährleistet; und bei dieser handelt es sich um eine rein formale Einheit. Sie zeigt sich darin, daß wir z. B. eine bestimmte Äußerung unseres Gegenüber als Geltungsanspruch auf subjektive Wahrhaftigkeit identifizieren können, weil wir diesen Anspruch *unterscheiden können* von einem solchen auf objektive Wahrheit oder normative Richtigkeit.

Kants Einheitskonzept unterscheidet sich signifikant von demjenigen Leibnizens, welchen Unterschied man nicht einfach historisch, etwa als Kants Überwindung Leibnizscher Restmetaphysik, erklären sollte. Zeitlich gesehen steht Leibniz allerdings zwischen dem sich am *ordo*-Gedanken orientierenden Mittelalter und der Aufklärung, die den Men-

3 Für den Zusammenhang von Autonomie und Vermitteltheit bei Kant vgl. M. Sommer, *Die Selbsterhaltung der Vernunft* (Stuttgart-Bad Cannstatt, 1977).

schen als Maß aller Dinge vorstellt. Das 17. Jahrhundert ist eine Zeit des Umbruchs, des Niedergangs überkommener Bindungen. Die Religion bricht in Konfessionen auseinander, und auch auf politischer Ebene gibt es keine Einheit mehr. Die Vehemenz, mit der Leibniz die Idee der Einheit durchzusetzen trachtet, ist sicherlich dieser Übergangsstellung zuzurechnen. Sicher gibt es auch gute Gründe dafür, Leibnizens Philosophie als ein Mittelding zwischen Ontologie und Erkenntnistheorie, zwischen objektorientierten und neuzeitlich selbstbewußten Explikationen unseres Welt- und Selbstverständnisses aufzufassen. Freilich geht in dieser Betrachtungsweise Leibnizens Originalität verloren, weshalb man seine Einheitskonzeption nicht von den Prämissen Kants her verstehen, sondern sagen sollte, daß uns bei Leibniz ein ganz anderes Verständnis von systematischer Einheit entgegentritt als bei Kant.

Leibniz hat Entscheidendes auf dem Gebiet der symbolischen Logik geleistet, und von dieser Ausrichtung ist auch seine Philosophie geprägt. Das zeigt sich zunächst einmal in Leibnizens Überzeugung, das Logisch-Mögliche sei eine Ordnung, auf die sich alles in der Welt eindeutig abbilden läßt. Das ist nicht in dem trivialen Sinne zu verstehen, daß die formale Logik eo ipso zu jeder Erfahrung »paßt«. Vielmehr soll das heißen, daß für Leibniz die (formal)logische Analyse unserer Begriffe und Urteile zugleich die Kriterien jeder gegenstandsbezogenen Erkenntnis liefert. Dies ist Leibnizens These von der eindeutig bestimmten Welt, bzw. der eindeutig bestimmten Sprache. Dieser Anspruch auf absolute – sozusagen vom Standpunkte Gottes aus gesehene – Eindeutigkeit kommt nicht ohne das Postulat letzter unzerlegbarer Einheiten aus. Stellt man noch heraus, daß natürlich auch die Methode der Kombination der elementaren Bausteine einheitlich geregelt ist, dann hat man schon die wesentlichen Bestimmungsstücke von Leibnizens »logischem Aufbau der Welt« zusammen.

Vor diesem Hintergrund ist Leibnizens Programm einer *mathesis universalis*, einer Universalwissenschaft, zu verstehen. Gemeint ist damit nicht eine Wissenschaft, die alle anderen Wissenschaften bereichsmäßig umfaßt, sondern eine Wissenschaft, deren Inhalte für alle anderen Wissenschaften gelten. Kernstück dieses Programms ist die *characteristica universalis*, eine Kunstsprache, die wiederum auch nicht – jedenfalls nicht in einem direkten Sinne – als ein Verständigungsmittel der Forscher untereinander, sondern als ein Instrument der Forschung aufzufassen ist, nämlich als ein Formalismus zur Bildung und Darstellung von Begriffen und zur Überprüfung von Urteilen. Entsprechend umfaßt diese *characteristica universalis* eine Zeichentheorie (*ars characteristica*) als Basis, logische Schluß- und Entscheidungsverfahren (*ars iudicandi*) und eine Definitionstheorie (*ars inveniendi*) in Gestalt von Umformungsregeln. Gewissermaßen als Lieferant des »Wortschatzes« dieser Kunstsprache projektiert Leibniz eine *Enzyklopädie*, die das gesamte bisherige Wissen umschließt.[4] In diesem Sinne empfiehlt er dann die *characteristica universalis* als ein Verfahren,

> [d]adurch alle *Notiones compositae* der ganzen Welt, in wenig *simplices* als deren *Alphabet* reduciret, und aus solches *alphabets combination* wiederumb alle dinge, samt ihren *theorematibus*, und was nur von ihnen zu *inventiren* müglich *ordinata methodo* mit der zeit zu finden ein weg gebahnet wird.[5]

An den Zeichen selbst wäre zu erkennen, ob es sich bei einer gegebenen Verbindung um einen wahren Satz handelt, d. h. bei Leibniz, ob der Prädikatbegriff im Subjektbegriff enthalten ist. Außerdem ließen sich in einer Art wissenschaftlichen Heuristik neue Sätze finden. Das Urteilen reduzierte sich auf ein Operieren mit Zeichen. Verständigungsschwierigkeiten ließen sich genauso wie Meinungsverschiedenheiten nach dem Vorbild der Mathematik durch »Ausrechnen« aufheben.

Der Aufbau der gesuchten Wissenschaftssprache folgt der Idee, die Wörter (Begriffe) dieser Sprache verhielten sich zu ihren Basisbegriffen genauso wie sich die natürlichen Zahlen zu den Primzahlen verhalten, d. h. sie seien in eindeutiger Weise auf letzte, weil unzerlegbare Einheiten zurückzuführen. Das Verhältnis von einfachen und komplexen Elementen darf dabei nicht in einem additiven, am Anschaulichen orientierten Sinne verstanden werden. So wie die Zusammensetzung einer natürlichen Zahl aus Primfaktoren keine Aneinanderreihung, sondern das Resultat der Anwendung einer Funktion ist, so sind die

---

4 Vgl. J. Mittelstraß, *Neuzeit und Aufklärung: Studien zur Entstehung der neuzeitlichen Wissenschaft und Philosophie* (Berlin/New York, 1970), S. 436 f.

5 Leibniz, *Akad.-Ausgabe* II 1, S. 160. Zur *characteristica universalis* bei Leibniz vgl. auch A. Heinekamp, »Natürliche Sprache und Allgemeine Charakteristik bei Leibniz«, *Studia Leibnitiana Supplementa*, Vol. 15, Bd. 4 (Wiesbaden, 1975), S. 257 – 286, bes. 265 ff.

komplexen Begriffe nicht in einfache »teilbar«. Ein derartiges Mißverständnis würde gerade den für Leibnizens System spezifischen Aspekt des Konstruktiven verfehlen. So gesehen liegt auch auf der Hand, daß Leibniz das Verfahren der Begriffsbildung keineswegs auf eine »bloß logische Reflexion«, auf das Vergleichen gegebener Vorstellungen einebnet, wie Kant ihm dies vorwirft[6].

Wissenschaftshistorisch gesehen bedeutet Leibnizens Ansatz die Etablierung eines Verständnisses von System als Kalkül, was eine Neuerung gegenüber dem axiomatischen euklidschen Modell darstellt.[7] Während man im deduktiven euklidschen System von einer endlichen Menge von Basiselementen (Axiomen und Definitionen) ausgeht und jede abgeleitete Aussage dadurch rechtfertigt, daß man die lineare Kette ihrer sequentiellen Abhängigkeiten bis zurück zur Basis aufzeigt, verfügt man im Kalkül mit den Grundelementen über eine unbegrenzte Menge alternativer Möglichkeiten, die zudem relational, also in Beziehung zu den anderen Systemstellen definiert sind.

Dieses Verständnis von System garantiert idealiter eine unendliche Fülle von Erzeugungen bei einer kleinstmöglichen Menge von Konstruktionsprinzipien. Damit entspricht es Leibnizens Definition von Vollkommenheit: »am reichsten an Erscheinungen, doch am einfachsten an Prinzipien«.

Stellt sich bei Kant die Einheit des Systems durch den gemeinsamen Bezug aller Elemente auf ein ausgezeichnetes und in diesem Sinne erstes Prinzip her, so ist Einheit bei Leibniz dadurch gewährleistet, daß die Bestimmung jedes Elementes schon das ganze System voraussetzt, weil die Elemente relational, über ihre gegenseitigen Beziehungen bestimmt sind. Ideengeschichtlich lassen sich diese zwei unterschiedlichen Vorstellungen von systematischer Einheit vielleicht so herleiten: Leibniz orientiert sich am neuplatonisch-gnostischen Gedanken von der Einheit, die sich in die Vielheit entfaltet und in ihr spiegelt. Bei Leibniz steht also das theologische Modell der *visio beatifica*,[8] der seligen Schau

6 Vgl. Kant, *Kritik der reinen Vernunft* B 318.

7 Vgl. N. Rescher, »Leibniz and the Concept of a System«, *Studia Leibnitiana* 13 (1981), S. 114 – 122.

8 Zur geistesgeschichtlichen Filiation der Visio-Thematik vgl. T. Rentsch, »Der Augenblick des Schönen: Visio beatifica und Geschichte der ästheti-

Gottes Pate, welches bei Kant allenfalls in der Ästhetik eine Rolle spielt. Für die Philosophie Kants ist dagegen, in dieser ideengeschichtlichen Herleitung, das jüdisch-christliche Verständnis von Gott als Gerichtsinstanz auszumachen.

Wie nun Leibnizens Vorstellung von systematischer Einheit mit seinem »logischen Aufbau der Welt«, bzw. der Sprache, dem eigentlichen Anspruch der *mathesis universalis* zusammenhängt, macht man sich am besten an Leibnizens Konzept eines »logischen Raumes« klar. Leibnizens Anliegen ist es, den Raum rein logisch darzustellen, ohne daß seine Eigengesetzlichkeit verlorengeht. An der analytischen Geometrie Descartes' kritisiert er, daß diese als Fixierung quantitativer Verhältnisse (Größen) räumliche Anschauung als gegeben voraussetzt.[9] Leibniz dagegen will die Möglichkeit des Raummaßes rein logisch begründen. Ausdehnung kann dann nicht charakteristisch sein für die Grundgebilde des Raumes, denn Ausdehnung ist für Leibniz nur ein sekundäres Ergebnis, das sich einem grundlegenderem – eben logischen – Prinzip verdankt. Positiv charakterisiert Leibniz dieses Prinzip – das Logisch-Mögliche in Spezifikation auf den Raum – als das Prinzip der »Lage«. Hinsichtlich der Lage ist der Punkt das einfachste Element. Die unveränderliche Lagebeziehung zweier Punkte bringt die Gerade hervor, im Sinne der methodischen Erzeugung der Sache aus den Bedingungen ihrer Möglichkeit, d. h. aus ihren einfachsten Denkbestimmungen. Die Gerade soll dann Ausdehnung haben; nicht im Sinne der extensionalen quantitativen Bestimmung, sondern als Ausdruck, als Erzeugnis des geregelten »Übergangs« von Punkt zu Punkt. Eine Raumfigur, etwa die Gerade oder die Ebene, ist bestimmt als die funktionelle Abhängigkeit von zwei resp. drei Punkten, welche Punkte dann auch, um zu betonen, daß es sich um Relations*träger* handelt, »Stellen« genannt werden. Der Raum ist dann die umfassendste Relation, ist Inbegriff aller möglichen Lagebeziehungen zwischen Stellen. Das Verhältnis zwischen Stelle und

---

schen Idee«, in: T. Rentsch u. H. Bachmaier (Hrsg.), *Poetische Autonomie: Zur Wechselwirkung von Dichtung und Philosophie in der Epoche Goethes und Hölderlins* (Stuttgart, 1987), S. 329–353.

9 Zu Leibnizens Analyse des Raumes als Inbegriff metrischer Beziehungen und seiner Kritik an Descartes' Ansatz vgl. E. Cassirer, *Leibniz' System in seinen wissenschaftlichen Grundlagen* (Marburg, 1902), S. 142 ff.

Raum, also die Bestimmung der Stelle kann dann nicht so verstanden werden, als würde die Stelle relativ zu einem unabhängigen, vorgeordneten Bezugssystem bestimmt. Die Stellen sind intern, sind über ihre gegenseitigen Beziehungen bestimmt, und die Eindeutigkeit der Stellenbestimmung wird hier so expliziert, daß mit der Bestimmung der Stelle schon der ganze Stellenraum gegeben sein muß.

Die Bezeichung »logischer Raum« für Leibnizens Konzept eines relational gegebenen Stellenraumes wurde oben bewußt doppeldeutig gewählt. Soweit sie anzeigt, daß es hier um die Rede des *Mathematikers* Leibniz (und eben nicht des *Philosophen* Leibniz) von nicht-anschaulichen Strukturen, um das dem Wissenschaftsideal der Analysis entsprechende Konzept vom Raum als reiner Stellenmenge geht, ist an ihr nichts auszusetzen. Freilich bleibt dabei Leibnizens eigentliches Anliegen ausgeblendet. Und darauf verweist die Bezeichung »logischer Raum« dann auch in einem kritisierenden Sinne: Leibniz möchte aus Ordnungsbestimmungen ein synthetisches Moment des Erkennens ableiten. Dahinter steht die Überzeugung, das Logisch-Mögliche sei eine Ordnung, aus deren Beziehungsträgern sich jede gegenständliche Erkenntnis aufbauen läßt. Leibniz postuliert diese Beziehungsträger sowohl als einfache Elemente des Seins als auch als (nicht mehr analysierbare) Namen und als die unteilbare Eins, das grundlegende Ordnungselement der natürlichen Zahlen.

Diesen logischen Atomismus kann man keineswegs als naiven Deskriptivismus verurteilen, wie Kant dies tut. Leibnizens Rede von internen Eigenschaften der Monaden, die deren Aktualisierung, »verworrene Repräsentation«, in den Tatsachenwahrheiten (*vérités de fait*) regeln, ist vielmehr als das Postulat zu verstehen, daß die (formal-) logische Analyse unserer Begriffe und Urteile zugleich die Kriterien jeder gegenstandsbezogenen Erkenntnis liefert. Das bedeutet, daß Leibniz den Zusammenhang zwischen Logik und Erfahrung nicht einfach voraussetzt. Man könnte es vielleicht so formulieren: Leibniz postuliert, daß Welt in Entsprechung zu den formalen Eigenschaften der Sprache, wie sie sich an den logischen Operationen ablesen lassen, stabile Unterscheidungsmöglichkeiten bietet. In Leibnizens Rede von letzten, einfachen »Gegenständen« wird diese Bedingung objektiv-transzendental vorgestellt. Sie wird gefordert, ohne daß deren Erfüllung einsichtig gemacht werden könnte.

Ein Beleg dafür, daß Leibniz den Zusammenhang von empirischer und nicht-empirischer Erkenntnis methodisch zu sichern sucht, also nicht naiv als gegeben voraussetzt, ist seine Logik der Wahrscheinlichkeit, die der Idee nach Carnaps induktive Logik vorwegnimmt, also die Idee einer rationalen Bewertung von Hypothesen relativ zu gegebenen Erfahrungsdaten.[10] Natürlich taucht hier sofort wieder das Problem auf, wie man zur Bestimmung jener »vorliegenden Umstände«, jener Ausgangswahrscheinlichkeiten kommt, relativ zu denen man für bestimmte Aussagen Wahrscheinlichkeitswerte angeben kann. Leibniz schwankte hier zwischen apriorisch-kombinatorischen Überlegungen einerseits und der empirischen Bestimmung relativer Häufigkeit andererseits.[11] An dem grundsätzlichen Problem, daß wir ohne begriffliche Vermittlung über keine empirischen Daten verfügen, und daß für uns andererseits das bloße Vergleichen vorgegebener Unterscheidungen noch kein synthetisches Moment hervorbringt, kommt man damit nicht vorbei. Leibniz anerkennt mit seiner Einbeziehung der Wahrscheinlichkeitslogik in die *mathesis universalis* aber jedenfalls die Tatsache, daß die formalen Struktureigenschaften der Sprache als Explikans von Erkenntnis nicht ausreichen.

Fassen wir noch einmal zusammen: Stellt sich bei Kant die Einheit des Systems durch den gemeinsamen Bezug auf ein ausgezeichnetes und in diesem Sinne erstes Prinzip her, so ist Einheit bei Leibniz dadurch gewährleistet, daß die Bestimmung jedes Elementes schon das ganze System voraussetzt, weil die Elemente relational, über ihre gegenseitigen Beziehungen bestimmt sind. Beide Ansätze, der normativ-transzendentale Kants und der holistische von Leibniz sind bis heute – freilich unter jeweils verschiedenen Aspekten – wichtige Paradigmen in der

10 Vgl. J. Mittelstraß u. P. Schroeder-Heister, »Zeichen, Kalkül, Wahrscheinlichkeit: Elemente einer Mathesis Universalis bei Leibniz«, in: H. Stachowiak (Hrsg.), *Pragmatik, Handbuch pragmatischen Denkens I [Pragmatisches Denken von den Ursprüngen bis zum 18. Jahrhundert]*, (Hamburg, 1986), S. 392–414, hier S. 407.

11 Vgl. J. Mittelstraß u. P. Schroeder-Heister, »Zeichen, Kalkül, Wahrscheinlichkeit«, S. 408.

Explikation von Rationalität.[12] Der Anspruch, sich der Konstitution der Erfahrungsgegenstände analysierend vergewissern zu können, läßt sich nur in der Perspektive der sogenannten kopernikanischen Wende, läßt sich nur über den Kantischen Kritizismus einlösen. Nur solchermaßen können wir beanspruchen, uns bestimmte Zusammenhänge prinzipiell durchsichtig machen zu können, z. B. daß und wie sich Empfindungen objektivieren, wir Körper identifizieren usw. Und nur in dieser Perspektive können wir erwarten, in einer solchen Analyse allererst die Bedeutung unserer primären Erfahrung festzulegen. Gibt man diesen Anspruch auf, sei es, daß man postmodern die objektivierende Wirkung der Reflexion ausschalten möchte, sei es, daß man diesen Zusammenhang als gegeben voraussetzt, wie z. B. jeder Logiker einen Anwendungsbereich der rein logischen Modalitäten als anderweitig konstituiert unterstellen muß, dann erweist sich Leibnizens Systemauffassung als durchaus erhellend, als ein nützliches Explikans philosophischer Untersuchungen.

3.1.2 Systemtheorie

Die seit den 40er Jahren dieses Jahrhunderts existierende Systemtheorie[13] tritt vielfach mit dem Anspruch auf, als eine Art *mathesis universalis* eine neue Einheit der Wissenschaft zu konstituieren. Eine Untersuchung dieses Ansatzes gibt Gelegenheit, verschiedene Fragen, die im Abschnitt »Leibniz und Kant: Zwei typische Einheitskonzepte« nur angedeutet werden konnten, eingehender zu behandeln.

Der Systemgedanke ist von altersher untrennbar mit dem Begriff von Wissenschaft bzw. Philosophie verbunden. Was also macht das Besondere der Systemtheorie aus? Grob gesagt, ist es der Umstand, daß die

---

12 N. Rescher unterscheidet mit den Kategorien »Fundamentalismus« und »Kohärentismus« in etwas anderer Weise zwei grundlegende Systemkonzepte. Vgl. N. Rescher, *Cognitive Systematization: A Systems-Theoretic Approach to a Coherentist Theory of Knowledge* (Oxford/New York, 1977); vgl. auch N. Rescher, »The Systematization of Knowledge«, *Philosophy in Context* 6 (1977), S. 20–42.

13 Vgl. für diese Datierung F. Händle u. S. Jensen, »Einleitung der Herausgeber«, in: Dies. (Hrsg.), *Systemtheorie und Systemtechnik: Sechzehn Aufsätze* (München, 1974), S. 7–61, hier S. 11.

Systemtheorie auch schon objektstufig in der Kategorie des Systems denkt. Sie erfaßt ihre primären Gegenstände nicht als voneinander unabhängige Entitäten, sondern geht davon aus, daß die Bestimmung jedes Gegenstandes schon das ganze System voraussetzt, weil die Gegenstände relational, über ihre gegenseitigen Beziehungen, bestimmt sind.

Nun stellt dieser – oft auch als »holistisch« bezeichnete – Ansatz kein völliges Novum dar. Neben dem strukturellen Denken der modernen Mathematik, das allerdings nur eine seiner neueren Wurzeln darstellt, kann man für diesen Ansatz eine lange ideengeschichtliche Tradition ausmachen: Er knüpft an ein durchaus einflußreiches Modell der Vermittlung von Einheit und Vielheit an, an ein bestimmtes Systemkonzept, paradigmatisch vertreten durch Leibniz.[14] Ludwig v. Bertalanffy, der allgemein als Begründer der Systemtheorie gilt, geht also durchaus folgerichtig vor, wenn er sich in seinem Aufsatz »Vorläufer und Begründer der Systemtheorie«[15] nicht nur auf moderne Mathematiker und Statistiker, sondern auch auf »das Weltbild der großen deutschen Denker, von dem Kusanus des Spätmittelalters zu Leibniz und Goethe«[16] beruft.[17]

Auch wenn das holistische Denken unbestreitbar eine Tradition in der abendländischen Geistesgeschichte hat, so muß man doch sagen, daß die Wissenschaft der Neuzeit einem anderen Verständnis der Verfassung ihrer primären Gegenstände, der von Kant so genannten »Gegenstände der Erfahrung«, folgt. Als *das* Prinzip der Identität von Gegenständen gilt ihr Kausalität, und sie fördert – in analytischer Absicht – die Isolierung des Einzelmomentes gegenüber dem Gesamtzusammenhang. Nicht allein die unreflektierte, dogmatische Anwendung dieses instrumentalen Erfahrungsbegriffs, sondern auch for-

14 Vgl. Abschnitt 3.1.1.

15 L. v. Bertalanffy, »Vorläufer und Begründer der Systemtheorie«, in: R. Kurzrock (Hrsg.), *Systemtheorie* (Berlin, 1972), S. 17–28.

16 Ebd., S. 28.

17 Daß zufolge der hier angegebenen und anderen Stellen nach Bertalanffy »die großen deutschen Denker« alle Holisten waren, erinnert allerdings unangenehm an gewisse seit der Jahrhundertwende und vor allem in Wien manifeste Tendenzen, eine »germanische« Identität unter Verzicht auf den als »romanisch« eingestuften (cartesischen) Rationalismus zu entwerfen.

schungsimmanente Gründe führten dazu, daß nach alternativen Darstellungsweisen gesucht wurde. Als wichtigster aus der Forschung selbst erwachsener Grund ist die ansteigende Komplexität des Wissens zu nennen, da Erfahrungswissen über zunehmend mehr Zusammenhänge als gegeben unterstellt werden kann. Die Ausrichtung auf nur eine Variable der Untersuchung oder auf die Beziehung zwischen wenigen Variablen ist bisweilen schon objektstufig wenig fruchtbar.

Der systemtheoretische Ansatz hat sich in Erklärungskontexten der Naturwissenschaften ausgebildet, um Phänomene erfassen zu können, denen gegenüber eine mechanistische, sozusagen eindimensionale Darstellungsweise zu kurz greift. In seinen Arbeiten zur Theorie der Biologie expliziert Bertalanffy schon in den 30er Jahren dieses Jahrhunderts den Begriff des Organismus als offenes System, dessen Stoff- und Energieaustausch mit der Umwelt so geschieht, daß es sich in einem dynamischen Gleichgewicht, dem sogenannten *Fließgleichgewicht* hält.[18] Bertalanffy vermeidet solchermaßen sowohl einen mechanistischen Reduktionismus als auch die Irrationalität vitalistischer Prinzipien. Ein weiteres Beispiel der systemtheoretischen Darstellungsweise ist der ein Jahrzehnt später entwickelte, unter dem Namen »Kybernetik« bekannte Ansatz Norbert Wieners zur Theorie »rückgekoppelter«, d. h. informationsverarbeitender, Systeme, als welche sowohl technische Anlagen als auch lebende Organismen betrachtet werden.[19] Allgemein kann man sagen, daß der Unterschied gegenüber dem klassischen Paradigma der neuzeitlichen Wissenschaft darin liegt, daß hier bestimmte Konstitutions- bzw. Synthesisbestimmungen dem Gegenstandsbereich selbst zugerechnet werden. Charakteristisch ist dabei für den systemtheoretischen Ansatz, daß Phänomene der »Selbstbezüglichkeit« von Einheiten und der Wechselwirkungen ihrer Elemente untereinander als Etablierung oder Veränderung von Ordnung, von Struktur, aufgefaßt werden.

---

18 Vgl. G. Wolters, Art. »Bertalanffy«, in: *Enzyklopädie Philosophie und Wissenschaftstheorie*, hrsg. v. J. Mittelstraß, Bd. 1 (Mannheim/Wien/Zürich, 1980), S. 294 f.

19 Vgl. K. Mainzer, Art. »Kybernetik«, in: *Enzyklopädie Philosophie und Wissenschaftstheorie*, hrsg. v. J. Mittelstraß, Bd. 2 (Mannheim/Wien/Zürich, 1984), S. 515 – 518.

Die Systemtheorie ist keine erfahrungswissenschaftlich erklärende Theorie. Z. B. unterscheidet sich Bertalanffys Explikation des Organismus nicht dadurch vom überkommenen Ansatz der Biologie, daß sie bisher unbekannte Tatsachen über Organismen, also neue Einsichten in physikalisch-chemische Zusammenhänge, lieferte. Eher ist zu sagen, daß seine Explikation des Organismus als eines sich in Wechselwirkung mit der Umwelt selbsterhaltenden, selbstregulierenden Systems die *Sprache* (und damit die »Ontologie«) der Naturwissenschaft erweitert. Für eine Erfassung der Phänomene der Selbstreproduktion oder des Stoffwechsels müssen nicht schon, wie im überkommenen Paradigma, dem Gegenstandsbereich gegenüber externe Zwecke bemüht werden. Daß damit die objektivierende Einstellung zur Natur keineswegs verlassen wird, der Natur nicht Erkenntnis- und Handlungsfähigkeiten unterstellt werden, zeigt sich schon daran, daß für die Grenzen oder den Sollzustand eines Systems empirische Indikatoren angegeben werden müssen.

Bertalanffy entwickelte zusammen mit dem Biomathematiker Anatol Rapoport und dem Ökonomen Kenneth Boulding eine im wesentlichen als logisch-mathematisch zu charakterisierende *Allgemeine Systemtheorie* (*General Systems Theory*), die ihre institutionelle Verankerung in der 1954 gegründeten *Society for General Systems Research* fand.[20] Dieser Umstand sollte jedoch nicht darüber hinwegtäuschen, daß es *die* Systemtheorie nicht gibt. So beklagt G. Ropohl:

> Kybernetik und Systemtheorie leiden bis heute darunter, daß drei unterschiedliche Systemkonzepte vertreten werden, die jeweils einen Systemaspekt in den Vordergrund stellen oder gar verabsolutieren, während doch der Systembegriff in Wirklichkeit alle drei Aspekte umfaßt. Wir meinen das funktionale, das strukturale und das hierarchische Systemkonzept.[21]

Dies ist eine Unterscheidung auf schon hohem Abstraktionsniveau. Konkret dürften die zahllosen Ansätze, die unter der Bezeichnung »Systemtheorie« auftreten, weitaus ausgeprägtere Differenzen aufweisen. Damit sind noch nicht einmal die Unterschiede gemeint, die sich aus der Anwendung auf verschiedene empirische Gegenstandsbereiche

20 Vgl. F. Händle u. S. Jensen, »Einleitung«, S. 13.

21 G. Ropohl, »Einführung in die allgemeine Systemtheorie«, in: H. Lenk u. G. Ropohl, *Systemtheorie als Wissenschaftsprogramm* (Königstein, Ts., 1978), S. 9–49.

ergeben, sondern solche, die der Verwendung unterschiedlicher mathematischer Instrumentarien und theoretischer Zielsetzungen entspringen.

Ropohls Analyse ist sehr nützlich im Blick auf den hier zu erörternden Anspruch der systemtheoretischen Darstellungsweise, eine neue Einheit der Wissenschaft zu konstituieren. Die Systemtheorie beansprucht unter diesem Aspekt den Rang einer Einheitswissenschaft, die den Unterschied überwindet zwischen einer uns nur in objektivierender Einstellung zugänglichen Welt und den Verhältnissen unserer humanen Welt. Unter Ausnutzung der sehr unspezifisch gefaßten Rede vom Ganzen, das mehr als die Summe seiner Teile sei, sucht sie z. B. den Unterschied zwischen Gehirn und Sprachfähigkeit als kategorialen Sprung vorzustellen, als eine Differenz, die gleichwohl das »niedrigere« Moment einbindet, so daß beide Momente in *einem* grundbegrifflichen Rahmen analysiert werden können.[22] Ropohls Explikation läßt augenfällig werden, in welchem Sinne diese monistische Systemtheorie einen »Fortschritt« darstellt gegenüber dem überkommenen dualistischen Paradigma, das von dieser als mechanistisch bzw. atomistisch abgelehnt oder gar – wegen seiner Inanspruchnahme der Kategorie der Kausalität – als spekulativ abgetan wird. Nach Ropohl betont das strukturale Konzept die relationale Bestimmung der Elemente des Systems, das funktionale Konzept den Umstand, daß das System nicht als Mittel zu einem systemexternen Zweck verstanden werden kann, und das hierarchische Konzept rückt den Aspekt in den Vordergrund, daß das Element eines Systems wiederum als System und das System selbst als Element eines umfassenderen Systems angesehen werden kann.

Die Implikationen des Standpunktes, von dem sich die Systemtheorie absetzt, also die Voraussetzungen der »Ontologie«, der die sogenannte neuzeitliche Wissenschaft folgt, kann man bei Kant studieren. Seine erkenntniskritischen Überlegungen liefern der Physik Newtons und Galileis, die als paradigmatische Beispiele neuzeitlicher Wissenschaft angesehen werden müssen, die Theorie, also die Begründung ihres Geltungsanspruchs.[23]

---

22 Vgl. F. Kambartel, »Zur grammatischen Unmöglichkeit einer evolutionstheoretischen Erklärung der humanen Welt«, in: Ders., *Philosophie der humanen Welt: Abhandlungen* (Frankfurt, 1989), S. 61–78, hier S. 76 f.

23 Vgl. J. Mittelstraß, *Neuzeit und Aufklärung: Studien zur Entstehung der neuzeitlichen Wissenschaft und Philosophie* (Berlin/New York, 1970), S. 552 ff.

Nach der Kantischen Konstitutionstheorie geht die Identität von Objekten genauso wie die Verläßlichkeit von Geschehensfolgen auf Synthesisleistungen, auf Bestimmungshandlungen des Subjekts zurück. Gerade bei der Explikation des Kausalprinzips wird deutlich, daß Kant das Subjekt als einen ausgezeichneten Bezugspunkt versteht, im Rekurs auf den so etwas wie Orientiertheit oder Einheit im Wechsel überhaupt möglich ist. Wie man sich am Kernstück der Kantischen Konstitutionstheorie, am Prinzip dessen, was Kant »transzendentale Einheit der Apperzeption« nennt, klarmachen kann, ist Reflexivität nach Kant konstitutiv für diese Synthesisleistungen. Das Subjekt hat einen strukturellen Vorrang vor der Wirklichkeit, weil es immer Objekt- und Metaperspektive ineins, als »Zuschauer zugleich Urheber«[24] ist. Man muß hier im Auge behalten, daß Kants Rede vom Subjekt kein mentalistisches Relikt darstellt, sondern idealtypisch zu verstehen ist: Sie meint bestimmte formale Gemeinsamkeitsunterstellungen, unter denen wir *eine* Welt ausbilden.

Betrachtet man nun die oben gegebene Explikation der Systemtheorie, so zeigt sich am strukturalen Aspekt, daß hier die synthetischen Bestimmungen als Leistungen des Systems selbst auftreten. In fachinterner Betrachtungsweise, also dort, wo man den Gegenstandsbereich als anderweitig konstituiert unterstellt, ist dies kein Problem. Als philosophische Position bedeutet es seit Kant die naiv deskriptivistische Annahme einer ansichseienden Struktur der Welt, bzw. – wenn der Aufweis einer solchen Struktur als Begründung ausgegeben wird, die fragliche Struktur also als Analysans von Erkenntnis verstanden wird – einen Selbstwiderspruch. Unter einem Begründungsanspruch können Analysans und Analysandum schlechterdings nicht zusammenfallen. Man kann argumentieren, daß sogar dann, wenn man Begründungen als analytisch-tautologische Erkenntnisse faßt, man immer noch zumindest die Zustimmung finden muß, daß hier ein analytisches *Verhältnis* von Analysans und Analysandum vorliegt.[25] Der zweite, funktionale Aspekt erhebt – wenn er nicht deskriptiv verstanden wird, was

24 Kant, *Werke* XXII, S. 421.

25 Zur Kritik am Formalismus vgl. F. Kambartel, *Erfahrung und Struktur: Bausteine zu einer Kritik des Empirismus und Formalismus* (Frankfurt, ^{2}1976), bes. Kap. 4.

aber eben empirische Interpretationen verlangte – Gegenstände in den Rang von Personen oder doch zumindest von ästhetischen Objekten, hebt also die objektivierende Einstellung zur Welt auf. Die Gewißheit, mit der Natur für unsere Zwecke rechnen zu können, muß dann einem Glauben an glückliche Fügungen weichen. Der dritte, sogenannte hierarchische Aspekt schließlich deckt die Perspektivität jeder Identitätsaussage im systemtheoretischen Modell auf und zeigt damit, daß eine systemtheoretische Rekonstruktion der Funktion des transzendentalen Subjekts mit dem Dualismus zugleich die nach Kant für die Etablierung einer unabhängigen Perspektive konstitutive Reflexivität einebnet.

Zur Verdeutlichung des hier Gesagten sei Niklas Luhmanns Systemtheorie bzw. die Argumentation von Habermas gegen diesen Ansatz vorgestellt.[26] Luhmann nimmt die Systemtheorie nicht um bestimmter organisationssoziologischer oder ökonomischer Anwendungen willen in Anspruch. Er stellt sie als »Form gesamtgesellschaftlicher Analyse«[27] vor, als ein Explikans der Gesamtheit der sozialen Erscheinungen. Damit beansprucht er nicht weniger als eine Theorie apriorischer Sinnbedingungen. Vor allem in seinem 1984 erschienenen bilanzartigen Werk *Soziale Systeme*[28] wird klar, daß Luhmanns Systemtheorie als Substitution der Transzendentalphilosophie auftritt. Angesichts dieses Anspruchs würde sich eine direkte Übertragung der biokybernetischen Modelle auf gesellschaftliche Systeme dem Vorwurf des Reduktionismus aussetzen. Das ist Luhmann vollkommen klar. Er grenzt sich dezidiert gegenüber behavioristischen Ansätzen ab, für die der Unterschied zwischen einem sinnverstehend zugänglichen Bereich und einem Bereich physikalisch meßbarer Dinge methodologisch unerheblich ist. Er hält fest:

26 Vgl. J. Habermas u. N. Luhmann, *Theorie der Gesellschaft oder Sozialtechnologie – Was leistet die Systemforschung?* (Frankfurt, 1971).

27 N. Luhmann, »Moderne Systemtheorien als Form gesamtgesellschaftlicher Analyse«, in: J. Habermas u. N. Luhmann, *Theorie der Gesellschaft oder Sozialtechnologie* (Frankfurt, 1971), S. 7–25.

28 N. Luhmann, *Soziale Systeme: Grundriß einer allgemeinen Theorie* (Frankfurt, 1984).

> Soziale Systeme sind *sinnhaft* identifizierte Systeme. Ihre Grenzen sind nicht physischer Natur [...], sondern sind Grenzen dessen, was in Sinnzusammenhängen relevant sein kann.[29]

Die philosophische Tradition der Explikation des Sinnbegriffs – Luhmann hat dabei nach eigener Aussage die Konstitutionstheorien der Lebenswelt im Auge[30] – erscheint ihm hingegen als wenig fruchtbar. Er kritisiert, die »transzendentale Tradition« versuche, den Sinnbegriff im Rückgang auf den Subjektbegriff zu klären, ohne zu sehen, daß dieser als sinnhaft konstituierte Identität den Sinnbegriff schon voraussetze. Nehme man aber das Subjekt als gegebene Größe, so bringe man es nur zu einer monologischen Subjektivität, was eine Blockierung darstelle, die dann auch die künstliche Aufteilung in ein empirisches und ein transzendentales Subjekt nicht mehr aufbrechen könne.

Luhmann schlägt vor, die Figur des transzendentalen Subjekts durch »ein sehr viel differenzierteres analytisches Instrumentarium [zu ersetzen], in dem Funktionsbegriff und Systembegriff eine besondere Bedeutung besitzen«.[31] Er entwickelt seinen kategorialen Rahmen in enger Anlehnung an die Biokybernetik. Habermas hebt folgende Grundannahmen Luhmanns hervor: »Systeme sind auf Zeit invariant strukturierte Einheiten, die sich in einer komplexen und veränderlichen Umwelt durch Stabilisierung einer Innen/Außen-Differenz erhalten.«[32] Die Erhaltung des Systems erscheint als Ordnungsleistung des Systems selbst im Verhältnis zu seiner Umwelt. Bestandserhaltung ist oberstes Systemproblem: »Das System löst, solange es überhaupt besteht, die permanente Aufgabe, einer gegenläufigen kontingenten Umgebung die relative

29 N. Luhmann, »Moderne Systemtheorien«, S. 11 f.

30 Wie R. Bubner darlegt, orientiert sich Luhmann stark an dem Neukantianer Rickert. Vgl. R. Bubner, »Wissenschaftstheorie und Systembegriff: Zur Position von N. Luhmann und deren Herkunft«, in: Ders., *Dialektik und Wissenschaft* (Frankfurt, 1973), S. 112 – 128. Diese Ausrichtung würde die Unterbestimmung, die substantialistische Auslegung der wichtigsten Argumentationsfiguren Kants erklären.

31 N. Luhmann, »Moderne Systemtheorien«, S. 28.

32 J. Habermas, »Theorie der Gesellschaft oder Sozialtechnologie?: Eine Auseinandersetzung mit Niklas Luhmann«, in: J. Habermas u. N. Luhmann, *Theorie der Gesellschaft oder Sozialtechnologie* (Frankfurt, 1971), S. 142 – 290, hier S. 147.

Invarianz seiner Grenzen und seiner Struktur abzugewinnen.«[33] Nach Luhmann läßt sich alles, was über Systeme ausgesagt werden kann – Differenzierung in Teile, Hierarchiebildung, Grenzerhaltung, selektive Umweltentwürfe usw. – »funktional analysieren als Reduktion von Komplexität«. Systemstrukturen sind sozusagen die Verfestigungen der Einschränkung von Weltkomplexität. Als Sinn expliziert Luhmann dann die Strategie, nach welcher in sozialen Systemen Komplexität reduziert wird. Sinn unterscheidet sich von Information – als einer Selektionsstrategie bzw. einem Selektionsergebnis in Maschinen – dadurch, daß die jeweils anderen Möglichkeiten nicht ausgemerzt, sondern nur »neutralisiert«, d. h. symbolisch präsent gehalten werden.

Luhmanns Inanspruchnahme der Grundkategorien der Biokybernetik zielt darauf ab, Intersubjektivität bzw. jenes damit verbundene Moment, das die Philosophie traditionell unter dem Stichwort der Reflexivität zu fassen suchte, zu explizieren. Habermas hält der systemtheoretischen Darstellungsweise zugute, sie begegne im Verzicht auf das der Transzendentalphilosophie entliehene Kollektivsubjekt zumindest der Gefahr einer substanzontologischen, monologischen Auslegung des Momentes der Intersubjektivität. Wahrscheinlich in Assoziation der dialektischen Methode geht er davon aus, daß die systemtheoretische Ausdrucksweise das Mißverständnis, dem Gesellschaftsganzen einen (externen) Zweck zuordnen zu müssen, ebenso aufhebt wie die Erklärungsbedürftigkeit des Umstandes, daß der Zusammenhang geltender Normen über den subjektiv vermeinten Sinn derjenigen, die unter Normen handeln, hinausgeht.[34]

Problematisch ist hingegen nach Habermas der Totalitätsanspruch der Systemtheorie, also ihr Selbstverständnis, nicht nur eine erhellende Perspektive des an Globalität kaum zu übertreffenden Explikandums Intersubjektivität zu geben, sondern Intersubjektivität aus einer allumfassenden Theorie abzuleiten. Unter diesem Aspekt kommen dann die von Habermas in seiner langjährigen Auseinandersetzung mit Luhmann vorgetragenen erkenntnislogischen Argumente – die ideologiekritischen sind hier nicht relevant – zum Tragen. Habermas weist für Luhmanns Ansatz folgendes Dilemma auf: Der grundbegriffliche Rah-

33 Ebd.
34 Ebd., S. 271.

men der Kybernetik verlangt die Bereitstellung geeigneter Interpretationen, z. B. unabhängige und eindeutige Indikatoren für Grenzen und Sollzustand eines Systems. Wenn Luhmann die empirisch-analytische Brauchbarkeit der kybernetischen Grundbegriffe nicht verlieren will, muß er die Systemtheorie als eine Wissenschaft auslegen, die bei gegebenen Zielen präskriptives Wissen erzeugt. Beharrt er hingegen darauf, eine nicht reduktionistische Gesellschaftstheorie vorzustellen, dann muß er das kybernetische Modell preisgeben.

Luhmann möchte sich diesem Dilemma durch Verallgemeinerung der kybernetischen Grundbegriffe entziehen. Habermas gibt eine differenzierte Kritik dieses Unterfangens. Im wesentlichen wirft er Luhmann einen Kategorienfehler vor, der auf eine Überdehnung und daraus resultierende Unschärfe und Ambivalenz der kybernetischen Grundbegriffe zurückzuführen sei. Habermas zeigt, daß Luhmanns Strategie, die Grundbegriffe der Kybernetik zu verallgemeinern, diesen zwingt, seine wichtigsten Unterscheidungen, z. B. den Begriff der Reduktion von Komplexität, noch als Problemlösung *abzuleiten*. Luhmann sucht dafür einen letzten Bezugspunkt, der keine systemstrukturelle Voraussetzung mehr impliziert. Die Luhmannschen Unterscheidungen können aber gar nicht unabhängig von möglichen Systemstrukturen bestimmt werden. Luhmann muß also immer so etwas wie bestehende Systeme *voraussetzen*. Dieser Widerspruch führt nach Habermas dazu, daß Luhmann seine Grundbegriffe symptomatisch unklar auf zwei verschiedenen Ebenen verwendet.

Ein Beispiel dafür ist die kategoriale Verwechslung von Weltkomplexität im Sinne der Reizfülle einer Umwelt organischer Systeme mit der Komplexität einer sinnhaft, nämlich über menschliches Handeln konstituierten »Welt« im Sinne der »Umwelt« sozialer Systeme. Nach den Luhmannschen Voraussetzungen steigert einerseits der Entwurf von Handlungsalternativen, die auch als jeweils ausgeschlossene symbolisch präsent gehalten werden, die Eigenkomplexität des Handlungssystems. Insofern bedeutet diese Steigerung die Reduktion von Weltkomplexität. Andererseits wächst mit der Multiplikation der sinnhaft identifizierten Möglichkeiten der Zwang zur Selektion. Die hier geforderte Reduktion von Komplexität im Sinne der Entlastung sozialer Systeme ist aber nicht in eins zu setzen mit der selektiven Verarbeitung der äußeren Realität, wie sie adaptive Systeme leisten. Luhmann spricht aber in beiden Fällen von Komplexitätsreduktion, als bestehe kein kategorialer Unterschied.

Für Habermas zeigt sich hier, daß der grundbegriffliche Rahmen der Systemtheorie nur aussagekäftig ist, solange er mit geeigneten Interpretationen versehen wird. Er stellt ein nützliches Mittel dar, gegebenes Wissen zu ordnen, ein heuristisch anregendes Mittel der Umformulierung gegebener Daten. Jeder weitergehende Anspruch birgt die Gefahr in sich, dieses Mittel der Darstellung als etwas Dargestelltes mißzuverstehen.

Inzwischen haben sich innerhalb der Wissenschaftstheorie Bestrebungen etabliert, die systemtheoretischen Vorstellungen in Gestalt eines Konzeptes der »Selbstorganisation der Wissenschaft«[35] das Wort reden. Man will auf diese Weise die Idee einer ausgezeichneten Perspektive gegenüber dem Explikandum als Restmetaphysik ausmerzen. Neben dem Argument, daß natürlich auch *dieser* Ansatz eine ausgezeichnete Perspektive beansprucht, sei hier auf die als Gedankenanstoß gemeinte Frage von L. Krüger verwiesen, »warum wir um die Einheit des Handwerks weniger besorgt sind als um die Einheit des Wissens«[36]. Der Versuch, die Einheit, d. h. Allgemeinheit der Wissenschaft zu explizieren durch den Rekurs auf das Eingebundensein des einzelnen Forschers in eine funktionierende soziale Umwelt, bzw. in eine schon immer gelingende Lebenspraxis, ist müßig. Der für Wissenschaft konstitutive Allgemeinheitsbegriff hat natürlich eine lebensweltliche Grundlage. Sein Charakteristikum, welches sich etwa in der Option der Wissenschaft auf Explizitheit und Begründung zeigt, ist aber gerade seine spezifische Differenz zur lebensweltlichen Selbstverständlichkeit qua Unmittelbarkeit. Die ausgezeichnete (wissenschaftstheoretische) Perspektive, in der wir allererst unser (vor-)wissenschaftliches Tun auf den Begriff bringen, ist also unverzichtbar für den Begriff von Wissenschaft.

35 Vgl. z. B. W. Krohn u. G. Küppers, *Die Selbstorganisation der Wissenschaft* (Frankfurt, 1989).

36 L. Krüger, »Einheit der Welt – Vielheit der Wissenschaft«, in: J. Kocka (Hrsg.), *Interdisziplinarität: Praxis – Herausforderung – Ideologie* (Frankfurt, 1987), S. 106 – 125, hier S. 107.

3.1.3 Logischer Empirismus

Der Logische Empirismus[37] entstand Anfang der 20er Jahre in Wien aus Unzufriedenheit mit den metaphysischen Inhalten der traditionellen Philosophie. Seine Grundposition bestand darin, daß jede Philosophie, die den Anspruch erhebt, auf apriorischem Wege zu Wirklichkeitsbehauptungen oder zu normativen Aussagen gelangen zu können, zu verwerfen sei. Gemäß der gemeinsamen Überzeugung der Anhänger des Logischen Empirismus ist es daher unmöglich, durch reines Nachdenken und ohne eine empirische Kontrolle einen Aufschluß über die Beschaffenheit und über die Gesetze der wirklichen Welt zu gewinnen. Demgemäß wurden die grundlegenden Forderungen erhoben, zukünftig nur diejenigen Erkenntnisse zu akzeptieren, die auf wissenschaftlicher Basis gewonnen werden können, und eine Einheitssprache aufzubauen, in der sich jede wissenschaftliche Aussage ausdrücken läßt. In diesem Sinne gibt es nur eine Wissenschaft – die Einheitswissenschaft.

Bereits im Jahre 1895 war in Wien ein Lehrstuhl für Philosophie der exakten Wissenschaften eingerichtet worden, dessen erster Inhaber E. Mach wurde.[38] Seine Nachfolger waren L. Boltzmann und A. Stöhr. 1922 wurde M. Schlick auf diesen Lehrstuhl berufen. Um ihn sammelte sich eine Gruppe von Wissenschaftlern, deren Zielsetzung es war, durch Arbeitsgemeinschaften und Veröffentlichungen für eine wissenschaftliche Philosophie einzutreten. Diesem Kreis, der sich nicht durch eine einheitliche philosophische Lehrmeinung, sondern nur durch eine gemeinsame philosophische Grundhaltung auszeichnete, gehörten unter anderem an: R. Carnap, H. Feigl, P. Frank, K. Gödel, H. Hahn, V. Kraft, O. Neurath, M. Schlick und F. Waismann. Von entscheidender Bedeutung für die philosophische Konzeption des Logischen Empirismus waren die Arbeiten von L. Wittgenstein, der jedoch selbst nie dem Kreis angehörte.

37 Zum Folgenden vgl. R. Hegselmann, »Otto Neurath – Empiristischer Aufklärer und Sozialreformer«, in: O. Neurath, *Wissenschaftliche Weltauffassung, Sozialismus und Logischer Empirismus*, hrsg. v. R. Hegselmann (Frankfurt, 1979), S. 33 ff.

38 Zum Folgenden vgl. V. Kraft, *Der Wiener Kreis – Der Ursprung des Neopositivismus* (Wien, 1968), S. 1 ff.

1929 wurde der »Verein E. Mach« gegründet und ein Publikationsorgan »Veröffentlichungen des Vereins E. Mach« geschaffen. Damit trat der Wiener Kreis erstmals als eigenständige philosophische Schule an die Öffentlichkeit mit dem Anspruch, eine Wende in der Philosophie einzuleiten. Zusammen mit der Berliner Gesellschaft für empirische Philosophie wurde eine Tagung für Erkenntnislehre der exakten Wissenschaften in Prag durchgeführt. Hier wurde die erste systematische Selbstdarstellung des Logischen Empirismus vorgetragen: die von Carnap, Hahn und Neurath verfaßte programmatische Arbeit »Wissenschaftliche Weltauffassung – Der Wiener Kreis«.[39]

In den folgenden Jahren bemühte sich der Wiener Kreis mit großem Erfolg, die Konzeption einer wissenschaftlichen Philosophie bekannt zu machen: Zahlreiche Kontakte zu interessierten Philosophen anderer Länder konnten geknüpft werden, dem bereits bestehenden Publikationsorgan wurden zwei weitere – »Erkenntnis« und »Einheitswissenschaft« – hinzugefügt; darüber hinaus wurden internationale Kongresse »für Einheit der Wissenschaften« veranstaltet.

Der Druck der politischen Verhältnisse in Europa zwang den Wiener Kreis 1938 zur Auflösung – viele Mitglieder mußten emigrieren. Der Logische Empirismus war jedoch bereits eine weltweite philosophische Bewegung geworden, deren neuer organisatorischer Mittelpunkt Den Haag wurde. Von dort aus organisierte Neurath die internationalen Kongresse zur Einheit der Wissenschaften und gründete »The International Institute for the Unity of Science«.

Ausschlaggebendes Motiv für die Entstehung des Logischen Empirismus war der offensichtliche Gegensatz zwischen dem einzelwissenschaftlichen Fortschritt und der Entwicklung der Philosophie.[40] In der Mathematik und in den empirischen Wissenschaften vollzog sich eine ständige Vertiefung und Ausweitung der Erkenntnis. Der Zustand der traditionellen Philosophie hingegen war gekennzeichnet durch ein Chaos philosophischer Lehrmeinungen mit Absolutheitsansprüchen, jedoch ohne erkennbare Beiträge zur Problemlösung.

39 R. Carnap, H. Hahn u. O. Neurath, »Wissenschaftliche Weltauffassung – Der Wiener Kreis« (1929), in: H. Schleichert (Hrsg.), *Logischer Empirismus – der Wiener Kreis* (München, 1975), S. 201 ff.

40 Zum Folgenden vgl. R. Hegselmann, »Otto Neurath«, S. 9 ff.

Die Ursachen des einzelwissenschaftlichen Fortschritts liegen in der systematischen Kontrolle ihrer Aussagen: In der Mathematik besteht die Kontrolle in der Anwendung logischer Verfahren, in den empirischen Wissenschaften besteht die Kontrolle in den methodisch angestellten Beobachtungen und Experimenten. Beide Überprüfungskriterien fallen bei philosophischen Behauptungen fort. Es scheint in der traditionellen Philosophie keine Möglichkeit zu geben, zwischen willkürlichen Spekulationen und echten Erkenntnissen zu unterscheiden. Somit ist das Versagen philosophischer Theoriebildung darin begründet, daß für die meisten philosophischen Aussagen kein Wahrheitswert angegeben werden kann.

Grundlegend für die wissenschaftliche Weltauffassung des Logischen Empirismus sind zwei prinzipielle erkenntnistheoretische Annahmen:

(1) Jede Erkenntnis kann nur durch Erfahrung gewonnen werden (Basistheorem).

(2) Jede Aussage, deren Gültigkeit nicht einmal prinzipiell überprüft werden kann, ist als sinnlos anzusehen (Sinntheorem).

Fragen, auf die keine intersubjektiv nachprüfbaren Antworten gegeben werden können, sind aus der Klasse der sinnvollen philosophischen Probleme auszuschließen. Eine besondere Problematik stellt dabei die Aufgabe dar, ein akzeptables Kriterium *kognitiver Signifikanz* zu formulieren, mittels dessen Aussagen als sinnvoll bzw. sinnlos charakterisiert werden können.

Auch die Philosophie muß demnach wissenschaftlich betrieben werden. Diese Wissenschaftlichkeit soll durch die Forderung gewährleistet werden, daß alle Aussagen entweder rein logisch begründbar sind oder sich erfahrungsmäßig bewährt haben. Die Sätze der Logik und Mathematik[41] ergeben sich nicht aus der Erfahrung. Da es sich hier nicht um inhaltliche Aussagen über Sachverhalte handelt, sondern um Vereinbarungen, wie über diese gesprochen werden soll, sind die mathematischen Aussagen tautologisch. In der Kantischen Terminologie kann der Standpunkt des Logischen Empirismus so gekennzeichnet werden: Alle wissenschaftlich akzeptierbaren Aussagen müssen entweder analytisch a priori oder synthetisch a posteriori sein, d. h., die einzige

41 Vgl. H. Hahn, »Logik, Mathematik und Naturerkennen« (1933), in: H. Schleichert (Hrsg.), *Logischer Empirismus*, S. 46 ff.

akzeptierte Erkenntnisquelle ist die Beobachtung; synthetische Aussagen a priori gibt es demnach nicht. Es ist die Überzeugung des Logischen Empirismus, daß die traditionelle Philosophie sich hauptsächlich mit metaphysischen Inhalten und demzufolge mit sinnlosen Aussagen beschäftige.

Aus dieser vernichtenden Kritik an der bestehenden Philosophie wird als Nachfolgedisziplin die Wissenschaftslogik[42] eingeführt. Aufgabe der Wissenschaftslogik ist die syntaktische, semantische und pragmatische Analyse einzelwissenschaftlicher Aussagen. Für die Wissenschaftspraxis ergeben sich Konsequenzen, die im Programm der Einheitswissenschaft des Logischen Empirismus zum Ausdruck kommen. Gemäß diesem Programm sollen alle Einzelwissenschaften ihre Aussagen in einer Sprache formulieren, für die gilt:

- Alle wissenschaftlich verwendbaren Begriffe sind entweder formale Begriffe der Logik und Mathematik oder solche, die sich auf unmittelbar Erfahrbares beziehen oder zurückführen lassen.
- Alle wissenschaftlich akzeptierbaren Aussagen sind entweder rein logisch begründbar, oder sie haben sich erfahrungsmäßig bewährt. Das bedeutet insbesondere, daß alle Aussagen intersubjektiv überprüfbar und insofern intersubjektiv verstehbar sein müssen.

Für die Durchführung des Programms bedarf es demnach einer Reduktionsbasis, d. h. einer Menge von Grundbegriffen, die sich bereits auf unmittelbar Erfahrbares beziehen, und einer Reduktionsrelation, durch die festgelegt ist, wie ein Term, der nicht zur Reduktionsbasis gehört, auf diese reduziert werden kann.

Zusammenfassend können wir festhalten: Der Logische Empirismus läßt sich charakterisieren durch[43]

- das Interesse an einer wissenschaftlichen Philosophie;
- das Sinn- und das Basistheorem als seine Grundannahmen;
- die Entlarvung der metaphysischen Sätze als Scheinsätze, die Einführung der Wissenschaftslogik als Nachfolgedisziplin der traditionellen Philosophie und das Programm zum Aufbau der Einheits-

42 Zum Folgenden vgl. W. Stegmüller, *Hauptströmungen der Gegenwartsphilosophie,* Bd. 1 (Stuttgart, ^{7}1989), S. 351 ff.
43 Vgl. R. Hegselmann, »Otto Neurath«, S. 10 ff.

wissenschaft als drei Konsequenzen, die sich aus den Grundannahmen ergeben.

Eines der wichtigsten Hauptanliegen des Logischen Empirismus war das Bestreben, die einzelwissenschaftlichen Erkenntnisse zu einer Einheitswissenschaft zusammenzufassen.[44] Es wurden sowohl *wissenschaftspraktische* als auch *erkenntnistheoretische* Gründe vorgebracht:

- Ein *praktischer* Grund für den Aufbau einer Einheitswissenschaft besteht dann, wenn für die Erklärung komplexer Probleme der Bereich eines Wissenschaftsgebietes überschritten werden muß. Dies ist nur möglich, wenn die Begriffe und Aussagen aller erforderlichen Wissenschaftsbereiche aufeinander bezogen werden können.
- Ein *theoretischer* Grund für den Aufbau einer Einheitswissenschaft besteht dann, wenn die Gültigkeit eines (Natur-)Gesetzes überprüft werden soll. Hierzu wird aus der Anzahl von Anwendungsfällen dieses Gesetzes ein beobachtbarer Vorgang als Prognose abgeleitet und empirisch festgestellt, ob die Voraussage tatsächlich zutrifft. Zunächst scheinen dabei der Theoretiker, der die Hypothese aufstellt, und der Beobachter, der die Hypothese überprüft, völlig unterschiedliche Sprachen zu verwenden. Der Theoretiker verwendet eine Sprache mit einem abstrakten Begriffssystem, wohingegen der Beobachter sich auf Wahrnehmungsgegebenheiten bezieht und daher Begriffe benutzt, die wahrnehmbare Eigenschaften und Beziehungen bezeichnen. Diese Verschiedenheit der beiden Begriffs- und Sprachsysteme kann aber nur scheinbar bestehen; andernfalls wäre es logisch ausgeschlossen, daß die Überprüfungsergebnisse des Beobachters zur Bestätigung oder Ablehnung einer Hypothese des Theoretikers herangezogen werden könnten.

Zunächst ist klärungsbedürftig, in welchem Sinne der Begriff der Einheitswissenschaft im Logischen Empirismus zu verstehen ist. Die Konkretisierung einer Einheitskonzeption kann verschiedene Einzelaspekte umfassen:[45]

44 Vgl. W. Stegmüller, *Hauptströmungen*, Bd. 1, S. 393.

45 Vgl. M. Carrier u. J. Mittelstraß, »Die Einheit der Wissenschaft«, in: Akademie der Wissenschaften zu Berlin, *Jahrbuch 1988* (Berlin/New York, 1989), S. 98 ff.

- *Die Einheit der wissenschaftlichen Sprache:* Dieses Programm ist durch die These gekennzeichnet, daß alle wissenschaftlichen Aussagen in einer physikalischen Sprache formulierbar sind. Eine Sprache wird dann als physikalisch angesehen, wenn sie bestimmten Raum-Zeit-Punkten bestimmte qualitative Merkmale oder quantitative Werte auf intersensuale und intersubjektive Weise zuschreibt. Diese Einheitsvorstellung beschränkt sich auf eine einheitliche Beschreibung aller Sachverhalte.
- *Die Einheit der wissenschaftlichen Gesetze:* Dieses Programm beruht auf der als plausible empirische Hypothese geltenden Behauptung, daß alle Wissenschaftsbereiche auf die Physik zurückgeführt werden können. Eine derartige Einheitsvorstellung ist eine Verschärfung der semantischen These: sie bezieht sich sowohl auf eine einheitliche Beschreibung aller Sachverhalte, als auch auf ihre einheitliche Erklärbarkeit. Die Einheit der Wissenschaft dokumentiert sich hier durch die Einheitlichkeit eines wissenschaftlichen Lehrgebäudes.

Beschränkt sich die Einheitskonzeption auf die semantische These, so wird von einem Konzept der *Einheit der Wissenschaft* gesprochen; wird hingegen zusätzlich die These von der Einheit der Gesetze hinzugenommen, so wird die Einheit der Wissenschaft zur *Einheitswissenschaft.*

Der Umfang der Einheitsvorstellungen des Logischen Empirismus wird von verschiedenen Interpreten unterschiedlich charakterisiert. Übereinstimmung besteht zumindest in der Auffassung, daß die Einheitskonzeption die Einheit der wissenschaftlichen Sprache betrifft. Darüber hinaus vertreten Carrier und Mittelstraß[46] die Auffassung, daß der Logische Empirismus die Einheit der Wissenschaften im Sinne einer Einheitswissenschaft anstrebte:

> Die Vorstellung, die Einheit der Wissenschaft dokumentiere sich durch die Einheit der wissenschaftlichen *Gesetze*, wurde ebenfalls im Rahmen des Logischen Empirismus vertreten.

Demgegenüber betont Stegmüller[47] ausdrücklich, daß sich der Einheitsgedanke auf die Einheit der wissenschaftlichen Sprache beschränkt:

46 Ebd., S. 103.
47 W. Stegmüller, *Hauptströmungen,* Bd. 1, S. 394 f.

Auf alle Fälle ist zu beachten, daß der Physikalismus in seinen beiden Formen nur die Forderung erhebt, daß physikalische Prädikate die Grundprädikate der einheitlichen Wissenschaftssprache sein müssen. Keineswegs wurde dagegen damit die Behauptung verknüpft, daß auch alle Gesetzmäßigkeiten auf physikalische Gesetze zurückgeführt werden müßten.

Diese Ansicht wird von Hegselmann[48] geteilt:

Das Programm der Einheitswissenschaft besagt [...] *nicht*, daß die Gesetze aller Wissenschaften auf die Gesetze einer Wissenschaft (etwa der Physik) zurückgeführt werden könnten, sondern lediglich, daß die Sätze aller Wissenschaften in *einer* Sprache ausgedrückt werden sollten.

Demgemäß wäre die Konzeption der Einheitswissenschaft des Logischen Empirismus begrifflich und inhaltlich auf die Einheit der wissenschaftlichen Sprache beschränkt. Allerdings wurden von verschiedenen Mitgliedern dieser Richtung unterschiedliche Auffassungen bezüglich der Konkretisierung der Einheitsvorstellung vertreten. Im folgenden werden lediglich die Grundgedanken und Probleme der semantischen These diskutiert. Da sich bereits das eingeschränkte Programm als nicht realisierbar erwiesen hat, soll auf die Erörterung aller weitergehender Konzepte des Logischen Empirismus verzichtet werden.

Wissenschaftliche Erkenntnis stellt sich in sprachlichen Formulierungen dar. Sie muß als Hilfsmittel intersubjektiv verständliche Begriffe verwenden und sich auf intersubjektiv überprüfbare Aussagen beziehen, d. h., die Bedeutung der Begriffe muß mit hinreichender Genauigkeit erläutert, und es müssen allgemeinverbindliche Methoden für die Nachprüfung der wissenschaftlichen Aussagen angegeben werden. Von Wissenschaft kann noch nicht gesprochen werden, wo lediglich private Gedanken vorliegen, sondern erst dann, wenn diese mitteilbar und streng überprüfbar werden. Die Sprachanalyse ist daher für das Mitteilungsproblem von zentraler Bedeutung. Wegen der logischen Mängel und Mehrdeutigkeiten der Alltagssprache wurde der Versuch unternommen, diese Sprache aufzugeben und durch künstliche Sprachsysteme zu ersetzen, die nach präzisen Regeln aufgebaut sind. Für die Konstruktion dieser Sprachsysteme spielt die moderne Logik eine überragende Rolle.

Jede Wissenschaft enthält Begriffe und Aussagen, die in einen systematischen Zusammenhang gebracht werden müssen. Der systematische

48 R. Hegselmann, »Otto Neurath«, S. 17.

Zusammenhang der Aussagen ist nach Auffassung des Logischen Empirismus erreicht, wenn die betreffende Wissenschaft axiomatisch aufgebaut wurde. Der systematische Zusammenhang der Begriffe[49] wäre dann hergestellt, wenn alle Begriffe auf einige wenige Grundbegriffe zurückgeführt werden könnten, die auf Erlebnisgegebenem beruhen. Für die logischen und mathematischen Begriffe war das Problem ihrer Rückführbarkeit auf einige wenige Grundbegriffe von Frege, Russell und Whitehead eingehend behandelt worden. Carnap stellte in seiner Arbeit *Der logische Aufbau der Welt*[50] im Rahmen eines *phänomenalistischen* Sprachaufbaus ein Konstitutionssystem der empirischen Begriffe vor. Gemäß dem Basistheorem des Logischen Empirismus kann sich wissenschaftliche Erkenntnis nur auf Erfahrung beziehen. Als Basis des Systems wählte Carnap das erlebnismäßig Gegebene einer Person (eigenpsychische Basis), da nach seiner Auffassung fremdes Erleben nicht als unmittelbar gegeben angesehen, sondern nur aufgrund eigener Wahrnehmung fremder Äußerungen verwertet werden kann. Die Festlegung seiner Basis umfaßt zweierlei:[51]

(1) Als Grundelemente des Systems werden Elementarerlebnisse, also unzerlegbare Einheiten des in einem Augenblick Erlebten, gewählt.
(2) Als Grundrelation des Systems werden Ähnlichkeitserinnerungen, also Ähnlichkeitsbeziehungen zwischen Elementarerlebnissen, gewählt.

Die Unteilbarkeit der Elementarerlebnisse schließt eine analytische Hinterfragung aus logischen Gründen aus. Die einzig möglichen Aussagen können hier daher nur im Vergleich mit anderen Elementarerlebnissen bestehen. Demnach sollten alle empirischen Begriffe auf den Grundelementen und der Ähnlichkeitsbeziehung aufgebaut werden, d. h., es ist eine allgemeine Regel dafür anzugeben, wie Aussagen, in denen ein empirischer Begriff vorkommt, übersetzbar sind in solche Aussagen, in denen nur die Grundelemente und die zwischen ihnen bestehende Grundrelation vorkommen. Insofern es gelingt, das Programm für alle wissenschaftlichen Begriffe und Aussagen durchzuführen, wäre die Einheit der Wissenschaften hergestellt.

49 Vgl. V. Kraft, *Der Wiener Kreis*, S. 77 ff.
50 R. Carnap, *Der logische Aufbau der Welt* (Berlin, 1928).
51 Vgl. W. Stegmüller, *Hauptströmungen*, Bd. 1, S. 388 ff.

Im Unterschied[52] zur Carnapschen Konzeption, wonach Aussagen über Sachverhalte in Aussagen über Sinnesdaten zu übersetzen sind, schlug Neurath[53] einen *physikalistischen* Sprachaufbau vor. Demgemäß sollen sich die Grundbegriffe nicht auf Sinnesdaten beziehen, sondern auf Eigenschaften von Gegenständen und ihre Beziehungen untereinander. Carnap schloß sich diesem Vorschlag an, weil er meinte, daß eine physikalische Sprache einer adäquaten Beschreibung empirischer Aussagen näher käme. Da diese Sprache zunächst nur metrische Begriffe beinhaltete, mußte sie später dahingehend erweitert werden, daß neben quantitativen Begriffen auch qualitative Begriffe zugelassen wurden. Die These des Physikalismus[54] besagt weiter, daß eine Einheitssprache der Wissenschaften aufgebaut werden kann, die intersubjektiv und universal ist, d. h. eine Sprache, in der jeder beliebige Sachverhalt mit Begriffen ausgedrückt werden kann, die für jedermann dieselben Bedeutungen besitzen.

Wissenschaftliche Aussagen müssen intersubjektiv verständlich und intersubjektiv nachprüfbar sein. Ihre Überprüfbarkeit beruht entweder in der Anwendung logischer Verfahren oder in der Kontrolle durch Beobachtungen und Experimente. Eine Theorie besteht jedoch aus Sätzen, und diese können nur mit anderen Sätzen verglichen werden. Demgemäß müssen die Ergebnisse von Beobachtungen und Experimenten zunächst sprachlich festgehalten werden; erst dann können sie zur Überprüfung empirischer Hypothesen und Theorien herangezogen werden. Die Gesamtheit dieser Aussagen wird als Basis wissenschaftlicher Erkenntnis bezeichnet. Die Diskussion über das Basisproblem[55] konzentrierte sich hauptsächlich auf zwei Punkte:

(1) Sind die Aussagen, die zur Überprüfung von Theorien verwendet werden, absolut sicher und definitiv wahr?

(2) Handelt es sich bei diesen Aussagen um objektive Behauptungen, oder sind sie Festsetzungen, die jederzeit abgeändert oder durch andere ersetzt werden können?

---

52 Vgl. R. Hegselmann, »Otto Neurath«, S. 39.

53 Zum Folgenden vgl. O. Neurath, »Protokollsätze« (1932/33), in: H. Schleichert (Hrsg.), *Logischer Empirismus*, S. 70 ff.

54 Vgl. V. Kraft, *Der Wiener Kreis*, S. 147 ff.

55 Ebd., S. 105 ff.

Schlick[56] hatte die Ansicht vertreten, daß jede Person nur solche Aussagen als Basis verwenden könne, die sich auf eigene gegenwärtige Wahrnehmungen beziehen, da nur diese zeitlich punktuell absolute und unzweifelhafte Gewißheit besitzen. Allerdings kommt den Konstatierungen nur zum Zeitpunkt ihrer Formulierung Gewißheit zu; später verwandeln sie sich in bloße Hypothesen, da sie dann alle Irrtumsquellen wie Erinnerungstäuschungen, Fehler bei der Niederschrift und beim Ablesen usw. beinhalten können.

Eine andere Auffassung vertrat Neurath.[57] Nach seiner These müssen die grundlegenden Aussagen in einer intersubjektiven Sprache formuliert sein und auf die protokollierende Person Bezug nehmen. Neurath bezeichnete diese Aussagen als *Protokollsätze*. Das Schema eines Protokollsatzes lautet somit: Die Person A hat zur Zeit t am Ort x die Feststellung F getroffen. Zur sprachlichen Formulierung einer Beobachtung muß die Struktur der verwendeten Sprache mittels Beschluß festgelegt und anerkannt werden; in diesem Sinne kann eine absolute Gewißheit für Sätze dieser Art nicht verlangt werden.

Wissenschaftliche Begriffe und Aussagen müssen eine Bedeutung besitzen, damit eine intersubjektive Verständigung möglich ist.[58] Die Bedeutung einer Aussage wird bestimmt durch die Methode ihrer Verifikation. Es ist ausgeschlossen, ohne empirische Kontrolle begründete Aussagen über die Beschaffenheit und Gesetze der Welt zu treffen. In bezug auf die Aussagen muß prinzipiell angegeben werden können, unter welchen Bedingungen sie wahr oder falsch sind. Besteht diese Möglichkeit nicht, so sind die Aussagen als sinnlos zu bezeichnen und von einer weiteren Verwendung auszuschließen. Nach Carnap sind zwei Klassen sinnloser Aussagen zu unterscheiden:

(1) syntaktisch korrekt gebildete Aussagen, die Begriffe beinhalten, denen keine Bedeutung zukommt;
(2) sinnvolle Begriffe, die in syntaxwidriger Weise zusammengestellt werden.

56 Zum Folgenden vgl. W. Stegmüller, *Hauptströmungen*, Bd. 1, S. 446.
57 Vgl. O. Neurath, »Radikaler Physikalismus und ›Wirkliche Welt‹« (1934), in: Ders., *Wissenschaftliche Weltauffassung, Sozialismus und Logischer Empirismus*, hrsg. v. R. Hegselmann (Frankfurt, 1979), S. 102 ff.
58 Vgl. W. Stegmüller, *Hauptströmungen*, Bd. 1, S. 380 ff.

Ob eine Aussage sinnvoll ist oder nicht, hängt demnach wesentlich von den semantischen und syntaktischen Regeln der Sprache ab. Weil die Sprachregeln verschieden festgelegt werden können, kann eine Aussage in einer Sprache sinnlos, in einer anderen Sprache jedoch sinnvoll sein.

Hypothesen und Theorien müssen prinzipiell empirisch überprüfbar sein, d. h., es muß grundsätzlich möglich sein, Beobachtungen zu machen, die eine derartige Hypothese widerlegen könnten. Erweist sich eine Hypothese als konträr zu den gemachten Beobachtungen, so ist sie entweder aufzugeben oder soweit zu modifizieren, bis sie richtige Voraussagen liefert. Als besonders problematisch erweist sich jedoch die Aufgabe, ein tragfähiges Kriterium kognitiver Signifikanz explizit zu formulieren, mittels dessen die Aussagen in sinnvolle und sinnlose unterschieden werden können. Die Formulierung von Wahrheitsbedingungen für wissenschaftliche Aussagen wurde zunächst mit der Angabe einer *Verifikationsmethode* verknüpft. Die ursprüngliche Fassung des empiristischen Sinnkriteriums war somit folgendermaßen gegeben: Die Verifizierbarkeit einer Aussage bildet eine notwendige und hinreichende Bedingung dafür, daß diese als sinnvoll charakterisiert werden kann.

Popper[59] hat in seiner Analyse der Überprüfung naturwissenschaftlicher Theorien die radikale Forderung der empirischen Verifizierbarkeit kritisiert, da sie eine Vernichtung der gesamten naturwissenschaftlichen Erkenntnis zur Folge hätte. Die verlangte Verifizierbarkeit der Naturgesetze ist insofern besonders problematisch, da diese den Charakter von Allsätzen haben. Somit schließen sie eine unbegrenzte Anzahl von Anwendungsfällen ein, wohingegen stets nur eine endliche Anzahl von Beobachtungen zum Zwecke der Überprüfung angestellt werden kann. Folglich ist nach Ansicht Poppers die empiristische Forderung, wonach Hypothesen an der Erfahrung überprüfbar sein müssen, so zu deuten, daß es sich um *falsifizierbare*[60] Aussagen handeln müsse. Die Möglich-

59 Ebd., S. 397 ff.

60 Popper hat die Falsifizierbarkeit von Theorien und Hypothesen als *Abgrenzungskriterium* gegenüber unwissenschaftlichen Theorien und Hypothesen und nicht als *Sinnkriterium* verstanden. Nach seiner Auffassung trennt die Falsifizierbarkeit zwei Arten von sinnvollen Aussagen: die falsifizierbaren (möglicherweise aber widerlegten Aussagen) und die nichtfalsifizierbaren (grundsätzlich nicht prüfbaren Aussagen). Demzufolge gibt es Theorien (z. B. die Phlogistontheorie), die zwar widerlegt (falsifiziert), aber

keit der Falsifikation von Theorien beruht darauf, daß die Allsätze in Es-gibt-nicht-Sätze umformbar sind.[61] Die positive Bewährung einer empirischen Theorie besteht dann darin, daß sie allen Falsifikationsversuchen standgehalten hat. Demnach sind nur falsifizierbare Aussagen als wissenschaftlich anzuerkennen. Dies hätte jedoch zur Folge, daß alle reinen Existenzhypothesen aus der erfahrungswissenschaftlichen Erkenntnis entfernt werden würden; denn ein Es-gibt-Satz ist aus demselben Grunde nicht falsifizierbar, aus dem ein Allsatz nicht verifizierbar ist.

Die Konkretisierung der Konzeption der Einheitswissenschaft im Logischen Empirismus stößt auf eine Reihe grundlegender Schwierigkeiten. Gemäß dem Programm der Einheitswissenschaft sollen alle einzelwissenschaftlichen Aussagen in einer Sprache formuliert werden, deren Begriffe entweder der Logik entstammen oder sich auf unmittelbar Erfahrbares beziehen bzw. auf Erfahrungsbegriffe zurückgeführt werden können. Des weiteren sind alle wissenschaftlichen Aussagen gemäß dem Kriterium der kognitiven Signifikanz auf ihre Gültigkeit hin zu überprüfen. Erkenntnistheoretischer Ausdruck dieser Einheitsvorstellung ist das *Basistheorem* und das *Sinntheorem*. Die Durchführung dieses Programms führt auf schwerwiegende Probleme

- bezüglich der definitorischen Zurückführbarkeit aller empirischen Begriffe;
- hinsichtlich einer präzisen Formulierung des Sinnkriteriums.

Für die Formulierung des Sinnkriteriums wurde eine empiristische Sprache zugrunde gelegt, für die vorausgesetzt ist, daß alle empirischen Begriffe auf undefinierte Grundbegriffe zurückgeführt werden können. Der Entwurf einer Konstitutionstheorie der empirischen Begriffe erwies sich jedoch insofern als unzulänglich, als nicht alle komplexen empirischen Begriffe durch Definitionen auf die Grundelemente zurückführbar sind. Zu diesen undefinierbaren Begriffen gehören sowohl die Dispositionsbegriffe, d. h. Begriffe, die eine bestimmte Tendenz aus-

wissenschaftlich (falsifizierbar) sind. Vgl. K. R. Popper, *Logik der Forschung* (Tübingen, ^{7}1982; urspr. engl. 1934), S. 15 (Anm.).

61 Vgl. V. Kraft, *Der Wiener Kreis*, S. 121 ff.

drücken, die sich nur unter bestimmten Umständen manifestiert, als auch die theoretischen Begriffe der Naturwissenschaften.

Carnap[62] verzichtete daher später auf die definitorische Zurückführung und unterschied im folgenden in jeder theoretischen Erfahrungswissenschaft zwischen einer Beobachtungssprache und einer theoretischen Sprache. Die theoretische Sprache wird als eigenständige Sprache konstruiert. Das Vokabular dieser Sprache enthält sowohl theoretische Begriffe, die als undefinierte Grundbegriffe eingeführt werden, als auch weitere Begriffe, welche auf diese Grundbegriffe definitorisch zurückgeführt werden. In dieser theoretischen Sprache werden die Theorien und Hypothesen formuliert. Ihre Grundbegriffe stehen zunächst in keinem Zusammenhang mit der Beobachtungssprache. Um zu einer erfahrungswissenschaftlichen Theorie zu werden, muß eine empirische Interpretation mit Hilfe von *Korrespondenzregeln* möglich sein. Durch derartige Regeln werden die Begriffe und Sätze der theoretischen Sprache mit Begriffen und Sätzen der Beobachtungssprache verknüpft. Durch die Korrespondenzregeln erhalten aber nicht alle theoretischen Begriffe einen empirischen Gehalt, und im allgemeinen wird auch keine vollständige empirische Deutung gegeben. Daher wirft auch diese Möglichkeit der Begriffsbildung eine Reihe von Problemen auf:

- Es scheint eine kontinuierliche Linie von solchen Begriffen zu geben, die eng mit dem Bereich des Beobachtbaren verknüpft sind, über theoretische Begriffe bis hin zu jenen spekulativen Begriffen, die überhaupt in keinem angebbaren Zusammenhang mit beobachtbaren Vorgängen stehen. Damit ist eine strenge Einteilung in sinnvolle und sinnlose Begriffe äußerst problematisch.
- Nicht nur für die Beobachtungssprache, sondern auch für die theoretische Sprache ergibt sich die Notwendigkeit, ein empiristisches Sinnkriterium zu formulieren.

Die ursprüngliche Fassung des empiristischen Sinnkriteriums im Sinne einer Verifikationsforderung hat sich als zu eng erwiesen; ebenso ist das von Popper vorgeschlagene Abgrenzungskriterium der Falsifizierbarkeit unbefriedigend. Die zahlreichen Bemühungen, ein tragfähiges Kriterium kognitiver Signifikanz zu formulieren, gingen in der Folgezeit hauptsächlich in drei Richtungen:

62 Vgl. W. Stegmüller, *Hauptströmungen*, Bd. 1, S. 461 ff.

(1) Neuinterpretation der zu überprüfenden Aussagen,
(2) Modifikation der Verifikationsforderung,
(3) Formulierung neuer Kriterien.

Ein grundlegendes Problem der Verifikationstheorie betrifft die Überprüfung von Naturgesetzen. Es gibt erkenntnistheoretische Ansätze, die Verifizierbarkeitsforderung dadurch zu retten, daß Sätze von unbeschränkter Allgemeinheit in den Naturwissenschaften nicht zugelassen werden; Allsätze sind demnach nur als zusammenfassende Berichte über bisherige Beobachtungsergebnisse aufzufassen.[63] Dieser Deutung steht jedoch die Tatsache entgegen, daß eine der wichtigsten Funktionen der Naturgesetze darin besteht, Prognosen zu ermöglichen.

Eine andere Möglichkeit, den Schwierigkeiten zu begegnen, wurde von Carnap[64] vorgeschlagen: Da die Verifizierbarkeit eines Allsatzes nicht streng möglich ist, enthält nach seiner Ansicht die Annahme oder Verwerfung eines solchen Satzes stets eine konventionelle Komponente; es gibt keine allgemeine Regel, die eine Entscheidung, den Satz zu akzeptieren oder nicht, eindeutig festlegen würde. Neben der konventionellen Komponente gibt es jedoch auch eine nicht-konventionelle Komponente, die in den tatsächlich gemachten Beobachtungen besteht. In diesem Sinne kann eine allgemeine Aussage nie endgültig in ihrer Geltung gesichert werden; sie wird aber durch eine bestimmte Anzahl von Prüfungen bestätigt, wobei die Möglichkeit nicht ausgeschlossen werden kann, daß sie durch eine erneute Prüfung widerlegt wird. Carnap schlägt daher vor, die Begriffe der Verifizierbarkeit und Falsifizierbarkeit durch die allgemeineren Begriffe der *Bestätigungsfähigkeit* und *Prüfbarkeit*[65] von empirischen Aussagen zu ersetzen. Des weiteren unterscheidet er zwischen vollständiger und unvollständiger Bestätigungsfähigkeit bzw. Prüfbarkeit. Damit läßt sich das Grundprinzip des Logischen Empirismus durch vier verschiedene Fassungen formulieren, angefangen von der strengsten Forderung bis zur Minimalforderung. Vollständige Bestätigungsfähigkeit bzw. Prüfbarkeit ist nur für die Aussagen einer Sprache erreichbar, die keine All- und Existenzbehauptungen enthält. Bezüglich der schwächsten Forderung kann das Krite-

63 Ebd., S. 398.
64 Ebd., S. 402 ff.
65 Vgl. V. Kraft, *Der Wiener Kreis*, S. 130 ff.

rium der kognitiven Signifikanz folgendermaßen formuliert werden: Damit eine empirische Aussage als sinnvoll bezeichnet werden darf, ist es notwendig und hinreichend, daß diese Aussage Bestandteil einer nach präzisen Syntaxregeln aufgebauten Sprache ist, deren sämtliche Aussagen bestätigungsfähig sind. Dieses Sinnkriterium enthält zwei freie Festsetzungen:

(1) Zunächst muß eine Sprache mit ihren syntaktischen Regeln aufgebaut werden. Die Sprachregeln können jedoch verschieden festgelegt werden.
(2) Des weiteren muß eine der vier möglichen Prinzipien der Bestätigungsfähigkeit bzw. Prüfbarkeit empirischer Aussagen zugrunde gelegt werden.

Ungeachtet der speziellen Wahl eines der vier möglichen Prinzipien wird in allen Fällen verlangt, daß wissenschaftliche Terme sich auf Beobachtbares beziehen oder sich auf Beobachtungsterme zurückführen lassen. Insbesondere bleibt damit das Problem, ein Sinnkriterium auch für die theoretische Sprache zu formulieren, weiterhin bestehen. Um dieser Schwierigkeit zu begegnen, ist eine erneute Ausweitung des empiristischen Sinnkriteriums erforderlich: Ein theoretischer Begriff, der weder durch Definitionen noch durch Korrespondenzregeln ganz oder teilweise auf Beobachtbares zurückführbar ist, muß eine *Voraussagerelevanz*[66] besitzen. Die prognostische Relevanz eines theoretischen Begriffs besteht dann, wenn seine Streichung aus dem theoretischen Vokabular zur Folge hätte, daß bestimmte Voraussagen nicht mehr möglich wären.

Die seit Jahrzehnten geführte Diskussion um ein akzeptables Kriterium kognitiver Signifikanz hat zwar zu keinem voll befriedigenden Ergebnis geführt, wohl aber zu der Einsicht, daß ein solches Kriterium auf der Grundlage des Logischen Empirismus kaum in brauchbarer Weise formulierbar sein dürfte. Zusammenfassend sei festgehalten: Die Einheitskonzeption des Logischen Empirismus konnte nicht befriedigend verwirklicht werden, insofern es nicht gelungen ist, die erkenntnistheoretischen Probleme, die sich vor allem aus dem Basistheorem und dem Sinntheorem ergeben haben, zu lösen.

66 Vgl. W. Stegmüller, *Hauptströmungen*, Bd. 1, S. 465 f.

3.1.4 Neuere Wissenschaftstheorie

Die Konzeption, die Einheit der Wissenschaften zu konkretisieren, konnte im Rahmen des Programms des Logischen Empirismus nicht überzeugend verwirklicht werden. Der Grund liegt darin, daß die Umsetzung der beiden prinzipiellen erkenntnistheoretischen Annahmen, des Basistheorems und des Sinntheorems, in der wissenschaftlichen Praxis auf schwerwiegende Probleme stößt. Seitdem gibt es weiterführende wissenschaftstheoretische Untersuchungen mit dem Ziel, in Anerkennung der fachspezifischen Arbeitsweisen der einzelnen Disziplinen fächerübergreifende Kriterien darzustellen, um den immer noch bestehenden Anspruch einzulösen, die Einheit aller Wissenschaften aufzuzeigen. Dabei geht es um allgemeine Probleme wissenschaftlicher Theoriebildungen, d. h. um die Frage, nach Maßgabe welcher Kriterien der Erkenntniszuwachs in der Wissenschaft erzielt wird.

3.1.4.1 Wissenschaftliche Rationalität als einheitsstiftendes Begründungsmodell

Zur Charakterisierung der Einheit der Wissenschaften sind Kriterien anzugeben, die allen Wissenschaften gemeinsam sind. Die Merkmale müssen hinreichend *allgemein* sein, um alle Wissenschaften zu erfassen; sie müssen darüber hinaus aber auch genügend *spezifisch* sein, um nicht-wissenschaftliche Theoriebildungen auszuschließen. Zunächst ist klärungsbedürftig, in welchem Sinne der Begriff der Einheit zu verstehen ist. Die Konkretisierung einer theoretisch-strukturellen Einheitskonzeption kann verschiedene Einzelaspekte[67] umfassen:

- *Die Einheit der wissenschaftlichen Sprache.* Dieses Programm ist durch die These gekennzeichnet, daß alle wissenschaftlichen Begriffsbildungen nach einheitlichen Prinzipien erfolgen. Die Einheitsvorstellung beschränkt sich auf eine einheitliche Beschreibung aller Sachverhalte.
- *Die Einheit der wissenschaftlichen Gesetze.* Es wird von der These ausgegangen, daß alle Wissenschaftsbereiche auf eine einzige Disziplin, die Physik, zurückgeführt werden können. Diese Einheits-

67 Zum Folgenden vgl. M. Carrier u. J. Mittelstraß, »Die Einheit der Wissenschaft«, in: Akademie der Wissenschaften zu Berlin, *Jahrbuch 1988* (Berlin/New York, 1989), S. 98 ff.

vorstellung ist eine Verschärfung der semantischen These zu einer empirischen These: sie bezieht sich sowohl auf eine einheitliche Beschreibung aller Sachverhalte, als auch auf ihre einheitliche Erklärbarkeit. Die Einheit der Wissenschaft dokumentiert sich hier durch die Einheitlichkeit eines wissenschaftlichen Lehrgebäudes.
- *Die Einheit der wissenschaftlichen Methode.* Dieses Programm bezieht sich auf die Begründung von Geltungsansprüchen wissenschaftlicher Theorien. Die Konzeption beruht auf der Erkenntnis, daß eine Theorie durch die empirische Datenbasis nicht eindeutig festgelegt wird und somit für die Wahl der Hypothesen eine beträchtliche Freiheit besteht. Demzufolge sind weiterreichende Rationalitätskriterien anzuwenden, die es ermöglichen, eine der Theorien auszuzeichnen.

Im folgenden werden die verschiedenen Aspekte der Einheitskonzeption genauer erläutert. Als Ergebnis wird sich zeigen, daß
- der sprachliche Aspekt zwar zutreffend, aber nicht ausreichend ist, um die Einheit der Wissenschaft sinnvoll zu begründen;
- die These eines einheitlichen Lehrgebäudes unzutreffend ist, insofern die reduktionistische Auffassung zugrunde liegt, daß sich alle wissenschaftlichen Bereiche auf die Physik zurückführen lassen;
- die methodologische Option die aussichtsreichste Möglichkeit darstellt, eine theoretisch-strukturelle Einheitskonzeption überzeugend zu begründen und zu konkretisieren.

Demzufolge kommt dem methodologischen Aspekt – und damit der wissenschaftlichen Rationalität als einheitsstiftendem Begründungsmodell für die Geltungsansprüche wissenschaftlicher Theorien – in den neueren wissenschaftstheoretischen Untersuchungen eine besondere Bedeutung zu.

Die Vorstellung von der Einheit der wissenschaftlichen Sprache bezieht sich auf die einheitliche Beschreibung der Sachverhalte im Sinne einheitlicher Prinzipien wissenschaftlicher Begriffsbildung. Alle wissenschaftlichen Aussagen sind demnach in einer physikalischen Sprache formulierbar oder in diese übersetzbar; die einheitsstiftende Grundlage aller wissenschaftlichen Theoriebildungen besteht in einer Universalsprache. Eine Sprache wird dann als physikalisch bezeichnet, wenn sie bestimmten Raum-Zeit-Punkten qualitative Merkmale oder quantitative Werte auf intersensuale und intersubjektive Weise zuschreibt.

Die Begründung der semantischen These war ursprünglich mit der *Verifikationstheorie der Bedeutung*[68] verknüpft. Demgemäß sind Begriffe und Aussagen nur dann sinnvoll, wenn ihnen ein Prüfverfahren zugeordnet werden kann. Das Ergebnis des Prüfverfahrens legt die Bedeutung der Begriffe und Aussagen fest. Diese Forderung ist aufgrund der damit im Zusammenhang stehenden Probleme aufgegeben und durch die *Kontexttheorie der Bedeutung*[69] ersetzt worden. Gemäß dieser Konzeption sind auch solche Begriffe in einer Theorie zugelassen, die nicht explizit durch direkt beobachtbare Größen definiert oder unmittelbar auf diese bezogen werden können. Die Einführung dieser theoretischen Begriffe ist dann gerechtfertigt, wenn sie die Erklärungskraft und die Prognosefähigkeit einer Theorie wesentlich erhöhen. Ihre Bedeutung wird dadurch festgelegt, daß sie über *Korrespondenzregeln* mit beobachtbaren Größen verknüpft werden. Ausgegangen wird von einer empirischen Datenbasis $E_1,E_2,\ldots,E_n$, deren Zusammenhang erklärt werden soll. Durch eine Kette von Abstraktionen werden theoretische Begriffe $T_1,T_2,\ldots,T_m$ eingeführt, die über Korrespondenzregeln mit der empirischen Datenbasis verknüpft sind. Die theoretischen Begriffe sind untereinander durch Gesetze verbunden. Dadurch wird ein Zusammenhang innerhalb der empirischen Datenbasis $E_1,E_2,\ldots,E_n$ hergestellt. Demzufolge werden beobachtbare Phänomene durch eine postulierte Kausalität auf der Ebene nicht unmittelbar beobachtbarer Zustände aufeinander bezogen und somit durch theoretische Gesetzmäßigkeiten erklärt.

Bedeutend für die Einheitsvorstellung ist hier der Tatbestand, daß nicht nur die naturwissenschaftlichen Disziplinen, sondern auch die Sozialwissenschaften für ihre Erklärungskonstruktionen theoretische Begriffe und Gesetzmäßigkeiten einführen. Die Prinzipien wissenschaftlicher Begriffsbildung stimmen somit in den verschiedenen Disziplinen überein. Hier kann begründet von einer Einheit der Wissenschaft über die Einheit der wissenschaftlichen Sprache im Sinne einheitlicher Prin-

68 Vgl. W. Stegmüller, *Hauptströmungen der Gegenwartsphilosophie*, Bd. 1 (Stuttgart, [7]1989), S. 380 ff.

69 Ebd., S. 463 ff.

zipien wissenschaftlicher Begriffsbildung gesprochen werden. Allerdings beruhen auch nicht-wissenschaftliche Theorien auf denselben semantischen Prinzipien; d. h., auch die nicht-wissenschaftliche Vorgehensweise ist mitunter dadurch gekennzeichnet, daß sie durch theoretische Prinzipien einen Zusammenhang zwischen beobachtbaren Ereignissen herzustellen sucht. Beispielsweise ist dies häufig bei jenen Theoriebildungen anzutreffen, die religiöse Sachverhalte zum Inhalt haben. Die semantische These erweist sich somit als ausreichend *allgemein*, um als gemeinsames Merkmal für alle Wissenschaften zu gelten; sie ist jedoch nicht genügend *spezifisch*, um Nicht-Wissenschaften auszuschließen.

Eine weiterführende Einheitskonzeption geht von der Vorstellung aus, die Einheit der Wissenschaft dokumentiere sich nicht nur durch die Einheit der wissenschaftlichen Begriffsbildung, sondern auch durch die Einheit der wissenschaftlichen Gesetze. Die Begründung dieser empirischen These nimmt gewöhnlich Bezug auf ein umfassendes Reduktionsprogramm. Demgemäß sollen alle wissenschaftlichen Erkenntnisse verschiedener Disziplinen auf physikalische Theorien zurückgeführt werden können. Die Möglichkeit der Konkretisierung dieses Programms wird im wesentlichen auf die beiden folgenden Argumentationsstrategien gestützt:

- *Das wissenschaftshistorische Argument.* Es wird die Annahme zugrundegelegt, daß die Reduktionsbemühungen die Wissenschaftsentwicklung fördern. Ferner wird davon ausgegangen, daß die Wissenschaftsgeschichte durch zahlreiche Reduktionserfolge gekennzeichnet ist. Hieraus wird induktiv geschlossen, daß weitere Reduktionen erfolgreich und damit erstrebenswert sein müßten. Dem steht entgegen, daß zahlreiche Reduktionsprogramme in der Geschichte der Wissenschaft gescheitert sind. Bedeutende Beispiele sind die zahlreichen Versuche, alle naturwissenschaftlichen Erscheinungsformen in ein mechanistisches Weltbild zu integrieren. Hieraus folgt auch, daß ein Bestehen auf diesen Reduktionsansprüchen den Erkenntnisfortschritt mitunter eher behindert als befördert.
- *Das Argument der prinzipiellen Möglichkeit.* Es wird festgestellt, daß keine logischen oder begrifflichen Hindernisse auftreten, die einer Vereinheitlichung aller Disziplinen im reduktionistischen Sinne entgegenstehen. Dieses Argument der grundsätzlichen Möglichkeit

eines einheitlichen wissenschaftlichen Lehrgebäudes ist zwar zutreffend, macht aber nur die Denkbarkeit und Widerspruchsfreiheit der Vereinheitlichung deutlich; das Problem der faktischen Einlösbarkeit der Reduktionsansprüche bleibt davon unberührt.

Die Einheit der Wissenschaft läßt sich nicht auf der Einheit der wissenschaftlichen Gesetze begründen, insofern eine Reduktionsthese für alle wissenschaftlichen Bereiche auf die Physik vertreten wird. Allerdings gibt es unterschiedliche Vorstellungen bezüglich einer reduktionistischen Vereinheitlichung. Insbesondere sind die hier erörterten und von Carrier und Mittelstraß[70] kritisierten Reduktionsansätze, die von Feigl, Oppenheim und Putnam vertreten werden, umfassender als jene reduktionistischen Zielsetzungen, die Heisenberg[71] und v. Weizsäcker[72] anstreben. Die beiden letztgenannten verstehen die Reduktionsthese in dem Sinne, daß lediglich die naturwissenschaftlichen Bereiche auf die Physik reduziert werden können.

Die erfolgversprechendste Option ist die These, die Einheitsvorstellung könne durch eine einheitliche wissenschaftliche Methode verwirklicht werden. Unter wissenschaftlicher Methode wird die Vorgehensweise verstanden, wie Geltungsansprüche wissenschaftlicher Theorien begründet werden. Die Begründungsbedürftigkeit ist dadurch bedingt, daß die empirischen Daten eine Theorie unterbestimmt lassen; dieser Sachverhalt kann z. B. einen der folgenden Gründe haben:

– Konkurrierende Theorien beschreiben *verschiedene Phänomenbereiche*; keine der Theorien ist jedoch geeignet, den gesamten Bereich der Phänomene erfolgreich zu erklären. Ein bedeutsames Beispiel ist die klassische Beschreibung elektromagnetischer Effekte[73] durch die Wellentheorie einerseits, die alle Interferenzerscheinungen richtig erfassen konnte, und die Korpuskulartheorie andererseits, die bei der Erklärung der Dispersion erfolgreich war.
– Konkurrierende Theorien liefern für alle bereits durchgeführten Experimente übereinstimmende Vorhersagen, d. h., sie sind *faktisch*

70 Vgl. M. Carrier u. J. Mittelstraß, »Die Einheit der Wissenschaft«, S. 103 ff.
71 Vgl. W. Heisenberg, *Physik und Philosophie* (Berlin, 1968), S. 72 ff.
72 Vgl. C. F. v. Weizsäcker, *Die Einheit der Natur* (München, 1974), S. 129 ff.
73 Vgl. M. Born, *Die Relativitätstheorie Einsteins* (Berlin, 1964), S. 73 ff.

empirisch äquivalent. Diese Äquivalenz bestand z. B. so lange für die Lorentzsche Elektronentheorie und die Einsteinsche Spezielle Relativitätstheorie, bis weitere Experimente die Hypothese von der Existenz eines absoluten ruhenden Äthers zunichte machten und dadurch die Spezielle Relativitätstheorie auszeichneten.[74]

– Konkurrierende Theorien liefern für alle prinzipiell möglichen Experimente übereinstimmende Vorhersagen, d. h., sie sind *voll empirisch äquivalent.* Die gravitative Wechselwirkung läßt sich z. B. in voller empirischer Äquivalenz durch grundsätzlich verschiedene Theorien beschreiben.[75] Eine der möglichen Formulierungen geht von einer in der flachen Raum-Zeit wirksamen Gravitationskraft aus; ein anderer Zugang geometrisiert die gravitative Wechselwirkung und legt eine gekrümmte Raum-Zeit zugrunde. Beide Theorien sind sowohl in bezug auf die bereits vorliegenden als auch in bezug auf alle prinzipiell denkbaren empirischen Beobachtungen ununterscheidbar.

In allen aufgeführten Fällen reicht ein Verweis auf die bereits bekannten oder prinzipiell möglichen empirischen Daten nicht aus, um die Wahl zwischen konkurrierenden Theorien zu begründen.

Die Begründungsbedürftigkeit einer Theorie beinhaltet noch einen weiteren Aspekt, der dann von Bedeutung ist, wenn eine aus der Theorie abgeleitete Prognose mit dem experimentellen Befund nicht in Einklang gebracht werden kann. Die Grundvoraussetzung der Untersuchungen Carnaps und Poppers zur Bestätigung bzw. Bewährung einer Hypothese, war die Annahme, daß einzelne Hypothesen zum Gegenstand einer Überprüfung gemacht werden können. Dem steht die Auffassung Duhems[76] entgegen, dergemäß es unmöglich ist, eine isolierte Hypothese einer Prüfung zu unterziehen. Nach Duhems Ansicht folgt die empirische Überprüfung einer wissenschaftlichen Hypothese H_0 im wesentlichen folgender Struktur: Gegeben sei eine wissenschaftliche

74 Ebd., S. 172 ff.

75 Vgl. J. Audretsch, »Ist die Raum-Zeit gekrümmt? Der Aufbau der modernen Gravitationstheorie«, in: J. Audretsch u. K. Mainzer (Hrsg.), *Philosophie und Physik der Raum-Zeit* (Mannheim, 1988), S. 52 ff.

76 Vgl. P. Duhem, *Ziel und Struktur der physikalischen Theorien*, hrsg. v. L. Schäfer (Leipzig, 1908; repr. Hamburg, 1978), S. 243 ff.

Theorie, die aus der zu überprüfenden Hypothese H_0 besteht sowie einer Gruppe weiterer Hypothesen $H_1,H_2,\ldots,H_m$, deren Richtigkeit nicht in Frage gestellt wird. Bei diesen zusätzlichen Annahmen handelt es sich z. B. um Beobachtungstheorien, Hintergrundwissen, Anfangs- und Randbedingungen. Falls das empirische Ergebnis sich im Widerspruch zu den Vorhersagen der Theorie befindet, kann hieraus lediglich gefolgert werden, daß eine der Hypothesen fehlerhaft ist und modifiziert werden muß; welche Hypothese den Fehler enthält, bleibt ungewiß. Es ist demzufolge prinzipiell nicht möglich, die in Frage stehende Hypothese H_0 isoliert zu überprüfen; es kann immer nur eine ganze Gruppe von Hypothesen der Kontrolle des Experimentes unterworfen werden. Die theoretische Beschreibung wird durch die empirischen Daten nicht eindeutig festgelegt; es besteht demgemäß eine bestimmte Freiheit bezüglich der Modifikation der Hypothesen $H_0,H_1,\ldots,H_m$.

Quine[77] verschärft diese Ansicht noch weiter, indem er die Überzeugung vertritt, daß jede beliebige Hypothese aufrechterhalten werden kann, und zwar angesichts beliebiger empirischer Daten, wenn gegebenenfalls drastische Veränderungen an den übrigen Teilen der Gesamtheit der Hypothesen vorgenommen werden. Er vergleicht das Gesamtwissen aller Wissenschaften mit einem von Menschen geflochtenen Netz, dessen Ränder mit der Erfahrung in Berührung stehen. Ein Konflikt an der Peripherie, d. h. eine fehlende Übereinstimmung zwischen Beobachtungsdaten und Überzeugungsinhalten, kann auch zu Veränderungen im Inneren des Netzes führen. Demzufolge können nach seiner Ansicht keine Sätze ausgezeichnet werden, die gegen empirische Widerlegung immun sind; auch die Regeln der Logik erscheinen ihm als grundsätzlich revidierbar.

Dieser Sachverhalt findet seinen zusammenfassenden Ausdruck in der *Duhem-Quine-These*. Diese holistische These enthält zwei wesentliche Komponenten:[78]

---

77 Vgl. W. V.O. Quine, »Two Dogmas of Empiricism« (1951), in: Ders., *From a Logical Point of View: Logico-Philosophical Essays* (Cambridge, Mass., 1964), S. 42 f.

78 Vgl. W. Stegmüller, *Hauptströmungen der Gegenwartsphilosophie*, Bd. 2 (Stuttgart, ^{8}1987), S. 265 ff.

(1) *Die Unterbestimmtheit von Theorien.* Die Gesamtheit aller möglichen Beobachtungen legt eine Theorie nicht eindeutig fest. Vielmehr sind zahlreiche logisch unverträgliche Theorien denkbar, die mit allen empirischen Aussagen in Einklang stehen. Das empiristische Argument der Unbeweisbarkeit von Theorien bzw. allgemeinen Gesetzen bezog sich auf den Tatbestand, daß niemals sämtliche Fälle daraufhin überprüft werden können, ob sie für oder gegen die Theorie sprechen. Eine wesentliche Präzisierung und Verschärfung dieser Auffassung liegt hier deshalb vor, weil zuvor nur von jenen experimentellen Ergebnissen ausgegangen wurde, die tatsächlich vorhanden waren, wohingegen jetzt die Unterbestimmtheit von Theorien bezüglich aller grundsätzlich möglichen Beobachtungen behauptet wird.

(2) *Die holistische Überprüfung von Hypothesen.* Die Hypothesen müssen stets in ihrer Gesamtheit mit den Beobachtungsdaten konfrontiert werden. Falls ein Widerspruch zwischen Theorie und Prognose besteht, können niemals einzelne Aussagen angegeben werden, die für den Widerspruch verantwortlich sind; vielmehr steht das gesamte System von Hypothesen und Zusatzbedingungen zur Diskussion. Es gibt immer mehrere Alternativen, die empirischen Annahmen so zu revidieren, daß der Einklang zwischen Theorie und Erfahrung wiederhergestellt werden kann.

Ein grundlegendes Merkmal, das alle Wissenschaften miteinander verbindet, ist in der Art zu sehen, wie mit dieser Freiheit umgegangen wird. Aufgrund der These von der Unterbestimmtheit der Theorien sind weiterführende Gründe erforderlich, die eine Entscheidung zwischen logisch unverträglichen, aber empirisch äquivalenten Theorien ermöglichen. Es können offenbar keine empirischen Gründe sein. Für die Auswahl konkurrierender Theorien müssen *methodologische Kriterien*[79] als ausschlaggebende Gesichtspunkte herangezogen werden, z. B. die folgenden:

– *Das Prinzip der Reichweite.* Eine Theorie ist dann einer anderen vorzuziehen, wenn sie nicht nur diejenigen Phänomene erklärt, zu deren Erklärung sie eingeführt wurde, sondern darüber hinaus auch

79 Vgl. M. Carrier u. J. Mittelstraß, »Die Einheit der Wissenschaft«, S. 110 ff.

die Deutung von zuvor als andersartig eingestufter Phänomene ermöglicht. Die Rechtfertigung der Theorienwahl ist dann darauf begründet, daß die bevorzugte Theorie verschiedene Erfahrungsbereiche vereinheitlicht.

- *Das Prinzip der Fruchtbarkeit.* Eine Theorie ist dann einer anderen vorzuziehen, wenn sie die Prognose neuartiger und eventuell unerwarteter Phänomene erlaubt. Eine Rechtfertigung der Theorienwahl ist allerdings erst dann möglich, wenn durch das Experiment die vorausgesagten Effekte bestätigt werden.

Nicht allein in den empirischen Wissenschaften, sondern auch in den hermeneutischen Disziplinen, die sich mit der Deutung sprachlicher Äußerungen befassen, sind methodologische Kriterien erforderlich. Das grundlegende Problem der Hermeneutik besteht darin, daß die Überzeugungen, die sich in sprachlichen Äußerungen manifestieren, durch diese unterbestimmt sind. Auf die Überzeugungen eines Autors – oder allgemeiner: die Bedeutung eines Textes – kann nur dann geschlossen werden, wenn die Bedeutung bekannt ist, die dieser den Begriffen beilegt. Verständnisprobleme können insbesondere dann auftreten, wenn zwischen Autor und Leser erhebliche Bedeutungsunterschiede in den verwendeten Begriffen bestehen. Andererseits lassen sich die Bedeutungen der Begriffe nur dann näher bestimmen, wenn die Überzeugungen des Autors hinreichend berücksichtigt werden. Demgemäß ist das hermeneutische Problem dadurch gekennzeichnet, daß die Begriffsbedeutungen aus der Kenntnis der Überzeugungen und umgekehrt die Überzeugungen aus der Kenntnis der Begriffsbedeutungen abgeleitet werden. Liegen unterschiedliche Theorien bezüglich des in Frage stehenden Überzeugungssystems vor, so kann allein aufgrund textlicher Gegebenheiten keine Theorie der anderen vorgezogen werden; es sind vielmehr weiterführende Kriterien erforderlich, z. B. die folgenden:

- *Das Prinzip der Nachsicht.* Die Interpretation soll so erfolgen, daß eine möglichst große Zahl der sprachlichen Äußerungen wahr erscheint.
- *Das Prinzip der Kohärenz.* Die Bedeutung der Begriffe soll so festgelegt werden, daß das Überzeugungssystem möglichst widerspruchsfrei und deduktiv systematisiert erscheint.

Die beiden angegebenen Prinzipien werden für die Interpretation von Texten mit propositionalem Wahrheitsanspruch angewendet. Für die

Deutung von literarischen Texten gelten andere Prinzipien, die aber einen analogen Stellenwert einnehmen.

Die Gemeinsamkeit wissenschaftlicher Theoriebildungen besteht demnach in der Existenz und Bedeutung methodologischer Kriterien. Von einer Einheit der Wissenschaft als Einheit der wissenschaftlichen Methode kann im Hinblick auf die Anwendung von Rationalitätskriterien für die wissenschaftliche Theoriebildung begründet gesprochen werden. Die These von der methodischen Einheit erweist sich somit als ausreichend *allgemein*, um als gemeinsames Merkmal für alle Wissenschaften zu gelten. Sie ist aber auch genügend *spezifisch*, um Nicht-Wissenschaften auszuschließen, da nicht-wissenschaftliche Theorien strengen Rationalitätskriterien nicht genügen.

Die meisten wissenschaftstheoretischen Analysen gehen von der Voraussetzung aus, daß sich die Wissenschaften von Rationalitätskriterien leiten lassen sollten. Meinungsverschiedenheiten ergeben sich allerdings sowohl bezüglich des Begriffs der Rationalität als auch hinsichtlich ihrer Konkretisierung in der wissenschaftlichen Praxis.[80] Lange Zeit bestand die Hoffnung, daß eine Methodologie der Wissenschaften mechanische Regeln zur Lösung von Problemen angeben könne. Diese Bemühungen, die sich in zahlreichen Rationalitätsmodellen manifestierten, haben zu unüberwindlichen Schwierigkeiten geführt.

Die *Rechtfertigungsphilosophen*[81] (Rationalisten, Empiristen) verstanden unter Wissen bewiesenes Wissen – entweder durch die Kraft der Vernunft oder durch die Evidenz der Sinne. Die wissenschaftliche Redlichkeit bestand darin, die eigene Position durch Beweise zu begründen. Die zahlreichen Versuche, die synthetischen A-priori-Prinzipien, die Sicherheit einer empirischen Basis und die Beweisbarkeit des induktiven Schließens im Fortgang der Wissenschaften zu retten, schlu-

80 Zum Folgenden vgl. J. Mittelstraß, »Forschung, Begründung, Rekonstruktion: Wege aus dem Begründungsstreit«, in: Ders., *Der Flug der Eule: Von der Vernunft der Wissenschaft und der Aufgabe der Philosophie* (Frankfurt, 1989) S. 257 ff.

81 Vgl. I. Lakatos, »Falsifikation und die Methodologie wissenschaftlicher Forschungsprogramme«, in: I. Lakatos u. A. Musgrave (Hrsg.), *Kritik und Erkenntnisfortschritt* (Braunschweig, 1974), S. 90 ff.

gen fehl. Daraufhin wurde eine probabilistische Theorie entwickelt; die wissenschaftliche Redlichkeit bestand dann nur mehr darin, den Grad der Wahrscheinlichkeit einer Theorie anzugeben, die diese in bezug auf die vorhandene empirische Evidenz besitzt. Aber auch diese Bemühungen scheiterten, als gezeigt werden konnte, daß unter sehr allgemeinen Bedingungen nicht nur alle Theorien gleichermaßen unbeweisbar, sondern auch gleichermaßen unwahrscheinlich sind.

Der *dogmatische Falsifikationismus*[82] trägt dieser Einsicht Rechnung durch die These: Die Wissenschaft kann keine Theorien beweisen; sie kann sie nur widerlegen. Eine Aussage gilt genau dann als wissenschaftlich, wenn sie falsifizierbar ist. Demzufolge müßte es eine absolut sichere empirische Basis von Tatsachen geben, die zur Widerlegung einer Theorie herangezogen werden kann. Die wissenschaftliche Redlichkeit besteht demnach darin, jene Bedingungen genau festzulegen, unter denen eine wissenschaftliche Theorie aufgegeben werden muß. Die Kritik ist der Kern des wissenschaftlichen Unternehmens. Dieses Rationalitätskriterium scheitert aber daran, daß alle Aussagen – also auch die Basissätze – unbeweisbar und damit fallibel sind.

Der Zusammenbruch des dogmatischen Falsifikationismus unter dem Gewicht dieses Arguments führte Popper[83] zu einem (nach Ansicht Lakatos' *naiven*) *methodologischen Falsifikationismus.*[84] Dieses Konzept ist sowohl falsifikationistisch als auch konventionalistisch.[85] Es werden von der Forschungsgemeinschaft besondere Tatsachenbehauptungen akzeptiert; sie können als »Basissätze«[86] bezeichnet werden, aber nur in Anführungszeichen, da sie die Fehlbarkeit der Entscheidung in sich bergen. Das Risiko dieser Entscheidungen läßt sich zwar durch

82 Ebd. S. 93 ff.

83 Vgl. K. R. Popper, *Logik der Forschung* (Tübingen, ^{7}1982; urspr. engl. 1934), S. 47 ff.

84 I. Lakatos unterscheidet drei Formen des Falsifikationismus: den dogmatischen (der »falsch verstandene« Popper), den naiven methodologischen (der »richtig verstandene« Popper) und den raffinierten methodologischen (Lakatos).

85 Vgl. I. Lakatos, »Die Geschichte der Wissenschaft und ihre rationalen Rekonstruktionen«, in: I. Lakatos u. A. Musgrave (Hrsg.), *Kritik und Erkenntnisfortschritt* (Braunschweig, 1974), S. 277 ff.

86 Vgl. K. R. Popper, *Logik der Forschung*, S. 60 ff.

Sicherheitskontrollen – z. B. die Wiederholung des Experimentes – vermindern, aber der Wahrheitswert dieser Aussagen kann nicht durch Tatsachen bewiesen werden; die »Basissätze« beinhalten demzufolge ein konventionelles Element.

Auch wenn es zutreffend sein sollte, daß wissenschaftliche Theorien weder bewiesen noch wahrscheinlich gemacht, noch widerlegt werden können, kann daraus keineswegs die zwingende Schlußfolgerung gezogen werden, wonach es keinen Fortschritt der wissenschaftlichen Erkenntnis geben könne und – wissenschaftshistorisch gesehen – auch nie gegeben habe. Gerade im Hinblick auf die Wissenschaftsgeschichte wird der Gedanke nahegelegt, daß der Begriff der wissenschaftlichen Rationalität neu überdacht werden sollte. In der Tat gibt es neben den bereits dargestellten begründungs- und widerlegungsorientierten philosophischen Konzeptionen weitere Modelle, die an der Idee der Rationalität – allerdings in neuen Bedeutungen – festhalten:[87]

– *Wertmaßstäbe der Forschungsgemeinschaft:* Die Ablösung eines Paradigmas – Paradigma im Sinne einer modellhaften Forschungstradition – kann nicht durchgängig auf logischen und empirischen Argumenten beruhen. Von der Forschungsgemeinschaft gemeinsam akzeptierte *Werte* gestatten schließlich eine – wenn auch nicht zwingende – Entscheidung für oder gegen ein Paradigma. Die Präzisierung und Gewichtung dieser Kriterien bleibt problematisch (T. S. Kuhn).
– *Leistungsvergleich innerhalb von Theorienreihen:* Die naive Form des methodologischen Falsifikationismus wird durch eine raffiniertere Version ersetzt, die das konventionelle Element reduziert und neue Rationalitätskriterien angibt, um damit die Idee des wissenschaftlichen Fortschritts zu retten. Demzufolge gibt es nur noch *Einschätzungsregeln* zur Bewertung und Eliminierung bereits artikulierter Theorien innerhalb einer Reihe von Theorien (I. Lakatos).
– *Begründungsrationalität ohne certistische Ansprüche:* Das Ziel ist der Aufbau eines *infradisziplinären* Wissens, bestehend aus einer konstruktiven Logik, Ethik und Wissenschaftstheorie, das allen Fachwissenschaften vorangestellt wird und als gemeinsame Grund-

87 Vgl. J. Mittelstraß, »Forschung, Begründung, Rekonstruktion«, S. 261 ff.

lage deren Einheit begründet. Sowohl die Konstruktion methodischer Anfänge als auch die Festsetzung von Zwecken muß ihr Fundament in der Lebenspraxis haben. Begründungen und Rechtfertigungen werden schrittweise aufgebaut, argumentativ vertreten und gegebenenfalls korrigiert und ergänzt (P. Lorenzen).

Die Möglichkeit, die Einheit der Wissenschaft in übergreifenden Rationalitätskriterien zu begründen, bleibt damit weiterhin erläuterungsbedürftig. Die Auseinandersetzungen um diese Problematik im Rahmen der drei zuletzt genannten Konzeptionen werden in den nachfolgenden Kapiteln wieder aufgenommen und vertieft.

3.1.4.2 Rationalitätskriterien und Paradigmenwahl

Die historische Wissenschaftsentwicklung wird häufig als ein kumulativ-kontinuierlicher Prozeß gedeutet, der – durch die Zusammenstellung von experimentellen Daten, Theorien und Methoden zu einem stetig wachsenden Bestand – den wissenschaftlichen Erkenntnisfortschritt sichert. Die Auffassung, daß allein wissenschaftsspezifische Gründe für die Auswahl zwischen konkurrierenden Theorien historisch entscheidend und damit als einheitsstiftende Kriterien für den Fortgang der Wissenschaften grundlegend waren, wird nicht von allen Wissenschaftstheoretikern geteilt.

T. S. Kuhn[88] vertritt, gestützt auf wissenschaftshistorische Untersuchungen, die These, daß der Erkenntnisfortschritt in der Wissenschaft sich nicht durch kontinuierliche Veränderungen, sondern durch revolutionäre Prozesse[89] vollzieht; ein bestehendes Erklärungsmodell wird verworfen und durch ein anderes ersetzt. Diesen Vorgang bezeichnet er als *Paradigmenwechsel*. Der wissenschaftliche Bestand an Begriffssystemen, Theorien, mathematischen Beschreibungen, Phänomenen, Standpunkten, Bewertungen und Methoden besitzt den Charakter eines richtungsweisenden Vorbildes für die wissenschaftliche Forschungspraxis. Diese Forschungstraditionen werden von Kuhn als *Paradigmen* bezeichnet. Die grundlegende Bedeutung eines anerkannten Paradigmas

88 Vgl. T. S. Kuhn, *Die Struktur wissenschaftlicher Revolutionen* (Frankfurt, 1973), S. 15 ff.

89 Vgl. P. Hoyningen-Huene, *Die Wissenschaftsphilosophie Thomas S. Kuhns* (Braunschweig, 1989).

besteht nach seiner Auffassung darin, daß die Rationalitätskriterien, denen sich die Forschergemeinschaft verpflichtet fühlt, immer auf dem Hintergrund des bestehenden Paradigmas festgelegt werden und daher nicht paradigmenunabhängig sind.

Die Entscheidung für einen Paradigmenwechsel kann nach Kuhn nicht ausschließlich logisch und empirisch vollzogen werden; es entstehen *Rationalitätslücken* – Rationalität im Sinne von festen Regeln. Kuhn wurde in diesem Zusammenhang von seiten seiner Kritiker häufig vorgeworfen, die Wissenschaft als ein irrationales Unternehmen zu deuten. Dies wird von ihm mit aller Entschiedenheit bestritten.[90] An die Stelle rationaler Vorschriften treten nach seiner Auffassung gemeinsam akzeptierte *Werte*[91] der Forschungsgemeinschaft, die eine Entscheidung für einen Paradigmenwechsel zwar nicht eindeutig bestimmen können, wohl aber wesentlich leiten und damit den Fortschritt der Wissenschaft bei einem Paradigmenwechsel sicherstellen.

Unter dem zentralen Begriff des Paradigmenwechsels formuliert Kuhn die Theorie einer diskontinuierlichen Wissenschaftsentwicklung und unterscheidet drei Phasen wissenschaftlicher Tätigkeit:

(1) *Die Phase der normalen Wissenschaft.* Hierunter wird eine Forschung verstanden, die fest auf einem anerkannten Theoriengebäude (z. B. Newtonsche Theorie) beruht und dieses als Grundlage für ihre wissenschaftliche Arbeit akzeptiert. Die Problemstellungen und Methoden des Forschungsgebietes setzen einen Rahmen, der die weitere Forschung leitet.

(2) *Die Phase der wissenschaftlichen Krise.* Das Auftreten von Anomalien und von neuartigen Theorien zu ihrer Beseitigung hat eine Paradigmaveränderung zur Folge; dem geht ein Zeitraum fachwissenschaftlicher Unsicherheit voraus, die durch das anhaltende Unvermögen erzeugt wird, für die Anomalien innerhalb der normalen Wissenschaft eine Lösung zu finden.

90 Vgl. T. S. Kuhn, »Bemerkungen zu meinen Kritikern«, in: I. Lakatos u. A. Musgrave (Hrsg.), *Kritik und Erkenntnisfortschritt* (Braunschweig, 1974), S. 252.

91 Ebd., S. 253 ff.

(3) *Die Phase der wissenschaftlichen Revolution.* Wissenschaftliche Revolutionen werden durch die wachsende Überzeugung eingeleitet, daß das vorherrschende Paradigma aufgehört hat, für die Erforschung von Naturphänomenen, zu welchen das Paradigma selbst den Weg gewiesen hatte, in adäquater Weise beizutragen.

Die Aufgabe normalwissenschaftlicher Tätigkeit[92] besteht nach Kuhn nicht darin, den paradigmatischen Grundbestand des Wissens anzutasten und zu modifizieren, sondern darin, die Phänomene und Theorien, die das Paradigma beinhaltet, zu präzisieren und zu verdeutlichen. Solange das Paradigma erfolgreich ist, wird eine im Zeichen dieses Paradigmas stehende Forschungstätigkeit betrieben. Die Mehrzahl der experimentellen und theoretischen wissenschaftlichen Problemstellungen fallen unter eine von drei Kategorien:

(1) *Deutungsprobleme.* Ein wesentlicher Untersuchungsschwerpunkt bezieht sich auf die Interpretation und inhaltliche Klärung des Paradigmas. Dieses Bestreben kann auch eine Neuformulierung des Paradigmas mit sich bringen, mit dem Ziel, dieses in einer einheitlicheren, eindeutigeren und logisch zusammenhängenderen Fassung zu beschreiben.

(2) *Überprüfungsprobleme.* Ein weiteres Forschungsgebiet betrifft jene experimentellen Daten, die unmittelbar mit Prognosen der Theorie verglichen werden können. Es müssen also experimentelle Gebiete erschlossen werden, auf denen eine Übereinstimmung mit der Theorie überhaupt demonstriert werden kann.

(3) *Optimierungsprobleme.* Umfangreiche Untersuchungen dienen dazu, die Exaktheit, Zuverlässigkeit und Reichweite der entwikkelten experimentellen oder mathematischen Methoden zur quantitativen Verbesserung bereits bekannter Daten zu steigern.

Die normale Forschung erfordert demnach die Lösung einer Vielzahl experimenteller, begrifflicher, methodologischer und mathematischer Probleme. Kuhn vergleicht dies mit der Tätigkeit des *Rätsellösens.*[93] Darunter versteht er die Bewältigung eines Problems nach bestimmten von der Forschungsgemeinschaft anerkannten Regeln, die sowohl die Art der zulässigen Lösungen als auch die Methoden der Lösungsfindung

---

92 Vgl. T. S. Kuhn, *Die Struktur wissenschaftlicher Revolutionen*, S. 37 ff.

93 Ebd., S. 49 ff.

festlegen. Die normalwissenschaftliche Forschung ist dem bestehenden Paradigma verpflichtet; der wissenschaftlich Tätige ist in ein Netz von Verpflichtungen begrifflicher, theoretischer und methodologischer Art eingebunden, so daß sein Erwartungsspielraum bezüglich abweichender Ergebnisse gering ist.

Die normale Wissenschaft ist wenig bestrebt – solange sie erfolgreich ist –, neuartige Phänomene hervorzubringen und neue Begriffe und Theorien zu entwickeln. Der dennoch immer wieder auftretende Wechsel wird eingeleitet durch eine wissenschaftliche Krise, die im wesentlichen nach folgendem Schema verläuft:[94]

(1) *Auftreten einer Anomalie.* Die Entdeckung eines neuartigen Phänomens ist ein komplexes Ereignis, zu dem nicht nur die Kenntnisnahme seiner Existenz, sondern auch seine Deutung im Sinne einer theoretischen Einordnung gehört. Eine Anomalie, die eine wissenschaftliche Krise hervorrufen kann, muß mehr sein als lediglich ein weiteres Rätsel der normalen Wissenschaft.

(2) *Erforschung der Anomalie.* Der Bereich der aufgetretenen Anomalie wird ausgiebig und sorgfältig erforscht, und es werden alle Möglichkeiten geprüft, das Problem im Rahmen des bestehenden Paradigmas, d. h. ohne eine Modifizierung seiner Grundannahmen, zu bewältigen.

(3) *Bewertung der Anomalie.* Nicht jedes neue Phänomen muß zwangsläufig mit dem bestehenden Paradigma in Konflikt geraten. Das Aufdecken neuer Phänomene kann eventuell zur Darstellung einer Ordnung in einem Bereich der Natur beitragen, in dem zuvor keine erkannt wurde. In diesem Falle würde das neue Wissen an die Stelle von Unwissen treten, nicht aber an die Stelle eines Wissens anderen Inhaltes. Die Tragweite einer unerwarteten Entdeckung hängt wesentlich von der Einschätzung ab, in welchem Umfang das Phänomen die auf das bestehende Paradigma gegründeten Erwartungen zerstört.

(4) *Folgen der Anomalie.* Die ersten Versuche, das widerspenstige Problem zu lösen, werden sich eng an die Paradigmaregeln halten. Bei fortbestehendem Widerstand werden im zunehmenden Maße di-

94 Ebd., S. 65 ff.

vergierende Paradigmaartikulierungen eingesetzt, die die Regeln der normalen Wissenschaft aufweichen. Es vertieft sich die Erkenntnis, daß das Phänomen die von dem bestehenden Paradigma erzeugten und die normale Wissenschaft beherrschenden Erwartungen nicht erfüllt.

Die Notwendigkeit, das Paradigma so zu modifizieren, daß die Anomalie zum Erwarteten wird, ist damit gegeben. Das Assimilieren einer neuen Tatsache verlangt jedoch oft mehr als eine additive Anpassung der Theorie. Eine unerwartete Entdeckung ist in ihrer Bedeutung nicht einfach nur eine Tatsache, sondern das bislang bekannte Weltbild wird qualitativ umgewandelt und quantitativ bereichert.

Alle wissenschaftlichen Krisen werden nach Kuhn auf eine der folgenden drei Arten beendet:

(1) Die normale Wissenschaft erweist sich als hinreichend fähig, mit dem krisenerzeugenden Problem fertig zu werden.
(2) Das Problem widersteht allen neuen Ansätzen. Dann kann die Forschungsgemeinschaft zu der Überzeugung kommen, daß beim gegenwärtigen Stand der Forschung keine Lösung möglich ist. Das Problem wird »archiviert« und späteren Forschergenerationen »vererbt«.
(3) Das bestehende Paradigma verliert zunehmend an Bedeutung; an seine Stelle tritt ein neues Paradigma, und der Streit um seine Anerkennung beginnt.

Die einem Paradigmenwechsel unmittelbar vorausgehende Zeit ist geprägt durch häufige und tiefgehende Diskussionen über gültige Methoden, Probleme und Lösungsgrundsätze. In den Zeiträumen normaler Wissenschaften treten diese Fragen eher selten auf; zu Beginn und im Verlauf wissenschaftlicher Revolutionen, also wenn ein Paradigma zuerst angegriffen und schließlich modifiziert oder durch ein anderes ersetzt wird, sind sie charakteristisch für die wissenschaftliche Tätigkeit. Sobald das Paradigma nicht mehr als gesichert gilt, erlangt die Suche nach neuen Regeln eine besondere Bedeutung. Wissenschaftliche Krisen sind eine notwendige Voraussetzung für die Entwicklung neuer Paradigmen. Die Entscheidung, das bestehende Paradigma aufzugeben, wird nur dann vollzogen, wenn gleichzeitig ein neues Paradigma entwickelt wurde, das an die Stelle des früheren treten kann.

Der Paradigmenwandel bedeutet nach Kuhn eine wissenschaftliche Revolution[95] mit weitreichenden Konsequenzen für Wissensinhalte und Forschungspraxis:

- Eine bestehende wissenschaftliche Theorie wird zugunsten einer anderen, nicht mit ihr kompatiblen Theorie zurückgewiesen, obwohl die bisherige in einem bestimmten Umfang erfolgreich zur Lösung wissenschaftlicher Probleme beigetragen hat.
- Die Maßstäbe, nach denen die Forschungsgemeinschaft entscheidet, was als relevante Fragestellung und als akzeptable Problemlösung gelten soll, werden verschoben. Das impliziert die Änderung derjenigen Regeln, die bislang die Praxis der normalen Wissenschaft bestimmt haben.
- Die Anerkennung eines neuen Paradigmas erfordert die Umformulierung bestehender Theorien und die Neubewertung früherer Daten. Der Rahmen, in welchem wissenschaftliche Arbeit stattfindet, wird umgestaltet und das gesamte wissenschaftliche Denken verändert.

Ein Veränderung des bestehenden Paradigmas bedeutet, daß neue Rätsel definiert und neue Regeln festgelegt werden. Der Paradigmenwechsel beeinflußt nicht nur Wissensinhalte, sondern verändert auch die gültigen Vorstellungen über wissenschaftliche Methoden, Problemgebiete und Lösungsnormen.

Kuhn zeichnet ein Bild von der Entstehung, Entwicklung und Verwerfung wissenschaftlicher Theorien, das mit der Idee einer kumulativen Wissensvermehrung nicht vereinbar ist. Nur der Zeitraum, in dem ein Paradigma artikuliert und erweitert wird, beinhaltet nach seiner Auffassung einen kumulativen Prozeß; der Paradigmenwechsel hingegen ist ein Neuaufbau auf neuen Grundlagen und demzufolge eine Neuorientierung der Wissenschaft. Kuhn hat damit eine Theorie der Wissenschaftsentwicklung formuliert, die einen Vergleich und eine Bewertung konkurrierender Paradigmen nach Maßgabe der bislang akzeptierten rationalen Kriterien als sehr schwierig erscheinen läßt. Die Frage der Paradigmenwahl kann niemals allein durch Logik und Experiment

95 Ebd., S. 104 ff.

entschieden werden. Die Probleme der Begründungsrationalität beinhalten nach seiner Überzeugung zwei Aspekte:[96]

(1) *Sprachliche Inkommensurabilität.* In einer Paradigmen-Debatte kann keine gemeinsame Sprache gefunden werden; die opponierenden Wissenschaftler reden aneinander vorbei.

(2) *Methodologische Inkommensurabilität.* Paradigmen-Debatten zeichnen sich durch zirkuläre Argumentationen aus. Die Zirkularität liegt darin, daß jeder der opponierenden Wissenschaftler zu beweisen versucht, daß sein Paradigma den Kriterien genüge, die dieses selbst vorschreibt, wohingegen das Paradigma des Gegners dagegen verstößt.

Der Glaube an die Möglichkeit, allgemeine methodologische Kriterien in der Wissenschaft angeben zu können, ist durch Kuhns These der Inkommensurabilität von Paradigmen erschüttert worden: Ein Paradigmenwechsel kann nicht allein durch logische und empirische Beweise gerechtfertigt werden. Damit erscheint die Entscheidung für ein Paradigma gemäß rationaler Kriterien ausgeschlossen. Die Wahl zwischen konkurrierenden Paradigmen nach Maßgabe rationaler Gründe würde einen Schiedsrichter erfordern, der befähigt wäre, paradigmenunabhängige Kriterien anzuwenden. Die entscheidungseffektiven Kriterien sind nach Kuhn jedoch nicht paradigmenunabhängig; es entstehen somit *Rationalitätslücken.*[97]

An die Stelle des gesicherten Wissens tritt zunächst als ausschlaggebendes Motiv für die Akzeptanz eines neuen Paradigmas der optimistische Glaube seiner Befürworter,[98] daß dieses für die Lösung wissenschaftlicher Problemstellungen besser geeignet sei als das herrschende Paradigma. Die Annahme des neuen Paradigmas ist somit ein Beschluß der Forschungsgemeinschaft;[99] sie stützt sich in ihrer Entscheidungsfindung auf die gemeinsam geteilten *Werte* ihrer Mitglieder. Solche Werte sind z. B. Tatsachenkonformität, Widerspruchsfreiheit, Einfachheit, Genauigkeit, Reichweite, Ästhetik, Fruchtbarkeit etc. Sie bilden allerdings

96 Vgl. W. Stegmüller, *Hauptströmungen der Gegenwartsphilosophie*, Bd. 3 (Stuttgart, [8]1987), S. 300.

97 Ebd., S. 319 ff.

98 Vgl. T. S. Kuhn, *Die Struktur wissenschaftlicher Revolutionen*, S. 155 ff.

99 Vgl. T. S. Kuhn, »Bemerkungen zu meinen Kritikern«, S. 253 f.

keine ausreichende Kriterienmenge, um in konkreten Fällen verbindliche Entscheidungen zu erzwingen.[100] Gründe sind hierfür z. B.:
- *Werte-Gewichte:* Auch wenn sich alle Wissenschaftler zu denselben Werten bekennen, kann ihre Bedeutung von verschiedenen Wissenschaftler unterschiedlich beurteilt werden.
- *Werte-Konflikte:* In vielen konkreten Situationen können verschiedene Werte unterschiedliche Paradigmen auszeichnen, d. h. die Werte müssen nicht immer miteinander verträglich sein.

Daher können Forscher, die dieselben Werte anwenden, hinsichtlich der Frage, welches Paradigma vorzuziehen ist, durchaus zu unterschiedlichen Ergebnissen kommen. Die entscheidungseffektiven Kriterien müssen daher noch um individuelle Faktoren, die von der Erfahrung und Persönlichkeit des einzelnen Wissenschaftlers abhängen, ergänzt werden.[101] Diejenigen Wissenschaftler, die sich weiterhin dem alten Paradigma verpflichtet fühlen, sind davon überzeugt, daß ihr Paradigma letztlich doch alle Probleme lösen kann. Dies kann gelegentlich zur Folge haben – wie schon M. Planck resignierend feststellte –, daß die Gegner eines neuen Paradigmas nicht von dessen Gültigkeit überzeugt werden, sondern daß sie allmählich aussterben.

Für Popper ist der Wandel der Wissenschaft rational rekonstruierbar; es besteht eine Logik der Forschung.[102] Nach Kuhn ist der Wandel der Wissenschaft, insbesondere der Paradigmenwechsel, nicht durch rationale Regeln bestimmt, sondern durch gemeinsam vertretene Werte der Forschungsgemeinschaft beeinflußt. Im Konflikt zwischen Popper und Kuhn nimmt I. Lakatos[103] eine Position ein, die die Idee einer transparadigmatischen Methodologie verteidigt: Er verbindet die historischen Einsichten Kuhns mit einer *raffinierten methodologischen Falsifika-*

100 Vgl. T. S. Kuhn, »Objektivität, Werturteil und Theoriewahl«, in: Ders., *Die Entstehung des Neuen: Studien zur Struktur der Wissenschaftsgeschichte*, hrsg. v. L. Krüger (Frankfurt, 1977), S. 422 ff.

101 Ebd., S. 433.

102 Vgl. K. R. Popper, *Logik der Forschung* (Tübingen, ^{7}1982; urspr. engl. 1934).

103 Vgl. I. Lakatos, »Die Geschichte der Wissenschaft und ihre rationalen Rekonstruktionen«, in: I. Lakatos u. A. Musgrave (Hrsg.), *Kritik und Erkenntnisfortschritt* (Braunschweig, 1974), S. 271 ff.

tionstheorie, die eine Weiterentwicklung der naiven methodologischen Falsifikationstheorie[104] Poppers darstellt. Er versucht zu zeigen, daß

- die Wissenschaftstheorie normative Methodologien angeben kann, mit deren Hilfe der Wissenschaftshistoriker die Wissenschaftsgeschichte rational rekonstruieren und den Erkenntnisfortschritt rational erklären kann;
- konkurrierende Methodologien im Lichte einer normativ interpretierten Wissenschaftsgeschichte bewertet werden können;
- jede rationale Rekonstruktion der Wissenschaftsgeschichte durch sozialpsychologische Aspekte ergänzt werden muß.

Damit lassen sich kognitive Erfolgskriterien für Forschungsprogramme formulieren, die von der sozialen Akzeptanz durch die Wissenschaftlergemeinschaften unabhängig sind.

Der Erkenntnisfortschritt in der Wissenschaft besteht für Lakatos in einer gehaltvermehrenden Theorienentwicklung[105] im Rahmen eines Forschungsprogramms. Eine wissenschaftliche Theorie T_1 ist genau dann zu verwerfen, wenn eine andere Theorie T_2 zur Verfügung steht, die folgende Eigenschaften besitzt:

- der gesamte nicht-widerlegte Gehalt von T_1 ist auch in T_2 vorhanden, d. h., T_2 kann alle Phänomene erklären, die bereits von T_1 erfolgreich erklärt wurden;
- T_2 weist einen Gehaltsüberschuß auf im Vergleich zu T_1, d. h., T_2 antizipiert neuartige Tatsachen, die in T_1 nicht wahrscheinlich oder ausgeschlossen sind;
- ein Teil des Gehaltsüberschusses von T_2 hat sich bereits bewährt, d. h., ein Teil der prognostizierten neuen Tatsachen hat sich empirisch bestätigt.

Eine Theorie kann nach Lakatos nur dann verworfen werden, wenn sie durch eine Theorie mit einem höheren bewährten Gehalt abgelöst wird; es gibt keine Verwerfung einer Theorie vor dem Auftauchen einer

104 Lakatos bezeichnet die von Popper vertretene Falsifikationstheorie als »naiven methodologischen Falsifikationismus«; seine eigene modifizierte Version nennt er »raffinierten methodologischen Falsifikationismus«.

105 Vgl. I. Lakatos, »Falsifikation und die Methodologie wissenschaftlicher Forschungsprogramme«, in: I. Lakatos u. A. Musgrave (Hrsg.), *Kritik und Erkenntnisfortschritt* (Braunschweig, 1974), S. 113 ff.

informativeren Theorie.[106] Das entscheidende Element in der Theorie des raffinierten Falsifikationismus liegt darin, daß die spätere Theorie im Vergleich zur früheren neue zusätzliche Informationen bereitstellt, die sich teilweise bereits empirisch bewährt haben. Demzufolge werden nicht mehr einzelne Theorien bewertet, sondern Theorienreihen, d. h., jede wissenschaftliche Theorie kann nur im Zusammenhang mit ihrer vorausgegangenen Theorie beurteilt werden. Hierin besteht ein grundlegender Unterschied zum naiven methodologischen Falsifikationismus, der einzelne Theorien logisch oder empirisch zu falsifizieren sucht.

Gegeben sei eine Theorienreihe T_1, T_2, T_3, ... Jede folgende Theorie unterscheide sich von ihrer vorhergehenden durch einen theoretischen Gehaltsüberschuß; die Theorienreihe bewirkt eine *theoretisch progressive Problemverschiebung*. Falls sich ein Teil des Gehaltsüberschusses der neuen Theorie empirisch bewährt hat, dann bildet die Theorienreihe eine *empirisch progressive Problemverschiebung*. Eine Problemverschiebung ist *progressiv*, wenn sie sowohl theoretisch als auch empirisch progressiv ist; ist dies nicht der Fall, dann ist sie *degenerativ*. Der raffinierte Falsifikationismus erlaubt die Verwerfung einer Theorie nur im Falle einer progressiven Problemverschiebung; der wissenschaftliche Fortschritt wird dann gemessen an dem Grad, in dem eine Problemverschiebung progressiv ist.

Ein wichtiges Beispiel für eine progressive Problemverschiebung in einer Theorienreihe ist die Einsteinsche Theorie T_E im Vergleich zur Newtonschen Theorie T_N:

- in T_E sind alle Phänomene enthalten, die bereits T_N erfolgreich erklärt hat;
- T_E antizipiert neue Phänomene, die T_N nicht vorausgesagt hat (z. B. Lichtablenkung, Periheldrehung des Merkur);
- ein Teil der von T_E prognostizierten Phänomene wurden empirisch bestätigt (z. B. Lichtablenkung, Periheldrehung des Merkur).

106 Die Theorie des raffinierten methodologischen Falsifikationismus unterscheidet die Falsifikation einer Theorie von ihrer Verwerfung: Die Verwerfung einer Theorie ist gerechtfertigt, sobald eine informativere Theorie zur Verfügung steht, auch dann, wenn sie – im Sinne des naiven methodologischen Falsifikationismus – gar nicht falsifiziert ist. Umgekehrt kann eine Theorie trotz zahlreicher Anomalien nicht beseitigt werden, solange keine bessere Theorie vorgeschlagen wird.

Das frühere empirische Kriterium für eine befriedigende Theorie war ihre Übereinstimmung mit den beobachteten Tatsachen. Das neue empirische Kriterium für eine Reihe von Theorien ist die Entdeckung neuer Tatsachen.

Die Wissenschaft besteht aus Forschungsprogrammen, die bestimmten methodologischen Regeln[107] unterliegen. Einige Regeln beschreiben Forschungswege, die möglichst zu vermeiden sind (*negative Heuristik*), andere beschreiben Forschungswege, die empfehlenswert sind (*positive Heuristik*). Jedes Forschungsprogramm kann durch einen »Kern« und seinen »Schutzgürtel« charakterisiert werden. Der Kern des Programms besteht aus Hypothesen, die infolge der Entscheidung der Forschungsgemeinschaft als vorläufig unwiderlegbar gelten. Der Schutzgürtel umfaßt Anfangsbedingungen, Beobachtungstheorien, Hilfshypothesen und Hintergrundwissen; er darf im Laufe der weiteren Entwicklung des Programms verändert und ergänzt werden. Die negative Heuristik spezifiziert den Kern des Forschungsprogramms; die positive Heuristik besteht aus einer Reihe von Vorschlägen und Hinweisen zur Konstruktion und Modifikation des Schutzgürtels.

Das *Rationalitätskriterium* für die Ablösung eines Forschungsprogramms besteht darin, daß ein konkurrierendes Forschungsprogramm entwickelt wurde, das die erfolgreichen Teile des früheren Programms umfaßt und darüber hinaus ein größeres heuristisches Potential besitzt. Das heuristische Potential charakterisiert die Fähigheit eines Forschungsprogramms, im Verlaufe seines Wachstums neuartige Tatsachen zu antizipieren. Die Geschichte der Wissenschaften zeigt nach Lakatos einen Wettstreit von Forschungsprogrammen. Es muß nicht an einem Forschungsprogramm festgehalten werden, bis das gesamte heuristische Potential erschöpft ist; es dürfen und sollen bereits dann konkurrierende Programme eingeführt werden, wenn der Degenerationspunkt noch nicht erreicht ist. Im Rahmen des raffinierten Falsifikationismus wird damit die Dringlichkeit betont, jede Hypothese durch eine bessere zu ersetzen; die *Proliferation konkurrierender Theorien* ist also grundlegend für den Erkenntnisfortschritt der Wissenschaft. Der Wettstreit

107 Vgl. I. Lakatos, »Falsifikation und die Methodologie wissenschaftlicher Forschungsprogramme«, S. 129 ff.

zwischen konkurrierenden Forschungsprogrammen kann sehr lange andauern:

- Auch ein Forschungsprogramm, dessen heuristisches Potential erschöpft zu sein scheint, kann möglicherweise durch die Bemühungen begabter und einfallsreicher Wissenschaftler seine degenerative Phase überwinden.
- In der Forschungspraxis kann meist nur schwer abgeschätzt werden, wann ein Forschungsprogramm einen endgültigen Degenerationspunkt erreicht hat und wann es durch keine »schöpferische Verschiebung«[108] der positiven Heuristik mehr gerettet werden kann.

Nach Lakatos gibt es keine Sofort-Rationalität[109] für die Bewertung von Forschungsprogrammen; es gibt kein entscheidendes Experiment, das ein Forschungsprogramm mit sofortiger Wirkung stürzen könnte. Dennoch kann im nachhinein beurteilt werden, welches Forschungsprogramm im Vergleich mit seinem Rivalen die größere Erklärungskraft besitzt.

Zusammenfassend können die Methodologien von Popper, Kuhn und Lakatos folgendermaßen charakterisiert werden: Der naive methodologische Falsifikationismus sieht den Fortschritt der Wissenschaft gewährleistet, wenn das Falsifizierbare überprüft und das Nichtfalsifizierbare und das Falsifizierte verworfen werden. Im Unterschied dazu betont der raffinierte methodologische Falsifikationismus die Wichtigkeit der Proliferation neuer Theorien und der Beseitigung alter Theorien, sobald diese von informativeren Theorien überholt worden sind. Für Kuhn besteht ein ausschließlich rational rekonstruierbarer Fortschritt der Wissenschaft nur innerhalb eines bestehenden Paradigmas; beim Paradigmenwechsel entstehen nach seiner Ansicht Rationalitätslücken, die durch allgemein akzeptierte Werte der Forschungsgemeinschaft geschlossen werden können. Demgegenüber hält Lakatos an der

108 Lakatos bezeichnet die Einführung neuartiger Prinzipien zur Sanierung degenerativer Forschungsprogramme als »schöpferische Verschiebung« der positiven Heuristik (z. B. das Ausschließungsprinzip von Pauli in der alten Quantentheorie).

109 Vgl. I. Lakatos, »Falsifikation und die Methodologie wissenschaftlicher Forschungsprogramme«, S. 150 ff.

Vorstellung einer durchgängigen Rationalität fest, die sich darin zeigt, daß die Erklärungskraft verschiedener Forschungsprogramme im Vergleich beurteilt werden kann.

3.1.4.3 Konstruktivismus als Begründungsprogramm

Die interdisziplinäre Forschung ist auf eine interdisziplinäre Verständigung angewiesen. Paradigmatisch für interdisziplinäre Forschung ist die *Konfliktforschung*[110] – Konflikte im Sinne faktisch oder prinzipiell unverträglicher Interessen in einem bestimmten Handlungskontext. Insbesondere im Zusammenhang mit der konkreten Bedrohung unserer Lebenswelt auftretende Konflikte liefern immer auch einen gerechtfertigten Gegenstand eines Forschungsprojektes. Es gibt keine Disziplin, deren Wissen für die Lösung konkreter Konflikte nicht relevant sein könnte, und die daher nicht in der Verantwortung zur Lösungsfindung stehen würde. Das Paradigma der Konfliktforschung bedingt eine Einteilung allen Wissens in ein *praktisches* Wissen, das zur gerechten Zweckbestimmung führt, und in ein *technisches* Wissen, das der klugen Mittelfindung bei bereits gesetzten Zwecken dient. Im Mittelpunkt der Konfliktforschung stehen daher Untersuchungen zur Argumentation um gerechte Zwecksetzungen und kluge Mittelvorschläge unter Berücksichtigung normativer Vernunftprinzipien und kritischer Bedürfnisanalysen.

Die Kooperation verschiedener Fachwissenschaften steht meist vor scheinbar unüberwindlichen Verständigungsschwierigkeiten; zwischen den verschiedenen Fachgebieten verlaufen mehr oder weniger scharfe Kommunikationsgrenzen. Eine, wenn auch unzulängliche, Verständigung innerhalb der interdisziplinären Forschung kann faktisch bestenfalls noch durch den Rückgriff auf die – nicht kritisch reflektierte – Umgangssprache gelingen. Um die interdisziplinäre Verständigung zu verbessern, ist es daher erforderlich, die ersten Schritte, die über das alltägliche Reden hinausgehen, methodisch und zirkelfrei durchzuführen und anschließend die alltägliche Sprache selbst, insofern Mißverständnisse auftreten, einer Korrektur zu unterziehen. Daher muß sich

110 Vgl. P. Lorenzen, »Interdisziplinäre Forschung und infradisziplinäres Wissen«, in: Ders., *Konstruktive Wissenschaftstheorie* (Frankfurt, 1974), S. 133 ff.

jede interdisziplinäre Forschung um die Konstruktion einer sprachlichen Basis bemühen, auf der dann die Fachsprache schrittweise errichtet werden kann. Erforderlich ist eine Grundsprache,[111] die unter allen Fachsprachen liegt – also eine *infradisziplinäre Sprache*. Die Schwierigkeit, sich interdisziplinär zu verständigen, muß als Gegenstand eines eigenen Projektes methodisch in Angriff genommen werden. Der Konstruktivismus stellt in diesem Sinne einen ausgearbeiteten Vorschlag[112] eines schrittweise lehrbaren *infradisziplinären Wissens* zur Diskussion. Dieses Wissen besteht aus einer konstruktiven Logik und einer konstruktiven Ethik, die allen Fachwissenschaften vorangestellt werden. In diesem Sinne läßt sich die Einheit aller Wissenschaften auf diesem infradisziplinären Wissen als gemeinsamer Grundlage begründen.

Die konstruktive Wissenschaftstheorie[113] verfolgt das Ziel, durch den Rekurs auf eine allgemeine Handlungsbasis und durch die anschließende Rekonstruktion der Sprachhandlungen einen allgemeinen Konsens bezüglich einer so rekonstruierten infradisziplinären Sprache zu erreichen, der es ermöglicht, alltagssprachliche, wissenschaftliche und philosophische Probleme einer Lösung zuzuführen. Das bedeutet, das Ziel ist ein von unstrittigen Verhältnissen der Lebenswelt ausgehender, methodisch einwandfreier und schrittweise nachvollziehbarer Weg zu menschlichem Reden und Handeln insbesondere in der wissenschaftlichen Praxis. Die innerhalb dieses Praxisbezugs faktisch vorgefundenen Elemente sollen mit Hilfe konstruktiver Sprachkritik und Zweck-Mittel-Argumentationen begreifend und rechtfertigend rekonstruiert werden. Der Konstruktivismus erhebt somit sowohl methodische als auch normative Ansprüche.

Grundlegend für das Programm des Konstruktivismus sind zwei charakterisierende Bedingungen:[114]

111 Ebd., S. 138 ff.

112 P. Lorenzen u. W. Kamlah, *Logische Propädeutik: Vorschule des vernünftigen Redens* (Mannheim, 1967), sowie P. Lorenzen u. O. Schwemmer, *Konstruktive Logik, Ethik und Wissenschaftstheorie* (Mannheim, 1973).

113 Vgl. K. Wuchterl, *Methoden der Gegenwartsphilosophie* (Bern, ^{2}1987), S. 278 ff.

114 Vgl. J. Mittelstraß, »Philosophische Grundlagen der Wissenschaften: Über wissenschaftstheoretischen Historizismus, Konstruktivismus und Mythen des wissenschaftlichen Geistes«, in: Ders., *Der Flug der Eule: Von der Vernunft der Wissenschaft und der Aufgabe der Philosophie* (Frankfurt, 1989), S. 224.

(1) *Das pragmatische Prinzip:* Das Fundament zum Aufbau einer Wissenschaftssprache sind die Sprachhandlungen in bestimmten Lebenssituationen, d. h., Vokabular, Syntax und Semantik werden nicht nach dem Vorbild einer formalen Sprache zur Verfügung gestellt, sondern aus ihrem Bezug zur Lebenspraxis neu entwickelt.
(2) *Das methodische Prinzip:* Begründungen und Rechtfertigungen sind schrittweise methodisch aufzubauen, argumentativ zu vertreten und ihrerseits begründeten Korrekturen und Ergänzungen im Sinne eines fortwährenden Prozesses offenzuhalten.

Im Konstruktivismus bildet der Konstruktionsbegriff die zentrale methodologische Kategorie für den Aufbau begründeten theoretischen Wissens und praktischer Orientierungen. Für die einzelnen Rekonstruktionsschritte müssen Begründungen angegeben werden, die bis zu nicht mehr kontroversen, unmittelbarer Einsicht zugänglichen und daher konsensfähigen Lebenssituationen zurückgehen. Dadurch kann eine gemeinsame Basis der Verständigung geschaffen werden für das Sprechen im Alltag, in der Wissenschaft und in der Philosophie.

Im Rahmen des Konstruktivismus wurde das Programm einer Fundierung der Wissenschaften formuliert und in Angriff genommen. Im Verlauf dieser Entwicklung haben sich Kriterien ausgebildet, die die Forderung nach dem Aufbau sprachlich ausdrucksfähiger, inhaltlich gerechtfertigter und methodisch voraussetzungsfreier Theorien beinhalten. Diese Theorien sollen die Rekonstruktion, d. h. die konstruktive Interpretation der Ergebnisse bisheriger Forschung, ermöglichen. Als konstruktiv wird eine Theorie nur dann bezeichnet, wenn sie einem begründeten Zweck dienen soll und wenn sie in Sprache und Methode gemäß diesem Zweck konstruiert wurde.

Im gewöhnlichen Leben muß im Medium der Umgangssprache gedacht und gesprochen werden; es müssen über Zwecke entschieden und Mittel zur Verwirklichung dieser Zwecke gewählt werden. Dieses gewöhnliche Denken bezieht sich auf die jeweilige spezielle Lebenssituation. Wissenschaftliches Denken ist methodisch geübtes gewöhnliches Denken.[115] Das der wissenschaftlichen Erziehung zugrundeliegende Pro-

115 Vgl. P. Lorenzen u. R. Inhetveen, »Die Einheit der Wissenschaften«, in: F. Kambartel u. J. Mittelstraß (Hrsg.), *Zum normativen Fundament der Wissenschaft* (Frankfurt, 1973), S. 70 ff.

gramm für ein methodisches Training wissenschaftlichen Denkens als einer methodischen Stilisierung des gewöhnlichen Denkens umfaßt zwei Schritte:

(1) *Die Wahl der Mittel bei vorgegebenen Zwecken führt zum technischen Wissen.* Hierzu gehören die Naturwissenschaften, die empirischen Sozialwissenschaften und die empirische Psychologie. Ihre Aufgabe besteht darin, eine vorgefundene Situation mit ungenügenden Eigenschaften in eine neue mit gewünschten Eigenschaften zu überführen. Zunächst muß eine Situation allgemein beschrieben werden, d. h., es müssen alle relevanten Tatsachen aufgedeckt werden (Situationserkennen). Dann sind hypothetische Gesetze einzuführen, gemäß deren Gültigkeit sich Situationen verändern (Kausalerkennen). Nur mit technischem Wissen können vernünftige Mittel bei vorgegebenen Zwecken gewählt werden.

(2) *Die Entscheidung über Zwecke führt zum praktischen Wissen.* Hierzu gehören die Wirtschaftswissenschaften, die Rechtsprechung und die Politik. Ihre Aufgabe besteht darin, zu beurteilen, ob vorgebrachte Zwecke menschlichen Bedürfnissen dienen oder nicht. Zunächst müssen einerseits Handlungen als Mittel für Zwecke und andererseits auch Zwecke als Mittel zu anderen Zwecken (Strukturierung von Zwecken) gedeutet werden. Um diese so deuten zu können, müssen hypothetische Normen eingeführt werden. Dann ist über die verfügbare Vielfalt von Normen begründet zu entscheiden. Nur mit praktischem Wissen können gerechtfertigte Entscheidungen über Zwecke getroffen werden.

Das wissenschaftliche Denken hat zur Lösung von technischen und praktischen Problemen beizutragen; es ist so von Anfang an einer Kontrolle durch zugehörige Handlungen unterworfen.

Dem Programm eines methodischen Trainings des technischen und praktischen Denkens werden die Einzelwissenschaften nicht umfassend gerecht. Zu den Schwierigkeiten gehören zahlreiche unbewältigte Grundlagenprobleme[116] der logischen und empirischen Wissenschaften

116 Z. B. kennt die klassische Mechanik keine zirkelfreie Einführung der dynamischen Grundbegriffe Masse und Kraft. Demgegenüber versucht das methodologische Programm des Konstruktivismus die Begriffe im Sinne einer zirkelfreien Operationalisierung zu fassen (protophysikalische Begründung des Massebegriffs im Rahmen der Hylometrie).

sowie der Streit um eine vernünftige Argumentation über Werturteile[117] in den Kulturwissenschaften. Insofern die Problemlösung Methoden erfordert, die aus den Fachdisziplinen herausführen, ergeben sich hieraus Aufgabenbereiche für die Philosophie:[118]

- *Konstruktive Logik:* Der methodische Aufbau eines logischen und empirischen Grundvokabulars für die technischen Wissenschaften, d. h. die ersten methodischen Schritte, die erforderlich sind, ehe die Einzelwissenschaften mit dem Aufbau ihrer Theorien beginnen können.
- *Konstruktive Ethik:* Der methodische Aufbau eines normativen Grundvokabulars für die praktischen Wissenschaften, d. h. die Festlegung allgemein anerkannter Regeln darüber, welche Argumente über Normen diese als gerechtfertigt erweisen.

Fundierungsprobleme der Wissenschaften wurden zunächst durch die Entwicklung der konstruktiven Logik wieder aufgenommen. Dies ist für das technische Wissen ausreichend, insofern die Rechtfertigung der Zwecke, für deren Verwirklichung dieses Wissen benötigt wird, aus der wissenschaftlichen Diskussion ausgeschlossen wird. Interdisziplinäre Verständigung verlangt jedoch im Hinblick auf die Möglichkeit unverträglicher Interessen, daß die Logik um die Ethik als gemeinsame Grundlage aller technischen und praktischen Wissenschaften erweitert werden muß. Die Begründbarkeit von Werturteilen bezüglich konfliktrelevanter Handlungen muß daher vorausgesetzt werden. Andernfalls ließe sich keine Konfliktforschung betreiben, da hier nicht nur über Mittel, sondern auch über Zwecke vernünftig entschieden werden soll. Konstruktive Logik, Ethik und Wissenschaftstheorie sind die Teile, die zusammen ein infradisziplinäres Wissen bilden und die die Fachwissenschaften erst begründet in Gang kommen lassen. Die methodische Erarbeitung dieses Wissens, das durch eine gemeinsam verstandene logische und ethische Terminologie formulierbar wird und interdisziplinäre Verständigungsschwierigkeiten ausschalten soll, ist das Anliegen des Konstruktivismus.

---

117 Im Werturteilsstreit geht es u. a. um die grundsätzliche Frage, ob die Ausarbeitung gerechtfertigter Zwecksetzungen überhaupt Gegenstand wissenschaftlicher Untersuchung sein kann.

118 Vgl. P. Lorenzen u. R. Inhetveen, »Die Einheit der Wissenschaften«, S. 73 f.

Der Zweck des Philosophierens ist demzufolge die Konstruktion einer infradisziplinären Sprache, die als gemeinsamer Teil der Sprachen aller technischen und praktischen Wissenschaften dienen kann. Die Konstruktion muß schrittweise – also ohne Lücken – und zirkelfrei erfolgen:[119]

(1) Vorgefunden wird der handelnde Mensch, der über eine gewöhnliche Sprache verfügt. Die Bedeutung der Sprachelemente ist meist nicht hinreichend festgelegt und führt daher häufig zu Mißverständnissen. Insofern die gewöhnliche Sprache als Grundlage wissenschaftlicher Begriffsbildung Verwendung findet, wird die Bedeutungsvielfalt in die wissenschaftliche Terminologie hinein fortgesetzt.
(2) In einem vorbereitenden Schritt wird die gewöhnliche Sprache dazu benutzt, den Gesprächspartner zu veranlassen, seine übliche Sprechweise aufzugeben und an den Bemühungen zur methodischen Konstruktion einer für alle Wissenschaften grundlegenden Sprache teilzunehmen (protreptische Vorbereitung).
(3) Ist dieser Punkt erreicht, so kann mit einer Rekonstruktion elementarer Lehr- und Lernsituationen begonnen werden, die durch bestimmte Handlungen repräsentiert und durch die gewöhnliche Sprache beschrieben werden. Das bedeutet, die ersten Wörter sind durch Beispiele im Kontext spezieller Lebenssituationen einzuführen. Die dabei vollzogene Prädikation kann anhand weiterer Beispiele und anhand von Gegenbeispielen einen eindeutigen Charakter erhalten.[120]
(4) Sind sowohl die Repräsentation als auch die Beschreibung dieser elementaren Lehr- und Lernsituationen für alle Beteiligten überzeugend, so liegen die ersten Elemente einer rekonstruierten Grundsprache vor. Auf diesen Elementen können weitere Lehr- und Lernsituationen aufgebaut werden. Damit entsteht eine allgemein anerkannte infradisziplinäre Sprache als gemeinsame Basis für das Sprechen in Alltag, Wissenschaft und Philosophie.
(5) Sollten Lücken oder Ungenauigkeiten auftreten, so können diese durch neue und bessere Vorschläge behoben werden.[121] Entstehen

119 Ebd., S. 75 ff.
120 Vgl. K. Wuchterl, *Methoden der Gegenwartsphilosophie*, S. 278 f.
121 Ebd., S. 280.

neue Situationen oder werden andere Situationen nicht hinreichend berücksichtigt, so können Korrekturen und Ergänzungen vorgenommen werden. Alles verbindliche Denken kann schrittweise nachvollzogen werden.

Aufgabe und Methode der Philosophie sind damit bestimmt: Im Kontext menschlicher Bedürfnisse beginnend, wird mit Logik und Ethik eine infradisziplinäre Sprache für die Wissenschaften aufgebaut und im Zusammenhang menschlichen Lebens gerechtfertigt. Das konstruktivistisch begründete Vokabular bildet zusammen mit einer geeigneten Syntax und einer begründeten Semantik eine neue Sprache; sie wird als *Orthosprache* bezeichnet.[122] Ihre Erweiterung um fachsprachliche Elemente der Einzelwissenschaften führt zur *Wissenschaftssprache.* Von der Orthosprache wird die gewöhnliche Sprache – jetzt als *Parasprache* bezeichnet – unterschieden, die der Durchführung und Begründung des Aufbaus einer Orthosprache dient. Die Rekonstruktion der Sprache findet somit auf dem Boden des faktischen Sprachgebrauchs statt und ermöglicht die Konstituierung eines kommunizierbaren Wissens. Dies bedeutet keineswegs den Aufbau einer für alle Zeiten gültigen Sprache, die nicht ergänzungs- und verbesserungsbedürftig wäre, sondern den Anfang eines fortwährenden Prozesses.

Durch die Einführung von Prädikatoren werden Unterscheidungen innerhalb der Welt der Gegenstände festgelegt. Die anhand von Beispielen eingeübte Verwendungsweise von Prädikatoren läßt sich zusätzlich durch terminologische Bestimmungen (Prädikatorenregeln) präzisieren.[123] Hierdurch werden Sprachnormen eingeführt, d. h., es werden zweckorientierte Vereinbarungen bezüglich der Verknüpfung von Prädikatoren getroffen, die es den Gesprächspartnern ermöglichen, einfache Elementaraussagen *argumentativ* zu vertreten. Ein weiterer Schritt hin zu komplexeren Aussagen vollzieht sich durch die Einführung logischer Partikel (Junktoren, Quantoren).[124] Diese sind Verbindungswörter (z. B. und, oder, alle, es gibt) für beliebige Teilaussagen in einer festgelegten Verwendungsweise. Jede so gebildete Behauptung

122 Vgl. P. Janich, F. Kambartel u. J. Mittelstraß, *Wissenschaftstheorie als Wissenschaftskritik* (Frankfurt, 1974), S. 42.

123 Ebd., S. 55 ff.

124 Ebd., S. 60 ff.

muß in einer fiktiven Dialogsituation angegriffen und verteidigt werden.[125] Auf diese Weise wird die Bedeutung der logischen Partikel über Argumentationsverpflichtungen konstruiert, d. h., die Logik ist – im Gegensatz zur klassischen Interpretation – eine Theorie des kritischen Argumentierens.

In der klassischen Logik sind nur wertdefinite Aussagen zugelassen, d. h., erlaubt sind nur solche Aussagen, denen eindeutig der Wahrheitswert »wahr« oder »falsch« (Zweiwertigkeitsprinzip) zugeordnet werden kann.[126] Dies schlösse – strenggenommen – zahlreiche Aussagen aus der wissenschaftlichen Forschung aus, die dort eine wichtige Rolle spielen. Die im Konstruktivismus entwickelte *dialogische Logik* läßt hingegen alle dialogdefiniten Aussagen zu. Der Dialog – eine idealisierte Redesituation zwischen zwei Dialogpartnern (Proponent und Opponent) – ermöglicht die Darstellung und Neuinterpretation logischer Zusammenhänge. Eine Aussage gilt als dialogdefinit, wenn für ihre Behauptung in einem Dialog die Regeln für beide Dialogpartner so spezifiziert sind, daß entschieden werden kann, wann der Dialog beendet und von wem er argumentativ gewonnen wurde. Die Dialogregeln legen fest, wie die Behauptung vom Opponenten angegriffen und vom Proponenten verteidigt werden darf. Anhand der dialogischen Logik können logische Sätze durch die Möglichkeit einer Gewinnstrategie charakterisiert werden, die grundsätzlich zum Ziel führt. Diese Sätze werden unter dem Begriff der *effektiven Logik* zusammengefaßt. Durch den Rekurs auf die Dialogpraxis gelingt einerseits eine Rechtfertigung logischer Zusammenhänge, die in der klassischen Logik durch unreflektierte semantische Annahmen (z. B. Zweiwertigkeitsprinzip) hergestellt wurden, andererseits werden weiterführende Konzeptionen[127] – z. B. die *fiktive Logik* – entwickelt.

125 Vgl. P. Lorenzen, »Regeln vernünftigen Argumentierens«, in: Ders., *Konstruktive Wissenschaftstheorie* (Frankfurt, 1974), S. 72 ff.

126 Vgl. K. Wuchterl, *Methoden der Gegenwartsphilosophie*, S. 299 ff.

127 Die dialogische Interpretation ermöglicht die Klärung logischer Grundlagenprobleme: Das *tertium non datur* (Prinzip vom ausgeschlossenen Dritten) gehört demzufolge nicht zu den logischen Sätzen (effektive Logik), weil es keine prinzipielle Gewinnstrategie gibt. Die Hinzunahme des Satzes (fiktive Logik) ist dennoch zweckmäßig, da dies – ohne auf Widersprüche zu führen – den Gesamtaufbau der Logik wesentlich vereinfacht.

Der Charakter der Philosophie ist rückfragend und begründend. Sowohl die Konstruktion methodischer Anfänge als auch die Rechtfertigung von Zwecksetzungen muß ihr Fundament in der Lebenspraxis haben.[128] – Der Konstruktivismus betont daher die Bedeutsamkeit des menschlichen Lebensbezugs für das wissenschaftliche Denken und Reden. Durch die Herausarbeitung von stilisierten Lebenssituationen findet auf dem Boden des faktischen Sprachgebrauchs eine Rekonstruktion der Sprache statt, die den Charakter argumentativer Dialoge bekommt.

Der vom Konstruktivismus in der angedeuteten Weise vollzogene Aufbau einer Wissenschaftssprache hat weitreichende Folgen für das Begründungsproblem. Insofern der Begriff der Begründung im Sinne einer deduktiven Begründung verstanden wird, führt der Begründungsanspruch auf drei gleichermaßen problematische Alternativen, die von H. Albert zusammenfassend als *Münchhausen-Trilemma* bezeichnet werden:[129]

(1) *Begründungsregreß:* Der Rekurs auf immer weitere begründungsbedürftige Sätze bricht nie ab, d. h., zur Begründung eines Satzes A muß auf Satz B verwiesen werden, zu dessen Begründung auf Satz C, und so weiter.

(2) *Begründungszirkel:* Im Begründungsregreß werden Sätze zu ihrer eigenen Begründung verwendet, d. h., zur Begründung eines Satzes A muß auf Satz B verwiesen werden, zu dessen Begründung wiederum auf Satz A verwiesen wird.[130]

(3) *Begründungsbasis:* Durch die Angabe einer endlichen, möglichst kleinen Zahl von Sätzen (Axiomen) wird eine dogmatische Auszeichnung einer Begründungsbasis vorgenommen, die ihrerseits nicht weiter begründet wird.

Während die ersten beiden Begründungsformen ohne gesichertes Fundament und damit strenggenommen gar keine Begründungen sind, wird

128 Vgl. J. Mittelstraß, »Das praktische Fundament der Wissenschaft und die Aufgabe der Philosophie«, in: F. Kambartel u. J. Mittelstraß (Hrsg.), *Zum normativen Fundament der Wissenschaft* (Frankfurt, 1973), S. 36.

129 Vgl. J. Mittelstraß, »Erfahrung und Begründung«, in: Ders., *Die Möglichkeit von Wissenschaft* (Frankfurt, 1974), S. 56 f.

130 Z. B. die zirkelhafte Einführung der Begriffe »Masse« und »Kraft« in der klassischen Mechanik.

im letzten Fall der Begründungsanfang meist in evidenten Phänomenen gesucht.

Die methodologischen Schwierigkeiten eines deduktiven Begründungsverständnisses, die in einigen wissenschaftstheoretischen Richtungen zu einem Begründungsverzicht geführt haben, treten beim Konstruktivismus nicht auf.[131] Argumentativ verstandene Begründungen sind dem Münchhausen-Trilemma entzogen, weil hier alle, insbesondere die ersten Konstruktionsschritte auf die Zustimmung vernünftig argumentierender Gesprächspartner bezogene Vorschläge und Entwürfe darstellen. Somit sind die Begründungszusammenhänge schrittweise – also ohne Argumentationslücken – aufgebaut und der Kontrolle im gemeinsamen Reden und Handeln fähig und bedürftig, d. h., sie sind auf den Konsens innerhalb der Forschungs- oder Lebensgemeinschaft, die sich verständigen muß, angewiesen.

Das Münchhausen-Trilemma verdankt sich einem einseitigen, deduktiv verengten Verständnis des Begriffs »Begründung«. Begründen wird hier als eine Art schematischen Agierens vorgestellt, so als vermöchten wir in unseren Begründungsversuchen nur noch dem propositionalen Gehalt kontextunabhängiger Aussagen zu folgen, die nach dem salva-veritate-Prinzip zusammenhängen.[132] Hierin zeigt sich ein für die Position des Kritischen Rationalismus typisches objektivistisches Mißverständnis der Rede von Wahrheit und Rationalität, zeigt sich die – aufgrund mangelnder Selbständigkeit im Sinne der Kantischen kopernikanischen Wende – verbliebene Fixierung auf einen absoluten Standpunkt.

Insofern der konstruktivistische Begründungsbegriff nicht ein fortschreitendes *Aufsuchen* von Gründen meint, sondern das *Herstellen* einer verläßlichen Grundlagen von den pragmatischen Anfängen an, in Kantischer Terminologie also nicht der analytisch-regressiven, sondern der synthetisch-progressiven Methode[133] zuzurechnen ist, ist er dem

131 Vgl. P. Janich, F. Kambartel u. J. Mittelstraß, *Wissenschaftstheorie als Wissenschaftskritik*, S. 42.

132 Vgl. H. Schnädelbach, *Reflexion und Diskurs: Fragen einer Logik der Philosophie* (Frankfurt, 1977), S. 264.

133 Kant, *Prolegomena zu einer jeden künftigen Metaphysik, die als Wissenschaft wird auftreten können*, § 5, Fußnote.

Münchhausen-Trilemma entzogen. Im Konstruktivismus erscheint der schematische deduktive Begründungsbegriff als bloßer Spezialfall und das Prinzip der Kontextunabhängigkeit als eine für den Kontext der Wissenschaft nötige Stilisierung, die Urteilskraft keineswegs entbehrlich macht. Es handelt sich bei der konstruktivistischen Ausarbeitung von Begründungszusammenhängen nämlich nicht um den Rekurs auf ein spezielles Begründungs*wissen*.

Ds heißt nun allerdings nicht, daß der konstruktivistische Begründungsbegriff unkontrovers geblieben wäre oder jeder Kritik enthoben sei. Der von Stegmüller formulierte Vorwurf, der Konstruktivismus erhebe einen Anspruch auf Letztbegründung, bemühe sich um absolute Sicherheit,[134] läßt sich leicht ausräumen, ebenso wie der Einwand H. Alberts,[135] der in normativer Absicht erfolgende Rückgriff des Konstruktivismus auf eine vor-theoretische Basis setze sich dem Vorwurf einer dogmatischen Lösung des Anfangsproblems von Vollständigkeit beanspruchenden Begründungen aus. So macht J. Mittelstraß im Rahmen von Überlegungen zu einer *konstruktiven Begründungstheorie* gegen Stegmüller geltend, daß die (aufklärerische) Option auf Vermitteltheit, auf Objektivierbarkeit, die sich in der Geschichte nicht von ungefähr gerade in der Wissenschaft verwirklicht sah, etwas ganz anderes meint als der auf Unmittelbarkeit abzielende, dem Umkreis der (je individuell auszulegenden) Subjektivität zuzurechnende Gewißheitsbegriff.[136] Der Anspruch auf eine »vollständige Begründung« ist also einem anderen konzeptionellen Rahmen zuzurechnen als die Rede von (absoluter) Gewißheit und Sicherheit. Gegen H. Alberts deskriptives Mißverständnis des konstruktivistischen Bemühens um eine methodische Rekonstruktion unserer vor-theoretischen Basis stellt Mittelstraß klar, daß ein solcher Rekurs nur in normativer Absicht erfolgen kann. Gegen Albert gewandt wird geltend gemacht, daß man schon immer

134 W. Stegmüller, *Rationale Rekonstruktion von Wissenschaft und ihrem Wandel. Mit einer autobiographischen Einleitung* (Stuttgart, 1979), S. 10f.

135 H. Albert, *Traktat über kritische Vernunft* (Tübingen, ^{3}1968), S. 193–210 (»Der Kritizismus und seine Kritiker« [Nachwort zur 3. Auflage]), hier S. 191.

136 J. Mittelstraß, *Der Flug der Eule: Von der Vernunft der Wissenschaft und der Aufgabe der Philosophie* (Frankfurt, 1989), Kapitel IV (»Konstruktive Begründungstheorie«), S. 257–320, hier S. 289f.

etwas akzeptiert haben muß, um etwas anderes kritisch prüfen zu können – und diese Maßstäbe lassen sich den wissenschaftlichen Verhältnissen nicht einfach entnehmen, sondern sind herzustellen.

Ein schwerwiegenderer Einwand gegen den konstruktivistischen Begründungsbegriff ergibt sich aus dem Hinweis, die Gleichsetzung von »methodisch aufgebaut« und »begründet«, sowie ein allgemein auf seiten des Konstruktivismus festzustellender inflationärer Gebrauch des Ausdrucks »Begründung« führe zu einer Vagheit des Begriffs »Begründung«. Mittelstraß plädiert von daher »für einen wieder eingeschränkten Begriff der Begründung«.[137] Er möchte den Ausdruck »Begründung« zum einen auf die *performative* Verwendung von Aussagen als Behauptungen beziehen. Diese Maßnahme schneidet bestimmte deskriptive Mißverständnisse ab. Auf der anderen Seite soll die methodische Rekonstruktion unserer lebensweltlichen, vor-theoretischen Basis nicht länger »Begründung«, sondern »Fundierung« heißen. Diese Sprachregelung trägt dem Umstand Rechnung, daß der Anspruch einer Aussage auf Konformität mit einer Klasse von Begründungsregeln etwas kategorial anderes ist als der Anspruch, Aussagen einen Konstitutions- und Geltungszusammenhang durch Rückgriff auf pragmatische Anfänge zu sichern.

Der Konstruktivismus bemüht sich um den Aufbau eines infradisziplinären Wissens, bestehend aus einer konstruktiven Logik, Ethik und Wissenschaftstheorie, das den Fachwissenschaften vorangestellt werden und der interdisziplinären Verständigung dienen soll. Sowohl die Konstruktion methodischer Anfänge als auch die Festsetzung von Zwecken findet ihr Fundament in der Lebenspraxis. Begründungen und Rechtfertigungen werden schrittweise aufgebaut, argumentativ vertreten und gegebenenfalls korrigiert und ergänzt. Auf dieser gemeinsamen Grundlage wird die Einheit der Wissenschaft begründet.

Exkurs 1: Goodman – Erkenntnis durch Wissenschaft und Kunst

Nelson Goodmans Theorie der erkenntniserweiternden Kraft der Kunst[138] steht in einem zwiespältigen Verhältnis zu den hergebrachten

137 Ebd., S. 308.

138 Vgl. N. Goodman, *Ways of Worldmaking* (Hassocks, Sussex, 1978); vgl. auch N. Goodman, »Kunst und Erkenntnis«, in: D. Henrich u. W. Iser (Hrsg.), *Theorien der Kunst* (Frankfurt, 1982), S. 569–591.

Einheitsbestrebungen in Philosophie und Wissenschaft. Auf der einen Seite lehnt Goodman jeden Reduktionismus – schon innerhalb der Naturwissenschaften – ab; auf der anderen Seite zeigt er eine neue, umfassende Einheit auf, indem er den Erkenntnisbegriff über den Wahrheitsbegriff der Wissenschaften hinaus erweitert und dabei besonders die kognitive Funktion der Kunst hervorhebt. Dieser umfassende Erkenntnisbegriff ist aber insofern weit von alten Einheitsvorstellungen entfernt, als er gerade die *Pluralität* der Möglichkeiten von Welterkenntnis betont und dabei annimmt, daß sich diese Vielheit nicht nur nicht in *einem* System zusammenfassen läßt, sondern sogar widerstreitende Weltsichten bzw. Theorien enthält.

Es wird zu untersuchen sein, ob Goodman hier nicht falsche Schlußfolgerungen aus seinen richtigen Grundeinsichten zieht. Dabei soll gezeigt werden, daß Goodmans Theorie, wenn man sie im Sinne eines die unterschiedliche Funktionsweise der verschiedenen Symbolsysteme betonenden, aber auch die Gleichberechtigung von wissenschaftlicher und ästhetischer Erkenntnis anerkennenden, *komplementären* Pluralismus interpretiert, eine ernstzunehmende Möglichkeit darstellt, die Vielfalt der Welterschließungsformen unter einer umfassenden Klammer zusammenzuhalten.[139] Von besonderem Interesse sind dabei seine Kriterien für die »Richtigkeit« von Weltversionen, wobei die Wahrheit propositionaler Erkenntnis eine Untergruppe des umfassenderen Konzepts der erkenntnisfördernden Richtigkeit bildet.

Goodman erklärt es als die Hauptthese seines Buches,

> that the arts must be taken no less seriously than the sciences as modes of discovery, creation, and enlargement of knowledge in the broad sense of advancement of the understanding, and thus that the philosophy of art should be conceived as an integral part of metaphysics and epistemology.[140]

---

139 Vgl. hierzu und zum Folgenden G. Gabriel, Besprechung von Nelson Goodman, *Weisen der Welterzeugung*, in: *Philosophische Rundschau* 33 (1986), S. 48–55; vgl. auch G. Gabriel, »Über Bedeutung in der Literatur: Zur Möglichkeit ästhetischer Erkenntnis«, *Allgemeine Zeitschrift für Philosophie* 8 (1983), Heft 2, S. 7–21, sowie G. Gabriel, »Literarische Form und nicht-propositionale Erkenntnis in der Philosophie«, in: G. Gabriel u. C. Schildknecht (Hrsg.), *Literarische Formen der Philosophie* (Stuttgart, 1990), S. 1–25.

140 N. Goodman, *Ways of Worldmaking*, S. 102.

Mit dieser Erweiterung des Erkenntnisbegriffs wendet er sich insbesondere gegen den Reduktionismus in der Tradition des Wiener Kreises, der alle sinnvollen Äußerungen auf diejenigen einschränken will, die sich in eine einzige Sprache – etwa die der Physik – übersetzen lassen. Goodman weist demgegenüber darauf hin, daß schon die verschiedenen Naturwissenschaften sich einer jeweils eigenen Sprache bedienen, ohne daß Übersetzungsregeln zwischen ihnen bzw. ihren begrifflichen Teilen bestünden.

Für Goodman sind aber nicht nur Übersetzbarkeit und Reduzierbarkeit keine notwendigen Bedingungen für den Erkenntniswert einer *Wissenschaft*. Er betont vielmehr, daß auch der nicht-propositionalen Vermittlung von Weltsichten in der Kunst ein Erkenntniswert zuzusprechen ist.

> We have [...] no ready rules for transforming physics, biology, and psychology into one another, and no way at all of transforming any of these into Van Gogh's vision, or Van Gogh's into Canaletto's.[141]
> [...]
> Many different world-versions are of independent interest and importance, without any requirement or presumption of reducibility to a single base.[142]

Gegen ein relativistisches Mißverständnis des Pluralismus muß darauf hingewiesen werden, daß Goodman weder wissenschaftsfeindlich ist, noch die Unterschiede zwischen propositionaler und nicht-propositionaler Erkenntnis verwischt, noch einem kritiklosen »anything goes« das Wort redet. Er erkennt den Wert wissenschaftlicher Erkenntnis, weist aber gleichzeitig darauf hin, daß sich nicht alle Erkenntnis auf den engen Wahrheitsbegriff der Wissenschaften einschränken läßt. Im umfassenden Begriff der »Richtigkeit« von Weltversionen stellt er außerdem ein Kriterium bereit, das die Prüfung der Angemessenheit oder Adäquatheit einer Weltversion ermöglicht.

> The pluralist, far from being anti-scientific, accepts the sciences at full value. His typical adversary is the monopolistic materialist or physicalist who maintains that one system, physics, is preeminent and all-inclusive, such that

141 Ebd., S. 3.
142 Ebd., S. 4.

> every other version must eventually be reduced to it or rejected as false or meaningless.[143]
> [...]
> The pluralists' acceptance of versions other than physics implies no relaxation of rigor but a recognition that standards different from yet no less exacting than those applied in science are appropriate for appraising what is conveyed in perceptual or pictorial or literary versions.[144]

Verschiedene Typen von Weltversionen verlangen daher auch die Einnahme unterschiedlicher Perspektiven bei der Prüfung ihrer Adäquatheit. Der Wissenschaftler strebt nach »system, simplicity, scope«.[145] Während in einer wissenschaftlichen Abhandlung die »wörtliche« Wahrheit am meisten zählt, kommt es in der Kunst, z. B. in einem Gedicht, mehr auf metaphorische oder allegorische »Wahrheit« an.[146] Beide Ziele faßt Goodman dabei unter dem Begriff der »rightness« zusammen; und hierbei kommen sogar ähnliche Kriterien in Wissenschaft und Kunst, also für Theorien und Kunstwerke, zum Tragen: »their relevance and their revelations, their force and their fit.«[147]

> Even if the ultimate product of science, unlike that of art, is a literal, verbal or mathematical, denotational theory, science and art proceed in much the same way with their searching and building.[148]

Es ist dabei bemerkenswert, daß schon für den Bereich der Wissenschaft der enge Wahrheitsbegriff nicht genügt: Bei induktiven Schlüssen ist Projektion nötig, und statt von Wahrheit reden wir hier besser von Richtigkeit.[149]

Die Theorie von der Vielfalt von Zugängen zur Erkenntnis der Welt erhält bei Goodman allerdings eine Wendung, die über den Pluralismus hinausgeht: Er spricht von der Existenz konfligierender Wahrheiten (»we are prepared to accept some two conflicting versions as both true«[150]) und weist ausdrücklich darauf hin, daß diese Redeweise nicht

143 Ebd.
144 Ebd., S. 5.
145 Ebd., S. 18.
146 Ebd.
147 Ebd., S. 19.
148 Ebd., S. 107.
149 Vgl. ebd., S. 126 f.
150 Vgl. ebd., S. 124.

rhetorisch, sondern tatsächlich wörtlich zu nehmen ist.[151] Da Goodmans Belege für diese weitergehende These aber nicht überzeugend sind,[152] können wir mit G. Gabriel Goodmans Untersuchung aufnehmen und umsetzen als Stütze für eine Theorie der *Komplementarität* von propositionaler und nicht-propositionaler Erkenntnis: Die »Gleichberechtigung von wissenschaftlicher und ästhetischer Erkenntnis«,[153] die nicht aufeinander reduzierbar oder ineinander übersetzbar sind, andererseits aber auch keine widersprüchlichen Thesen enthalten, führt zu einem »*komplementären* Pluralismus«.[154]

Die Komplementarität der Erkenntnisformen könnte aus dieser Sicht an die Stelle der verlorenen Einheit treten: Die Welt läßt sich nicht mehr in *einem* System, durch *eine* Zugangsweise ganz erfassen. Sowohl in der Wissenschaft als auch in der Kunst erschließt sich uns die Welt immer nur in verschiedenen *Darstellungsweisen*.[155] Wenn diese verschiedenen Darstellungsweisen bzw. Aneignungsformen auch nicht aufeinander reduzierbar sind, so weist doch jede einzelne über sich hinaus: Keine Darstellungs- bzw. Aneignungsweise kann als die allein angemessene ausgezeichnet werden; die Erstellung von Weltversionen wird nicht durch »die Welt« vorgezeichnet, sondern »die Welt« zeigt sich immer erst in bestimmten Welt-Versionen.

Die Zurückweisung sowohl der radikalen Trennung als auch des radikalen Reduktionismus von Wissenschaft und Kunst hat zwei Vorteile: Einerseits vermeidet ein Modell des komplementären Pluralismus die Reduzierung des Erkenntnisbegriffs auf den Wissensbegriff der (Natur-)Wissenschaften (oder gar nur einer Naturwissenschaft, nämlich der Physik); andererseits wird die Auflösung des Wahrheitsbegriffs verhindert, wie sie etwa vom neumodischen Dekonstruktivismus (im Anschluß an Jacques Derrida) betrieben wird. Dieser sucht aufgrund der Begrenztheit des Erkenntnisbegriffs der Wissenschaften den pro-

151 Vgl. ebd., S. 110.

152 Vgl. G. Gabriel, Besprechung von N. Goodman, *Weisen der Welterzeugung*, S. 50.

153 Ebd., S. 55.

154 Ebd.

155 Vgl. hierzu auch J. Mittelstraß, »Wohin geht die Wissenschaft?: Über Disziplinarität, Transdisziplinarität und das Wissen in einer Leibniz-Welt«, *Konstanzer Blätter für Hochschulfragen* 26 (1989), S. 112.

positionalen Wahrheitsbegriff ganz abzuschaffen. Gegen beide einseitigen Positionen hält der komplementäre Pluralismus, der auf den Unterschieden zwischen den verschiedenen Erkenntnisformen besteht, aber auch die übergreifende Einheit erkennt, das richtige Gegenmittel bereit. Mit Goodman läßt sich hier ein geläutertes Einheitsmodell, nun nicht der Wissenschaften, sondern aller erkenntniserweiternden Welterschließungsverfahren, aufzeigen: Sowohl propositionale als auch nicht-propositionale Erkenntniswege unterliegen bestimmten Kriterien zur Prüfung ihrer Angemessenheit und Adäquatheit (im Sinne der »Richtigkeit« von Weltversionen). Erkenntniserweiterung läßt sich damit zwar nicht auf wissenschaftliche Rationalität einschränken, ufert aber auch nicht in postmoderne Beliebigkeit aus: »recognition of multiple alternative world-versions betokens no policy of laissez-faire.«[156]

3.2 Klassifikation oder Systematik?

Der Gedanke einer systematischen Ordnung des Wissens und dann auch einer Systematik der Wissenschaften ist begriffsgeschichtlich zunächst einmal auf die Unterscheidung von *Historie* und *Philosophie* zu beziehen.

Bis zum Ende des 18. Jahrhunderts wird jede Wissenschaft, die sich als Begründung eines Gebiets von Sachverhalten ausweist, »Philosophie« genannt und damit unterschieden von der »Historie«, die für jede Art von (eventuell an Vergleichsgesichtspunkten orientierter) Tatsachenzusammenstellung steht, ohne dabei auf chronologisch zu ordnende Fakten beschränkt zu sein. Von daher heißen Linnés und Lamarcks Werke durchaus folgerichtig *Philosophie botanique* bzw. *Philosophie zoologique*, im Gegensatz etwa zu der *Histoire naturelle* von Buffon, Daubenton u. a., denn Linné und Lamarck gelingt – zumindest ansatzweise – eine *Begründung* für den Aufbau der Tier- und Pflanzenwelt.[157]

156 N. Goodman, *Ways of Worldmaking*, S. 107.

157 Vgl. F. Kambartel, *Erfahrung und Struktur: Bausteine zu einer Kritik des Empirismus und Formalismus* (Frankfurt, ^{2}1976), S. 61 ff. Vgl. J. Mittelstraß, Art. »Experimentalphilosophie«, in: *Enzyklopädie Philosophie und Wissenschaftstheorie*, hrsg. v. J. Mittelstraß, Bd. 1 (Mannheim/Wien/Zürich, 1980), S. 622–624.

Im Anschluß an diese Tradition kann man dann »Systematik« als eine in der Sache begründete Ordnung verstehen und »Klassifizierung« als eine Einteilung, die den zu ordnenden Gegenständen äußerlich bleibt.

Diese Situation, genauer gesagt, dieses Reflexionsniveau, ändert sich mit dem Anspruch der Aufklärung auf vernünftige Selbständigkeit, welcher im hier interessierenden Kontext als der Anspruch auftritt, nicht einfach auf Gründe zu rekurrieren, sondern selbst beurteilen zu können, was ein guter Grund ist, was als Grund gelten kann.

Die Theorie, die diesen Anspruch der Aufklärung auf vernünftige Selbständigkeit als erfüllbar vorstellt, liefert dann Kants Kritizismus. Kernstück ist dabei – neben Kants Auslegung des Verstehens als (Nach-) Konstruieren[158] – die operative Deutung der Reflexion: Kant geht davon aus, daß wir in der Reflexion allererst Sinn und Bedeutung unseres primären Erkennens und Handelns festlegen.[159] Das ist nicht so zu verstehen als meinte Kant, die transzendentale Reflexion würde unserer primären Erfahrung allererst Sinn und Bedeutung – d. h. bei Kant Objektbezug[160] – verleihen. Kant sieht aber, daß eine Vergegenwärtigung der Voraussetzungen unserer primären Erkenntnis diese modifiziert. Daraus folgt: 1.) Die Gründe, auf die wir rekurrieren, wenn wir spezielle Geltungsansprüche untersuchen, sind deskriptiv nicht erfaßbar. Kant bezeichnet dann selbst in der *Kritik der reinen Vernunft* das Unterfangen, Vernunftprinzipien in deskriptiver Einstellung erfassen zu wollen, als einen *historischen* Gebrauch eines Systems,[161] was keineswegs zu vernünftiger Selbständigkeit führt. 2.) Die systematische Einheit dieser Gründe, dieser Prinzipien, konstituiert sich in unserem immer wieder notwendigen Bemühen, uns über die Sinn- und Geltungsbedingungen unseres Erkennens und Handelns Klarheit zu verschaffen. Sie ist gegeben als die Unterstellung einer für alle Beteiligten gemeinsam einnehmbaren Perspektive – sie ist eine regulative Idee, wie Kant sagt.

158 »Wir verstehen aber nichts recht [,] als das, was wir zugleich machen können, wenn uns der Stoff dazu gegeben würde.« (Kant, *Reflexionen* Nr. 395).

159 Siehe Anm. 2 dieses Kapitels.

160 Kant, *Kritik der reinen Vernunft* B 299.

161 Kant, *Kritik der reinen Vernunft* B 864.

Im Anschluß an die Kantischen Überlegungen zum Problem der Selbstbegründung der Philosophie läßt sich dann der philosophische Begriff des Systems folgendermaßen von demjenigen der Klassifikation unterscheiden: Ein System ist durch das Merkmal der strukturellen Selbstbezüglichkeit charakterisiert. Bildet Wissen ein System, dann thematisiert jede einzelne Erkenntnis den Begründungszusammenhang mit, in dem sie steht, und gleichzeitig verdankt sich dieser Begründungszusammenhang der Vergegenwärtigung der Gründe des Wissens. Klassifizierende Einteilungen beziehen sich dagegen auf bereits vorliegende Gegenstandsbereiche. Nicht, daß Klassifizierungen ohne jegliche systematische Relevanz wären, etwa nur Ähnlichkeitsbeziehungen aufzeigten. Was sie von systematischen Ordnungen unterscheidet, ist der Umstand, daß die Konstitution der Objekte und die Ordnung der Objekte getrennt bleiben.

Kant kann zwar nicht behaupten, selbst ein System materialen Wissens oder auch nur der zu seiner Zeit vorliegenden Wissenschaften gegeben zu haben, denn er weiß,

> daß die Philosophie im Unterschied zu den Wissenschaften im engeren Sinne »eigentlich kein Gebiet in Ansehung der Objekte« hat; anders ausgedrückt: ihre Objekte, wenn man dennoch so sprechen wollte, sind (im Rahmen der theoretischen Philosophie) ›nur‹ Methoden, ihr Objekt ist das methodische Denken selbst.[162]

Weil Kant die Wissenschaften aber in einem emphatischen Sinne auffaßt, in diesen nämlich ein schon geglücktes Beispiel vernünftiger Selbständigkeit sieht, setzt er für sie einfach die gleichen Verhältnisse voraus, die er für die Transzendentalphilosophie aufgezeigt hat: Er geht davon aus, daß die Wissenschaften das inhaltliche Komplement zur *Architektonik der reinen Vernunft*[163] darstellen.

Noch im Jahre 1900 expliziert Husserl die Wissenschaft als System:

> Zum Wesen der Wissenschaft gehört [...] die Einheit des Begründungszusammenhanges, in dem mit den einzelnen Erkenntnissen auch die Begrün-

162 J. Mittelstraß, *Neuzeit und Aufklärung: Studien zur Entstehung der neuzeitlichen Wissenschaft und Philosophie* (Berlin/New York, 1970), S. 580. Mittelstraß zitiert Kant, *Kritik der Urteilskraft* B XX.

163 Kant, *Kritik der reinen Vernunft* B 860 ff.

> dungen selbst und mit diesen auch die höheren Komplexionen von Begründungen, die wir Theorien nennen, eine systematische Einheit erhalten.[164]

In der Einschätzung von H. Schnädelbach ist das ein Anachronismus, der den »allgemeine[n] Strukturwandel der Wissenschaft, der von der propositional definierten Systemwissenschaft zur prozedural definierten Forschungswissenschaft führt«,[165] noch nicht erfaßt hat. Seit der Mitte des 19. Jahrhunderts besitzt nach Schnädelbach die Wissenschaft ihre Identität vornehmlich in Verfahrens- und Überprüfungsstandards, d. h. die Gemeinsamkeitsunterstellungen der Wissenschaftler sind rein formaler Natur, was zu einer Verselbständigung der – ohnehin ständig überholbaren – Inhalte führt.

Diese Beschreibung ist sicherlich erhellend. Man sollte sie jedoch etwas anders akzentuieren. Daß Husserl die Wissenschaft weiterhin auf das System*ideal* bezog, zeigt, daß er noch ein emphatisches Verständnis der Wissenschaften hatte. Für ihn war der Wissenschaftsbegriff noch ein Bestandteil unserer Vorstellung von den besseren Möglichkeiten des Menschen. Der sich darin ausdrückende Wissenschaftsoptimismus wirkt heute anachronistisch, denn diese Emphase hat sich inzwischen weitgehend auf den Begriff der Vernunft selbst, der Rationalität, auf den Begriff des Diskurses oder auch des Sprachspiels zurückgezogen, deren Explikation freilich unverändert dem Systemideal verpflichtet ist.

Einen augenfälligen Beleg für die hier angedeutete Logik, nämlich für den Umstand, daß der Anspruch auf systematische Ordnung und damit auf Einheit des Wissens und dann auch der Wissenschaften abhängig ist von einer leitenden Idee, von der normativen Kraft der Unterstellung gewisser idealer Verhältnisse, bietet die Geschichte des aufklärerischen Vorhabens einer Enzyklopädie. Als Diderot und d'Alembert in der Mitte des 18. Jahrhunderts antraten, um in einer *Encyclopédie ou Dictionnaire raisonné des sciences, des arts et des métiers* das Wissen ihrer Zeit aufzubieten, geschah dies unter der Idee des emanzipatorischen Interesses an Wissen, unter der Idee der Aufklärung. Dem aufklärerischen Ideal vernünftiger Selbständigkeit will die *Encyclopédie* in der Form nachkommen, daß sie nur solche Fakten

164 E. Husserl, *Logische Untersuchungen* I (Tübingen, 1900), S. 15.

165 H. Schnädelbach, *Philosophie in Deutschland 1831–1933* (Frankfurt, 1983), S. 118.

aufnimmt, die von ihren Mitarbeitern als begründet eingesehen sind, und diese dann in einer systematischen Ordnung offeriert, damit dem Leser Lücken und Mängel seines bisherigen Wissens offenbar werden und er zu dessen Vervollkommnung angeregt wird.[166] Mit der Preisgabe dieses Ideals der Emanzipation durch Wissen wird dann auch das wissenschaftssystematische Programm der *Encyclopédie* verabschiedet. Zwar hält man im 19. Jahrhundert noch an der Verbindung von Wissen und Bildung fest, man versteht Bildung aber schon ausdrücklich nicht mehr als moralische, sondern als intellektuelle Veranstaltung. Die modernen Nachfolgeprojekte der *Encyclopédie* vermitteln dann nur noch Informationen in alphabetischer Ordnung.[167] Begann das Unternehmen einer Enzyklopädie also mit einer systematischen, mit einer in der Sache begründeten Ordnung des Wissens, so steht am Ende nur noch eine bloß klassifikatorische, um nicht zu sagen kompilatorische Einteilung.

Bezogen auf den Kontext der Philosophie, haben wir oben systematische Ordnungen von klassifizierenden Einteilungen dadurch unterschieden, daß erstere strukturell selbstbezüglich sind. Genau besehen gilt das natürlich nur von Rationalität, von Vernunft selbst als System, denn nur gegenüber diesbezüglichen Explikationen können wir keinen externen Standpunkt einnehmen. Dieses Vorgehen ist gleichwohl insofern berechtigt, als jedes schwächere Verständnis von System, dann auf rein wissenschaftstheoretischer Ebene, einen nur graduellen Unterschied zum Begriff der Klassifikation aufweist. Wir finden, sobald wir in wissenschaftstheoretische Untersuchungen eintreten, Beschreibungen schließlich nicht einfach vor. D.h. in jede Beschreibung des Gegenstandes »Wissenschaft« gehen gewisse philosophische Grundentscheidungen ein, weshalb man sagen muß, daß die seit Platon und Aristoteles immer wieder vorgenommenen Klassifikationen der Wissenschaften stets auch

166 Das Einteilungsprinzip übernimmt die *Encyclopédie* von F. Bacon. Vgl. F. Kambartel, *Erfahrung und Struktur*, S. 62 f, ferner S. Dangelmayr, *Methode und System: Wissenschaftsklassifikation bei Bacon, Hobbes und Locke* (Meisenheim am Glan, 1974).

167 Vgl. J. Mittelstraß, Art. »Enzyklopädie«, in: *Enzyklopädie Philosophie und Wissenschaftstheorie*, hrsg. v. J. Mittelstraß, Bd. 1 (Mannheim/Wien/Zürich, 1980), S. 557–562.

systematische Relevanz haben.[168] Eine »starke« Trennung von Klassifikation und Systematik ist eigentlich nur da möglich, wo man mit »System« selbst nicht mehr hintergehbare Voraussetzungen meint. Wenn man also, wie z. B. Carrier/Mittelstraß,[169] die identitätsbildende Wirkung einer *Idee* zum Unterscheidungsmerkmal zwischen System und Klassifikation macht, dann läßt sich diese Idee nur im Anschluß an eine Theorie der Rationalität selbst gewinnen. Wir können dann klassifizierende Einteilungen der Wissenschaften von systematischen Ordnungsvorstellungen danach unterscheiden, wie eng oder wie lose die Verbindung zwischen der jeweiligen Theorie der Rationalität und dem Explikandum Wissenschaft ist.

Wenn man in den Wissenschaften nurmehr abgeleitete oder gar entfremdete Formen von Vernunft sieht, wird man sich die Wissenschaften sozusagen vorgeben lassen, um dann in einem zweiten Schritt eine ordnende Gliederung, eine Klassifikation zu versuchen. Es kann natürlich auch so sein, daß sich die systematischen Ansprüche auf der philosophischen Ebene im engeren Sinne schon so abgeschliffen haben, daß selbst eine Ordnung der Wissenschaften, die unmittelbar aus der Theorie abgeleitet ist, nur noch kontingente Züge hat, nicht mehr als ein Verzeichnis ist. Davon zu unterscheiden ist dann noch der Fall, daß man in enger Anlehnung an die jeweilige philosophische Theorie der Rationalität eine Explikation von Wissenschaft gibt und diese den faktischen Wissenschaften dann als Postulat entgegenhält. Die beiden letzteren Fälle sind mit den Ansätzen von J. Habermas und H. Stachowiak gegeben.

Stachowiaks Ansatz einer »Allgemeinen Modelltheorie« behält von der dezidierten Position des Logischen Empirismus nur noch eine allgemeine empiristische Ausrichtung und die für strukturalistische Ansätze charakteristische Überzeugung der impliziten Bestimmungsmöglichkeit zurück.

168 Vgl. G. Wolters, Art. »Klassifikation«, in: *Enzyklopädie Philosophie und Wissenschaftstheorie*, hrsg. v. J. Mittelstraß, Bd. 2 (Mannheim/Wien/Zürich, 1984), S. 409 – 410, hier S. 410.

169 Siehe M. Carrier u. J. Mittelstraß, »Die Einheit der Wissenschaft«, in: *Akademie der Wissenschaften zu Berlin Jahrbuch 1988* (Berlin/New York, 1989), S. 93 – 118, hier S. 97.

Stachowiak gibt eine gegenstandsbezogene Einteilung der Wissenschaften. Er unterscheidet 4 Wissenschaftshauptgruppen:[170]
(1) die formal-operationalen Wissenschaften;
(2) die Naturwissenschaften;
(3) die anthropologischen Wissenschaften;
(4) die Kulturwissenschaften.
Ihnen gemeinsam soll sein, daß alle wissenschaftlichen Erkenntnisleistungen Spezialfälle des allgemeinen Modellbegriffs sind. Wie wenig aussagekräftig dieser Vorschlag ist, zeigt sich am Fall der Theologie, die Stachowiak deshalb zu den Wissenschaften rechnet, weil es sich hier um ein »mehr oder weniger durchstrukturiertes System handelt«. Stachowiaks Verallgemeinerung der mathematischen Modelltheorie erfolgt im Bemühen, alle faktisch gegebenen (institutionell definierten) Wissenschaften zu fassen und verliert gerade dadurch jegliche Signifikanz.

Für Habermas' Analyse der Rationalität ist Max Webers Begriff der »Entzauberung der Welt«, also die Annahme eines universalgeschichtlichen Prozesses der Weltbildrationalisierung, ein wichtiges Explikans. Dieser Prozeß löst die mythisch-magische Konfusion von internen Sinn- und externen Sachzusammenhängen, von Geltung und empirischer Wirksamkeit. Die Sphäre der Geltungszusammenhänge wird nicht nur von empirischen Bedingungen gereinigt, sondern auch intern differenziert unter den Gesichtspunkten von Wahrheit, normativer Richtigkeit und subjektiver Wahrhaftigkeit. Kennzeichen wachsender Rationalisierung ist ein formales Weltkonzept, d. h. die Gemeinsamkeitsunterstellungen, die notwendig sind, damit es eine für alle Beteiligten identische Perspektive auf die Welt und in diesem Sinne *eine* Welt gibt, sind frei von inhaltlichen Bestimmungen: Es ist nicht von vornherein festgelegt, welche Geltungsansprüche wann, für was, von wem und wem gegenüber akzeptiert werden müssen. Die Einheit der Vernunft ist nach Habermas in der Komplementarität der ausdifferenzierten Geltungsbereiche gegeben.[171]

---

170 H. Stachowiak, *Denken und Erkennen im kybernetischen Modell* (Wien, 1965), S. 92–131.

171 Vgl. J. Habermas, »Die Einheit der Vernunft in der Vielheit ihrer Stimmen«, *Merkur* 42 (1988), S. 1–14.

Habermas begrüßt von daher die Ausdifferenzierung der Wissenschaften prinzipiell als ein rationales Moment. Dabei hat er sowohl die Herauslösung des wissenschaftlichen, objektivierenden Weltverhältnisses aus einer unmittelbaren Lebenswelt im Auge als auch die Formalisierung der Gemeinsamkeitsunterstellungen der Wissenschaftler. Sein Vorschlag, die Wissenschaften nach erkenntnisleitenden Interessen zu unterscheiden,[172] nämlich in die empirisch-analytischen Wissenschaften (technisches Erkenntnisinteresse), in die historisch-hermeneutischen Wissenschaften (praktisches Erkenntnisinteresse) und in die kritisch orientierten Wissenschaften (emanzipatorisches Erkenntnisinteresse), ist als idealer Entwurf der Wissenschaften zu verstehen. Nach Habermas ist das menschliche Erkennen nämlich seinem Sinn nach ein interessiertes und die Verdrängung des Interesses führt zu entfremdeten, zu inhumanen Verhältnissen.

Stachowiak und Habermas orientieren sich an verschiedenen Konzepten von systematischer Einheit. Stachowiak ist eher der von Leibniz paradigmatisch vertretenen Position zuzurechnen, Habermas derjenigen Kants. Verglichen mit den Ansprüchen, die die historischen Vorbilder mit ihren Konzepten verbanden – vor allem auch als Erwartungen an die faktische Entwicklung der Wissenschaften –, mögen Habermas' und Stachowiaks Ansätze als bloß klassifikatorische Bemühungen wirken. Bei Habermas liegt das an seiner Skepsis gegenüber den faktisch gegebenen Wissenschaften, bei Stachowiak ironischerweise daran, daß er sein Systemideal auf das Faktum der Wissenschaften eingeebnet hat.

172 J. Habermas, »Erkenntnis und Interesse«, in: Ders., *Technik und Wissenschaft als »Ideologie«* (Frankfurt, 1969), S. 146 – 168, hier S. 155.

4. Einheit der Wissenschaften: Spezielle Wissenschaftstheorie

Im folgenden Kapitel wird untersucht, inwieweit neben der Einheit der wissenschaftlichen Methode zumindest für bestimmte Gruppen von Disziplinen auch eine inhaltliche Einheit besteht. Diese Frage ist separat zu beantworten für die Naturwissenschaften, die Sozialwissenschaften und die Geisteswissenschaften. Anschließend soll gezeigt werden, daß zumindest in manchen Disziplinen – als Beispiel wird hier die Physik gewählt – Vereinheitlichungsbestrebungen inhaltlicher Art erfolgreich sein können.

4.1 *Einheit der Disziplinen*

4.1.1 Einheit der Naturwissenschaften

Die Einheit der Natur müßte in der Einheit der Naturwissenschaften zum Ausdruck kommen. Die Aufgabe naturwissenschaftlicher Forschung besteht darin, die Naturphänomene so zu ordnen, daß zwischen Gruppen verschiedenartiger Phänomene Einheiten hergestellt werden, indem diese unter abstrakte Begriffe und Prinzipien gebracht werden. Dadurch entstehen neue Verbindungen zwischen den naturwissenschaftlichen Disziplinen, die bisher als verschiedene und getrennte Forschungsbereiche angesehen wurden. Die Konkretisierung dieser Vereinheitlichung ist unter zwei verschiedenen Aspekten[1] denkbar:

(1) Der Fortschritt in der Wissenschaft erfolgt nicht immer in der Weise, daß bereits bekannte Naturgesetze angewendet werden, um neue Erscheinungen zu erklären. In vielen Fällen können beobachtete Phänomene nur durch die Formulierung neuer Begriffe und

1 Vgl. K. Mainzer, »Einheit und Grenzen der Wissenschaften in wissenschaftstheoretischer und wissenschaftshistorischer Sicht«, in: H. Mäding (Hrsg.), *Grenzen der Sozialwissenschaften* (Konstanz, 1988), S. 30 ff.

Prinzipien verstanden werden, die den neuen Beobachtungstatsachen angepaßt sind. Der Erkenntnisfortschritt in der naturwissenschaftlichen Forschung vollzieht sich daher nicht kontinuierlich, sondern in *aufeinanderfolgenden abgeschlossenen Theoriebildungen*. Dabei können die späteren Theorien die früheren enthalten, die damit nicht verworfen, aber in ihrem Geltungbereich eingeschränkt werden.

(2) Die Einheit innerhalb naturwissenschaftlicher Disziplinen zeigt sich in zahlreichen Phänomenen, die in verschiedenen Bereichen in ähnlicher Weise auftreten und mit gleichartigen Denkmodellen beschrieben werden können. Bedeutende Beispiele sind *Strukturbildungen selbstorganisierender Systeme* in der Physik, Chemie, Biologie und Ökologie, die im Rahmen der synergetischen Forschung untersucht werden.

Beide Zugangsweisen sind heute Gegenstand intensiver Forschungsbemühungen; über den zu erwartenden Erfolg läßt sich bislang noch keine sichere Voraussage treffen. Im folgenden werden diese beiden unterschiedlichen Konzeptionen zur Einheit der Naturwissenschaften erläutert.

4.1.1.1 Hierarchie abgeschlossener Theorien

Die Wissenschaft, die nach C. F. v. Weizsäcker die »Einheit der Natur«[2] zum Ausdruck bringen müßte, ist die Physik. Die Physik ist hier allerdings in einem wesentlich umfassenderen Sinne gemeint, als sie üblicherweise im Rahmen einer Hochschuldisziplin verstanden wird. Die beiden großen Gruppen der Naturwissenschaften, die Wissenschaften von der anorganischen und der organischen Natur, werden unter diesem Begriff der Physik mit eingeschlossen. Erkannte Einheit der Natur wäre die Einheit der Physik, die sich in der Gleichartigkeit der Methode zeigt. Die angestrebte Einheit der Naturwissenschaften gründet sich auf einer *historischen* und einer *philosophischen* These:

(1) Der historische Erkenntnisfortschritt der Physik zeigt sich in einer Folge abgeschlossener Theorien und entwickelt sich hin zu einer

2 Zum Folgenden vgl. C. F. v. Weizsäcker, *Die Einheit der Natur* (München, 1974), S. 129 ff.

vereinheitlichten Theorie, deren endgültige Form erwarten läßt, daß sie alle naturwissenschaftlichen Disziplinen umfaßt.

(2) Die Prinzipien der Physik formulieren Bedingungen der Möglichkeit von Erfahrungen. Insofern Chemie und Biologie zu objektivierender Erkenntnis fähig sind, müssen sie Anwendungsgebiete einer Physik in ihrem umfassenden Sinne sein.

Diese Einheitskonzeption der Natur unterscheidet sich von den zahlreichen früheren reduktionistischen Vorstellungen insofern, als hier eine Physik gemeint ist, deren Formulierung noch nicht ihre endgültige Gestalt erreicht hat. Es wird insbesondere nicht der Anspruch erhoben, daß für das Verständnis weiterer Erfahrungsbereiche lediglich die Begriffe und Prinzipien der gegenwärtigen Physik angewendet werden müssen.

Eine physikalische Theorie umfaßt eine bestimmte Anzahl von Begriffen und Prinzipien. Jedem Begriff wird ein mathematisches Symbol zugeordnet; die Verknüpfungen zwischen den Begriffen werden durch mathematische Gleichungen dargestellt, die mit Hilfe dieser Symbole formuliert werden können. In dieser Weise ist es möglich, die Beobachtungstatsachen der Physik durch die Lösungen mathematischer Gleichungen zu beschreiben. Die experimentell ermittelten Daten legen allerdings die Einführung und Bedeutung von Begriffen und Prinzipien einer Theorie nicht fest; deshalb behalten sie einen spekulativen Charakter. Alle neu beobachteten Erscheinungen werden zunächst versuchsweise in den Rahmen der bestehenden Theorie eingefügt. Gelingt dies nicht, d. h., treten Phänomene auf, die mit der bestehenden Theorie unvereinbar sind, so muß die Theorie geändert oder ergänzt werden. Können die Phänomene auch innerhalb dieser verbesserten Theorie nicht angemessen beschrieben werden, ist die Einführung neuer Begriffe und Prinzipien erforderlich. Dieser Vorgang führt zur Entwicklung einer neuen Theorie. Die alte Theorie wird dann als *abgeschlossen*[3] bezeichnet, wenn sie ein widerspruchsfreies System bildet, eine große Vielfalt

3 Vgl. W. Heisenberg, »Die Richtigkeitskriterien der abgeschlossenen Theorien in der Physik«, in: E. Scheibe u. G. Süßmann (Hrsg.), *Einheit und Vielheit: Festschrift für Carl Friedrich v. Weizsäcker zum 60. Geburtstag* (Göttingen 1973), S. 140 ff.

von Erscheinungen beschreibt und sich als nicht verbesserungsfähig erweist.

Demgemäß vollzieht sich die Entwicklung naturwissenschaftlicher Erkenntnis als *Folge abgeschlossener Theorien.*[4] Dabei verknüpft die umfassendere Theorie Phänomene, die in der engeren noch unverbunden nebeneinanderstanden; die neue Theorie ist somit dem Ideal der Einheit der Naturwissenschaften näher. Meist ist die umfassendere Theorie aus den Schwierigkeiten entstanden, die sich in der engeren Theorie zeigten, wenn die Einheitsvorstellung konsequent verfolgt wurde. Die Entwicklung vom anfänglichen Entwurf bis zur endgültigen Theorie vollzieht sich daher über eine Reihe von Korrekturen. Die ältere abgeschlossene Theorie beschreibt einen bestimmten Erfahrungsbereich; der Erkenntnisfortschritt läßt die Grenzen der Theorie erkennbar werden. Allerdings werden, solange die betreffende Theorie das letzte Wort bezüglich des in Frage stehenden Erfahrungsbereiches ist, die Grenzen für die Anwendbarkeit der Begriffe und Prinzipien nicht deutlich. Diese müssen empirisch gefunden werden, d. h., sie ergeben sich aus der Tatsache, daß sie in bestimmten Bereichen nicht mehr für eine vollständige Beschreibung der beobachteten Erscheinungen ausreichen. Deshalb dient die abgeschlossene Theorie zugleich als anfänglicher Entwurf für die Erschließung eines weitergehenden Erfahrungsbereiches. Die Begriffe, die immer im Kontext einer speziellen Theorie definiert sind, werden in der nachfolgenden Theorie eine andere Bedeutung erhalten.

Im Fortschritt der Physik umfassen die später abgeschlossenen Theorien im allgemeinen ihre vorangegangenen Theorien als Spezial- oder Grenzfälle. Der Erkenntnisfortschritt führt auf umfassendere und daher elementarere Prinzipien. Die älteren Theorien beruhen demnach auf spezielleren Prinzipien als die nachfolgenden. Derartige Entwicklungen haben sich in der Geschichte der Physik mehrfach wiederholt. Die Newtonsche Mechanik beschreibt sowohl die Bahnen frei fallender oder geworfener Körper als auch die Bahnen der Planeten; die Elektrodynamik schließt Elektrizität, Magnetismus und Licht zusammen; die Quantentheorie umfaßt Mechanik und Chemie; die Allgemeine Rela-

4 Vgl. W. Heisenberg, *Physik und Philosophie* (Berlin, 1968), S. 72 ff.

tivitätstheorie vereinigt die Struktur der Raum-Zeit mit der Gravitation. Diese Beispiele betreffen Phänomengruppen, deren Einheit jeweils Teilgebiete der gesamten Naturwissenschaften konstituiert.

Das erste abgeschlossene System der modernen Physik ist die Newtonsche Mechanik. Als mechanische Erklärung eines physikalischen Vorgangs gilt dessen Zurückführung auf Druck und Stoß. Die klassische Mechanik ist auf vier Grundbegriffen aufgebaut: Körper, Kräfte, Raum und Zeit. Die mathematische Struktur ihrer Gesetze ist eine Differentialgleichung nach der Zeit

$$F = m\, d^2x/dt^2$$

Die Beziehung beschreibt die Kraft F, die auf einen Körper der Masse m am Raumpunkt x zum Zeitpunkt t wirkt. In dieser allgemeinen Bewegungsgleichung wird die Kraft durch eine Funktion repräsentiert, die zunächst unbekannt ist. Erst durch die Einsetzung eines speziellen Kraftgesetzes wird die Bewegungsgleichung vervollständigt und die Dynamik des Körpers festgelegt. Die Theorie kann aber keine Aussagen darüber machen, welche Kräfte es geben muß; die Kraft erscheint als kontingente Größe. Die Gleichung gibt an, wie unter gegebenen Anfangs- und Randbedingungen der Zustand eines Körpers seine eigene Änderung im absoluten euklidischen Raum und in der absoluten Zeit determiniert; d. h., der Anfangszustand eines physikalischen Vorgangs ist kontingent, aber bei vorgegebenen Anfangsbedingungen ist jeder folgende Zustand eindeutig festgelegt.

Die Newtonsche Theorie wurde lange Zeit als endgültig betrachtet. Sie beruht auf Prinzipien,[5] die den Anspruch von Evidenz und apriorischer Gewißheit[6] hatten und nicht als Gegenstand empirischer Forschung und physikalischer Hypothesenbildung galten:

- Die Raum-Struktur wurde als euklidisch vorausgesetzt: Die logische Möglichkeit verschiedener Geometrien wurde nicht erkannt und eine empirische Entscheidung hierüber nicht in Betracht gezogen.

5 Ebd., S. 56 ff.

6 Die allgemeinen Strukturen der Naturgesetze beinhalten, daß in konkreten Fällen bestimmte apriorische Prinzipien immer schon vorausgesetzt werden. So wird z. B. die Kausalität nicht als eigenständiges Gesetz formuliert; es werden jedoch nur Differentialgleichungen mit »kausalen Lösungen« zugelassen.

- Die Zeit wurde als absolut angesehen, d. h., die Wirkungsübertragung durch Lichtsignale schien instantan zu erfolgen und der Begriff der Gleichzeitigkeit konnte beobachterunabhängig definiert werden.
- Das Kausalprinzip wurde in einem deterministischen Sinne verstanden, d. h., es wurde angenommen, daß das gesamte physikalische Geschehen durch vorausgehende Ereignisse nach bestimmten Regeln verursacht wird.
- Die Beschreibung eines physikalischen Vorgangs galt als objektiv. Ein Bezug auf den Beobachter schien nicht erforderlich, d. h., dem Beobachtungsprozeß wurde keine Auswirkung auf das physikalische Geschehen zugesprochen.

Die Newtonsche Theorie galt als Grundlage naturwissenschaftlichen Denkens überhaupt. Die Naturwissenschaft der folgenden Zeit glaubte sich lediglich vor die Aufgabe gestellt, die Prinzipien der klassischen Mechanik auf immer weitere Gebiete der Erfahrung anwenden zu müssen. Die Vorstellung, auf dieser Wissenschaft die Einheit der Natur begründen zu können, drückt sich im mechanischen Weltbild aus; insbesondere im deterministischen Prinzip kommt die Idee der Einheit der Naturwissenschaften am deutlichsten zum Ausdruck. Der Fortschritt der Physik hat die Newtonsche Theorie in ihrem Geltungsbereich eingeschränkt, das mechanische Weltbild erwies sich als unzulänglich. Die apriorischen Prizipien sind in der heutigen Naturwissenschaft dennoch nicht bedeutungslos: Obwohl sie nur einen begrenzten Anwendungsbereich besitzen, bilden sie die grundlegende Voraussetzung für die wissenschaftliche Tätigkeit. Wo immer aber die Begriffe und Prinzipien der Newtonschen Mechanik zur Beschreibung von Naturvorgängen angewendet werden können, sind auch die von Newton formulierten Gesetze exakt richtig.

Solange die Physik eine als endgültig erkennbare Einheit nicht wirklich erreicht hat, können Argumente aus der historischen Entwicklung weder für noch gegen die Möglichkeit dieser Einheit als Beweise angeführt werden. Heute wird versucht, die Einheit der Physik auf eine *relativistische Quantenfeldtheorie* zu gründen. Diese noch zu formulierende Theorie müßte neue Begriffe und Prinzipien beinhalten:[7]

7 Vgl. W. Heisenberg, *Physik und Philosophie*, S. 87 ff.

- Die Raum-Zeit-Struktur ist nicht mehr a priori gegeben, d. h., die Begriffe von Raum und Zeit sind zum Gegenstand empirischer Forschung geworden.[8] Die Beziehung zwischen der Geometrie der Raum-Zeit und der kosmischen Verteilung der Materie muß berücksichtigt werden.
- Das Kausalprinzip ist für konkrete Voraussagen in einem statistischen Sinne zu verstehen, d. h., das Ergebnis eines Experimentes kann nur mit einem bestimmten Wahrscheinlichkeitswert angegeben werden, der zwischen 0 (Unmöglichkeit) und 1 (Notwendigkeit) liegt.
- Der Meßprozeß beinhaltet eine Wechselwirkung zwischen Meßanordnung und Meßobjekt, d. h., das Meßergebnis muß den irreversiblen Einfluß berücksichtigen, den der Beobachtungsprozeß auf das beobachtete Geschehen ausübt.
- Die Beschreibung eines physikalischen Vorgangs gilt in mehrfacher Hinsicht als beobachterbezogen: Die wissenschaftliche Tätigkeit beinhaltet die Fragen, die an die Natur gestellt werden, die experimentellen Möglichkeiten, die zur Verfügung stehen, und die Sprache, in der sowohl die Fragen als auch die Antworten formuliert werden.

Es ist anzunehmen, daß die Theorie, wenn sie ihre abgeschlossene Form angenommen hat, zeigen kann, welche elementaren Teilchen und Grundkräfte es überhaupt geben kann. Des weiteren wird sie Aussagen über die tatsächliche Struktur der Raum-Zeit machen. Die Grundpostulate der letzten abgeschlossenen Theorie einer vereinheitlichten Physik, die sowohl die Chemie als auch die Biologie umfaßt, werden die Bedingungen der Möglichkeit der Erfahrung überhaupt formulieren. Die Einheit der Naturwissenschaften wird sich dann in der Einheit der Erfahrung zeigen.

4.1.1.2 Strukturbildungen selbstorganisierender Systeme

In einer anderen Zugangsweise, die die Einheit der Naturwissenschaften zu konkretisieren sucht, werden verschiedene Phänomene studiert, die in unterschiedlichen Disziplinen auftreten und nach denselben

8 Vgl. J. Schröter, »Zur Axiomatik der Raum-Zeit-Theorie«, in: J. Audretsch u. K. Mainzer (Hrsg.), *Philosophie und Physik der Raum-Zeit* (Mannheim, 1988), S. 121 ff.

Prinzipien ablaufen. Bedeutende Beispiele hierfür sind spezielle Strukturbildungen in physikalischen, chemischen, biologischen und ökologischen Systemen, die im Rahmen einer neuen Disziplin untersucht werden, für die 1970 H. Haken den Begriff »Synergetik«[9] geprägt hat. Inhaltlich geht es um die Beschreibung und Analyse des Verhaltens komplexer Systeme, die sich aus zahlreichen miteinander in Wechselwirkung stehenden Teilsystemen zusammensetzen und unter bestimmten Bedingungen in selbstorganisierter Weise makroskopische zeitliche, räumliche oder funktionelle Muster und Strukturen erzeugen und aufrechterhalten; das Gesamtsystem zeigt dann Eigenschaften, die die einzelnen Teilsysteme nicht aufweisen. Die auffälligen Analogien in der Strukturbildung[10] dieser komplexen Systeme geben Anlaß zu neuen Modellbildungen bezüglich der Mechanismen und Prinzipien der Entstehung dieser Muster. In einem so geschaffenen gemeinsamen Theorienrahmen erweisen sich die Abgrenzungskriterien innerhalb der Naturwissenschaften als überholt.

Das Erscheinungsbild der Natur ist stark strukturiert. Eine Struktur tritt aber nur dann in Erscheinung, wenn ihre Gesamtheit mehr als die Summe ihrer Teile ausmacht. Die Eigenschaften des Gesamtsystems sind daher nicht als eine Überlagerung der Eigenschaften der Teilsysteme aufzufassen; es entstehen durch die Wechselwirkung der Teilsysteme qualitativ neue Phänomene. Komplexe geordnete Systeme können nicht in ihre Teilsysteme zerlegt werden, ohne daß das System nachhaltig gestört oder verändert wird. In diesem Sinne bilden sie eine Ganzheit, deren Teile durch Kooperation synergetische Effekte hervorrufen, die das Gesamtsystem konstituieren. In manchen Fällen können Systeme eine ganze Hierarchie verschiedener neuer Strukturen selbstorganisiert erzeugen: Die Systeme durchlaufen eine Evolution. Die Gestaltbildung der Natur baut auf zwei grundlegend unterschiedlichen

9 Vgl. H. Haken, *Synergetik: Eine Einführung* (Berlin, 1990), S. 1 ff.

10 Vgl. H. Haken, »Selbstorganisation und Evolution – der Beitrag synergetischer Ansätze«, in: H.-J. Jensen (Hrsg.), *Kooperative Systeme in Biologie und Technik (= Berichtswerk über den 7. Kongreß der Deutschen Gesellschaft für Kybernetik, durchgeführt in Mainz / Kybernetik 1980)*, (München/Wien, 1980), S. 17 ff.

Ordnungsprinzipien[11] auf, die typischerweise durch die *Kristallstruktur* und die *Zellstruktur* repräsentiert werden:

(1) Das *konservative Prinzip* schafft beständige Formen und Muster, deren Aufrechterhaltung keine Energiedissipation (Zerstreuung von Energie) erfordert. Konservative Strukturen sind Gleichgewichtsstrukturen, die durch ein absolutes oder relatives Energieminimum charakterisiert sind und insbesondere im molekularen und zellulären Bereich entscheidenden Anteil an der Gestaltbildung haben.

(2) Das *dissipative Prinzip* bewirkt dynamische Ordnungszustände, die nur fern vom thermodynamischen Gleichgewicht durch einen Metabolismus, d. h. unter ständigem Energieaustausch mit der Umgebung, aufrechterhalten werden können.

Gemeinsam ist dem konservativen und dissipativen Gestaltbildungsmechanismus die Kooperativität der statischen bzw. dynamischen Interaktionen: Der kooperativen Kraftwirkung im konservativen Prinzip entspricht die autokatalytische Reaktivität im dissipativen Prinzip, d. h., das Produkt einer Reaktion ist selbst Katalysator der Reaktion. Neben dieser Gemeinsamkeit sind eine Reihe von Unterschieden dieser beiden Gestaltbildungskonzepte von grundlegender Bedeutung:

- Die dissipative Form ist im Gegensatz zum konservativen Modell nicht allein durch die Art der Wechselwirkung bestimmt, sondern wird entscheidend von den Randbedingungen beeinflußt.
- Konservative Strukturen verfügen über einen hohen Grad an Stabilität, Reversibilität und Superponierbarkeit. Dissipative Muster können wegen ihrer empfindlichen Abhängigkeit von Nebenbedingungen nicht unbeschränkt kombiniert und superponiert werden.
- Gleichgewichtsstrukturen können, wenn sie sich einmal herausgebildet haben, isoliert und endlos aufrechterhalten werden, da sie keinen Austausch mit ihrer Umgebung benötigen. Dissipative Strukturen hingegen bestehen nur dann, wenn sie nicht von dem mit der Umwelt verknüpften Energieaustausch getrennt werden.

Nach gegenwärtiger Erkenntnis ist die Gestaltbildung in der belebten Natur nur aus einem *Zusammenwirken des konservativen und des dissipativen Prinzips* zu begreifen.

11 Vgl. M. Eigen u. R. Winkler, *Das Spiel: Naturgesetze steuern den Zufall* (München, 1985), S. 87 ff.

Die klassische Thermodynamik[12] war innnerhalb der Physik der erste Versuch einer Beschreibung komplexer Systeme. Demzufolge hat ein *isoliertes System* die Tendenz, einen Zustand des thermodynamischen Gleichgewichts einzunehmen, der durch maximale Wahrscheinlichkeit und maximale Entropie (Maß für die Unordnung) gekennzeichnet ist. Wenn dieser Zustand erreicht ist, wird sich das System nur für sehr kurze Zeit und über sehr kurze Distanzen daraus entfernen, d. h., das System wird um diesen wahrscheinlichsten Zustand nur geringfügig schwanken. Der zweite Hauptsatz der Thermodynamik beinhaltet die ständige Zunahme der Entropie eines isolierten Systems und beschreibt gemäß der Boltzmannschen Interpretation die Auflösung geordneter Strukturen; ihre Entstehung und Aufrechterhaltung ist daher zunächst nicht zu verstehen.

Handelt es sich um ein *abgeschlossenes System*, das durch die Randbedingungen so definiert ist, daß seine Temperatur durch Wärmeaustausch mit der Umgebung konstant bleibt, ist das thermodynamische Gleichgewicht nicht mehr durch eine maximale Entropie charakterisiert, sondern durch das Minimum der freien Energie F, die sich gemäß

$$F = E - TS$$

aus der inneren Energie E, der Temperatur T und der Entropie S ergibt. Bei tiefen Temperaturen können sich geordnete Strukturen bilden; bei hohen Temperaturen ist dagegen die Unordnung vorherrschend. Dieses von Boltzmann formulierte Ordnungsprinzip ist verantwortlich für die Gestaltbildung im thermodynamischen Gleichgewicht. Ein augenfälliges Beispiel für die verschiedenen Strukturen ist der Übergang des Wassers vom festen über den flüssigen bis hin zum gasförmigen Zustand mit steigender Temperatur. Neue Ordnungsstrukturen können dann auftreten, wenn bestimmte äußere Einflüsse, z. B. die Temperatur, über einen kritischen Wert hinaus geändert werden, bis der alte Zustand instabil wird und in einen neuen Zustand übergeht. Dadurch können spontan andere Strukturen entstehen, die sich wiederum aufgrund der kollektiven Kooperation der Teilsysteme durchsetzen, z. B. Übergang vom normal-leitenden zum supra-leitenden Zustand durch die Bildung von

12 Vgl. I. Prigogine u. I. Stengers, *Dialog mit der Natur: Neue Wege naturwissenschaftlichen Denkens* (München, 1986), S. 111 ff.

Cooper-Paaren unterhalb einer kritischen Temperatur T_c. Diese Vorgänge spontaner Selbstorganisation werden als *Phasenübergänge* bezeichnet.

Die Konzepte, die in abgeschlossenen Systemen Gestaltbildungen und Phasenübergänge beschreiben, sind nicht hinreichend geeignet, biologische und ökologische Abläufe zu erklären. Hier handelt es sich um *offene Systeme,*[13] für die der Austausch mit der Umgebung eine zentrale Rolle spielt. Diese Systeme befinden sich immer in einer bestimmten Entfernung vom thermodynamischen Gleichgewicht, wo Schwankungen nicht zwingend ausgeglichen, sondern verstärkt werden können; die *Fluktuationen*[14] sind dann Anlaß zu neuer Strukturbildung. Mathematisch wird das zeitliche Verhalten komplexer Systeme durch Differentialgleichungen formuliert. Für lineare Gleichungen gilt das Superpositionsprinzip, d. h., das Verhalten des Gesamtsystems wird als Summe des Verhaltens aller Teilsysteme aufgefaßt. Eine Interaktion zwischen den Teilsystemen im Sinne einer kooperativen Wechselwirkung kann innerhalb dieses Modells nicht berücksichtigt werden. Für dissipative Systeme muß die zeitliche Entwicklung demzufolge durch Evolutionsgleichungen beschrieben werden, die in hinreichend einfachen Fällen nichtlineare Differentialgleichungen[15] der Form

$$dA/dt = N(A,\alpha) + F(t)$$

sind. A repräsentiert einen Satz von Variablen, der das System beschreibt, α ist ein Satz von Parametern, der die Einwirkung der Umwelt auf das System angibt, N ist eine nicht-lineare Funktion, und F berücksichtigt eventuell auftretende Fluktuationen. Die Änderung der

13 Vgl. I. Prigogine u. R. Levefer, »Theory of Dissipative Structures«, in: H. Haken (Hrsg.), *Synergetics: Cooperative Phenomena in Multi-Component Systems* (Stuttgart, 1973), S. 124 ff.

14 Die Fluktuationen spielen insofern eine grundlegende Rolle, als sie es dem System erlauben, kurzzeitig benachbarte Zustände einzunehmen, die von seinem ursprünglichen durch einen Potentialwall getrennt sind. Erweist sich der neue Zustand als energetisch günstiger, wird das System diesen bevorzugen. Ohne Fluktuationen hätte das System nicht »bemerkt«, daß in seiner Nachbarschaft ein energieärmerer Zustand existiert.

15 Zum Folgenden vgl. H. Haken, »Some Aspects of Synergetics«, in: Ders. (Hrsg.), *Synergetics: A Workshop* (Berlin, 1977), S. 2 ff.

Parameter α über einen bestimmten kritischen Wert hinaus kann zu einer qualitativen Änderung im Verhalten des Systems führen. An dieser Stelle tritt eine Reduktion der Freiheitsgrade auf; eine bestimmte Anzahl von Freiheitsgraden wird durch das *Prinzip der Versklavung* unterdrückt, und diejenigen Größen, die das makroskopische Verhalten bestimmen, übernehmen die Rolle eines *Ordnungsparameters*. Befindet sich das System in hinreichender Entfernung vom thermodynamischen Gleichgewicht, können *Bifurkationen*[16] auftreten, d. h. Verzweigungspunkte, an denen das System zwischen mehreren möglichen Verhaltensweisen entscheiden muß. Demzufolge wird ein System nicht allein durch die Anfangs- und Randbedingungen bestimmt, die Wahl des Systems an den Verzweigungspunkten geht wesentlich in das dynamische Verhalten ein.

Im folgenden soll an Beispielen aus unterschiedlichen Disziplinen gezeigt werden, wie die spontane Entstehung von geordneten Zuständen und deren Aufrechterhaltung in verschiedenen Bereichen der Natur deren Einheit begründen. Ein einfaches Beispiel spontaner Selbstorganisation mit einer räumlichen Strukturbildung ist aus der Hydrodynamik[17] bekannt. In einer horizontalen Flüssigkeitsschicht wird ein vertikaler Temperaturgradient erzeugt, d. h., die untere Grenzfläche dieser Schicht wird auf eine bestimmte Temperatur erhitzt, die höher ist als die der oberen Grenzfläche. Die asymmetrischen Randbedingungen führen zu einem permanenten Wärmefluß. Oberhalb eines kritischen Wertes des Temperaturgradienten beginnt der Wärmefluß um einen mittleren Wert zu schwingen und weist schließlich chaotische Oszillationen auf. In dieser sogenannten *Bénard-Instabilität* des stationären Zustandes gleichen sich die zufälligen Schwankungen nicht aus, vielmehr verstärkt sich diejenige Schwankung, die zu einem optimalen Wärmeaustausch führt, und »versklavt« die anderen Bewegungsformen, die zunehmend abklingen. Bei bestimmten Werten des Temperaturgradienten entsteht demzufolge eine Konvektionsbewegung, die zur Bildung sechseckiger Konvektionszellen von charakteristischer Größe

16 Vgl. I. Prigogine u. I. Stengers, *Dialog mit der Natur*, S. 165 ff.
17 Ebd., S. 150 f.

führt. Damit ist spontan eine neue molekulare Ordnung entstanden, die durch Energieaustausch mit der Umgebung stabilisiert wird.

In der Chemie können nicht-lineare Effekte bei katalytischen Prozessen[18] auftreten. Wichtige Beispiele sind *autokatalytische Reaktionen*, bei denen ein Molekül A in Verbindung mit einem Ausgangsstoff a gemäß der Reaktionsgleichung

$$a + 2\,A \longrightarrow 3\,A$$

seine eigene Bildung katalysiert. Die zugehörige kinetische Gleichung, die die Änderungsrate der Konzentration von A beschreibt, ist eine nicht-lineare Differentialgleichung

$$dA/dt = k\,a\,A^2,$$

wobei k die Geschwindigkeit der Reaktion festlegt. Von Bedeutung sind auch *wechselseitig katalytische Prozesse*, bei denen ein Molekül A_2 die Bildung eines Moleküls A_1 katalysiert, welches seinerseits wieder zur Entstehung von A_2 beiträgt, z. B.

$$2\,A_1 + A_2 \longrightarrow 3\,A_1$$
$$a_1 + A_1 \longrightarrow A_2 + a_2.$$

Katalytische Prozesse sind notwendige Voraussetzungen für chemische Instabilitäten, die z. B. typisch sind für chemische Uhren. Ein vereinfachtes theoretisches Modell zur Beschreibung der dabei auftretenden makroskopischen Strukturen ist der *Brüsselator*. Es handelt sich hier um einen trimolekularen autokatalytischen Prozeß mit wechselseitiger Katalyse, der dem Reaktionsschema

$$a_1 \longrightarrow A_1$$
$$2\,A_1 + A_2 \longrightarrow 3\,A_1$$
$$a_2 + A_1 \longrightarrow A_2 + a_3$$
$$A_1 \longrightarrow a_4$$

folgt. Die Konzentrationen der Ausgangs- und Endstoffe a_1, a_2, a_3 und a_4 werden so vorgegeben, daß die Reaktion unter gleichgewichtsfernen Bedingungen abläuft. Überschreiten bestimmte Konzentrationen einen kritischen Wert, beginnen die Reaktionspartner A_1 und A_2 um einen

18 Ebd., S. 139 ff.

Punkt zu schwingen und nähern sich einem stabilen Grenzzyklus. Das System zeigt das Verhalten einer chemischen Uhr mit einer charakteristischen Schwingungsfrequenz. Zeitperiodische Schwingungen sind jedoch nicht die einzigen Formen der Selbstorganisation, die dieses System aufbauen kann: Unter bestimmten Bedingungen können auch räumlich strukturierte Zustände auftreten.

Während nicht-lineare Prozesse in der anorganischen Natur verhältnismäßig selten vorkommen, sind sie in der belebten Natur die Regel. Hierzu gehören insbesondere die komplexen Steuerungsmechanismen der Stoffwechselfunktionen. Ein wichtiges Beispiel ist das zeitliche Verhalten der Glykolyse-Zyklen.[19] Diese metabolischen Reaktionsketten bestehen in einer Umwandlung von ADP (Adenosin-Di-Phosphat) in ATP (Adenosin-Tri-Phosphat) und umgekehrt:

(1) Umwandlung von ADP in ATP: Es werden Energiereserven aufgebaut.

(2) Umwandlung von ATP in ADP: Es werden Energiereserven abgebaut.

Molekularbiologische Untersuchungen haben gezeigt, daß in den mit dem Glykolyse-Zyklus zusammenhängenden Konzentrationen zeitliche Oszillationen auftreten, und daß diese Schwingungen von einer entscheidenden Stufe, die durch ADP aktiviert und durch ATP inhibiert wird, in der Reaktionsfolge determiniert sind. Diese glykolytischen Oszillationen bilden eine biologische Uhr.

Ein bedeutendes Beispiel der Strukturbildung in der Ökologie ist das *Lotka-Volterra-Modell*[20] der Populationsdynamik von grasfressenden Hasen A_1 und hasenfressenden Füchsen A_2. Das Modell beschreibt folgende Situation:

(1) Randbedingung: Es wächst Gras a_1.

(2) Die Hasen A_1 fressen das Gras, die Zahl der Hasen nimmt zu, die Menge des Grases nimmt ab.

(3) Die Füchse A_2 fressen die Hasen, die Zahl der Füchse nimmt zu, die Zahl der Hasen nimmt ab.

(4) Randbedingung: Jäger a_2 jagen die Füchse.

19 Ebd., S. 161 ff.

20 Vgl. M. Eigen u. R. Winkler, *Das Spiel*, S. 110 ff.

Mathematisch kann dieses ökologische Reaktionsschema so dargestellt werden:

$$\rightarrow a_1$$
$$a_1 + A_1 \rightarrow 2\,A_1$$
$$A_1 + A_2 \rightarrow 2\,A_2$$
$$A_2 \rightarrow a_2$$

Die Zu- und Abnahme der jeweiligen Tierpopulationen sind autokatalytische Vorgänge, da die Anzahl wesentlich von einer nicht verschwindenden Anfangspopulation und der Verfügbarkeit von Nahrung abhängt. Dagegen sind die anderen beiden Vorgänge nicht autokatalytisch, da die Menge des Grassamens und die Anzahl der Jäger nicht von den übrigen Reaktionspartnern abhängen. Außerdem wird vorausgesetzt, daß das System ökologisch abgeschlossen ist in dem Sinne, daß keine Hasen und Füchse aus anderen Gebieten in das System überwechseln. Die zeitliche Veränderung der Anzahl der verschiedenen Tierarten folgt dann den Gleichungen[21]

$$dA_1/dt = \alpha_1\,A_1 + \alpha_{12}\,A_1\,A_2$$
$$dA_2/dt = \alpha_2\,A_2 + \alpha_{21}\,A_2\,A_1$$

(α_1, α_2, α_{12}, α_{21} ist ein Satz von Parametern, der die Einwirkungen der Umwelt auf die Tierpopulationen und deren Wechselwirkung untereinander angibt). Dieses Modell beschreibt die Dynamik der Tierpopulationen als oszillierende Prozesse: die Vermehrung der Hasen, die dadurch bedingte Zunahme der Füchse, die sich daraus ergebende Dezimierung der Hasen und die anschließende Abnahme der Füchse. Bei ständigem Nachschub der Reaktionspartner (insbesondere Gras) und Abtransport der Reaktionsprodukte (insbesondere Füchse) können stabile oszillierende Muster der Population entstehen.

Die angeführten Beispiele können nur andeuten, welche Vielfalt von Erscheinungen unter dem zentralen Begriff der Selbstorganisation in völlig unterschiedlichen Disziplinen auftreten. Die spontane Entstehung von Strukturen, die Selbstverstärkung dieser Ordnungen in komplexen Systemen, deren plötzlicher Zusammenbruch und damit die Auflösung

21 Vgl. H. Haken, »Introduction to Synergetics«, in: Ders. (Hrsg.), *Synergetics: Cooperative Phenomena in Multi-Component Systems*, S. 12f.

ihrer Strukturen: Dies sind Vorgänge, die heute in vielen Fachgebieten untersucht werden. Die naturwissenschaftlichen Disziplinen haben mehr gemeinsame Problemstellungen und damit wohl auch gemeinsame Problemlösungen, als allgemein angenommen wird. Die Einheit der Natur führt zu einer fächerübergreifenden Kooperation unter thematischen Gesichtspunkten, weil analoge Ordnungsmuster in unterschiedlichen Bereichen auftreten und das Begreifen dieser Strukturen auch zu einem besseren Verständnis der Phänomene in den jeweiligen Disziplinen beiträgt.

4.1.2 Einheit der Sozialwissenschaften

Wie im dritten Kapitel deutlich wurde, vertreten verschiedene Wissenschaftstheoretiker die Idee der Einheit *aller* Wissenschaften und damit auch die Idee der Einheit der Sozialwissenschaften. So spricht Neurath davon, im Rahmen seiner »empirischen Soziologie« die »Menschendecke der Erde«[22] auf der Grundlage des Physikalismus zu untersuchen:

> Die Soziologie behandelt den Menschen nicht anders als die anderen Realwissenschaften, Tiere, Pflanzen, Steine. Sie kennt nur eine Lehre vom »Verhalten« im weitesten Sinne. Sie ist »Sozialbehaviorismus«.[23]
> [...]
> Die Soziologie ist eine Realwissenschaft, wie die Astronomie, die Völker sind Sternhaufen vergleichbar, die untereinander engere Verknüpfung aufweisen als zu anderen Sternhaufen.[24]

Wenn wir aber davon ausgehen müssen, daß das physikalistische Programm des Logischen Empirismus, so wie auch im Falle anderer reduktionistischer Programme, gescheitert ist, bleibt zu fragen, ob nicht vielleicht eine Einheit der *Sozialwissenschaften* erkennbar ist.

Hier sind zwei Fragen zu unterscheiden, die eine zumindest zunächst getrennte Beantwortung erforderlich machen. Auf der einen Seite läßt sich fragen, ob eine einzige Methode in der Lage ist, alle das soziale Leben der Menschen betreffenden Themenbereiche einer wissenschaft-

22 O. Neurath »Empirische Soziologie« (1931), in: Ders., *Wissenschaftliche Weltauffassung, Sozialismus und Logischer Empirismus*, hrsg. v. R. Hegselmann (Frankfurt, 1979), S. 182.

23 Ebd., S. 152.

24 Ebd., S. 155.

lichen Behandlung zuzuführen; und andererseits ist zu fragen, inwieweit die sozialwissenschaftliche Forschung überhaupt in der Lage ist, eine bestimmte Methode als *die* angemessene paradigmatisch zu etablieren, um so zu einer »normal science« (im Sinne T. S. Kuhns) zu werden.

Wenn wir uns die in den Sozialwissenschaften gängige Praxis näher ansehen, ergibt sich ein zwiespältiges Bild: Verschiedene methodische Ansätze werden mit universalistischem Alleinvertretungsanspruch vorausgesetzt, die ihrerseits auf unvereinbaren Annahmen über das adäquate Selbstverständnis der in den Sozialwissenschaften zusammengefaßten Disziplinen beruhen.[25]

Typische Vertreter unterschiedlicher sozialwissenschaftlicher Schulen sind dabei etwa Max Weber mit seinem der Tradition des Positivismus entstammenden (aber auch vom Neukantianismus beeinflußten) Programm einer empirischen Sozialforschung[26] und Jürgen Habermas mit seinem der Tradition des Marxismus entstammenden Programm einer kritischen Sozialwissenschaft.[27] Diese beiden Positionen sollen im folgenden zunächst insoweit charakterisiert werden, wie dies für eine Klärung der uns interessierenden Fragen hilfreich ist.[28]

Zu Webers empirischem Programm ist zunächst festzustellen, daß dieses keineswegs in einen Topf mit den üblichen Formen des Positivismus (wie er etwa im Wiener Kreis vertreten wurde) geworfen werden kann. Trotz seines oft mißverstandenen Wertfreiheitspostulats erkennt

25 Vgl. D. Berg-Schlosser, H. Maier u. T. Stammen, *Einführung in die Politikwissenschaft*, Zweite Auflage (München, 1977), S. 43 f.

26 Vgl. etwa M. Weber, »Der Sinn der ›Wertfreiheit‹ der soziologischen und ökonomischen Wissenschaften« (1917), in: Ders., *Gesammelte Aufsätze zur Wissenschaftslehre*, hrsg. v. J. Winckelmann (Tübingen, ^{7}1988), S. 489–540, sowie M. Weber, »Die ›Objektivität‹ sozialwissenschaftlicher und sozialpolitischer Erkenntnis« (1904), in: Ders., *Gesammelte Aufsätze zur Wissenschaftslehre*, a. a. O., S. 146–214.

27 Vgl. etwa J. Habermas, »Erkenntnis und Interesse« (1965), in: Ders., *Technik und Wissenschaft als »Ideologie«* (Frankfurt 1968), S. 146–168; vgl. auch K.-O. Apel, *Transformation der Philosophie, Bd. II: Das Apriori der Kommunikationsgemeinschaft* (Frankfurt, 1973), S. 96–127 (»Szientistik, Hermeneutik, Ideologiekritik«).

28 Zur Kontroverse zwischen den verschiedenen Schulen vgl. T. W. Adorno u. a., *Der Positivismusstreit in der deutschen Soziologie* (Darmstadt u. Neuwied, 1972).

Weber, daß schon die Auswahl eines Forschungsgegenstandes eine Wertung beinhaltet, »daß [...] die Auswahl des Stoffes eine ›Wertung‹ enthält«,[29] »daß Kultur- und das heißt *Wert*interessen es sind, welche auch der rein empirisch-wissenschaftlichen Arbeit die *Richtung* weisen.«[30] Ebensowenig wie Weber die empirischen Daten nicht als »einfach gegeben« ansieht, so wenig will er auch die Beschreibung sozialen Verhaltens auf physikalische Termini beschränken. Zum »Verstehen« menschlichen Verhaltens gehört für ihn ganz wesentlich auch die Erfassung dieses Handelns als sinnhaftes Geschehen.

Die aufgeführten Abweichungen vom positivistischen Programm ändern allerdings nichts daran, daß für Weber die Sozialwissenschaft eine empirische Disziplin ist.[31] Das »Verstehen« bezeichnet bei ihm keine dunkle Einfühlung in die Seelenzustände seiner Mitmenschen, sondern bringt zum Ausdruck, daß die adäquate Beschreibung empirischen Verhaltens die Betrachtung menschlichen Handelns als sinnhaften Tuns erforderlich macht.

Die Besonderheit von Webers Konzept einer empirischen Sozialwissenschaft, die dieses klar etwa von der Soziologie der Frankfurter Schule unterscheidet, ist allerdings in Webers Thesen zum Verhältnis von Erfahrungswissen und dessen praktischer Bewertung begründet, die tatsächlich *in einem bestimmten Sinne* die »Wertfreiheit« sozialwissenschaftlicher Forschung verlangt. Diese Forderung beruht zunächst einmal auf der wichtigen Unterscheidung zwischen zwei verschiedenen Perspektiven: Empirischer Sozialforschung geht es um *Tatsachenfeststellung*; *Wertfragen* lassen sich empirisch nicht beantworten. Weber spricht dabei sogar von der »spezifischen Dignität«[32] beider Sphären. Wenn er dennoch die Beschränkung der wissenschaftlichen Tätigkeit, etwa in den Vorlesungen an Universitäten, auf die Behandlung empirisch beantwortbarer Fragen empfiehlt, dann deshalb, um die Unterscheidung der beiden Sphären möglichst klar zu machen. Bei einer genügenden Herausstellung dessen, was wissenschaftlich Erkenntnis ist

29 M. Weber, »Der Sinn der ›Wertfreiheit‹«, S. 499.
30 Ebd., S. 512.
31 Vgl. M. Weber, »Die ›Objektivität‹ sozialwissenschaftlicher und sozialpolitischer Erkenntnis«, S. 149.
32 M. Weber, »Der Sinn der ›Wertfreiheit‹«, S. 501.

und was praktisch-politische Bewertung ist, hält Weber hingegen sogar die Behandlung beider Arten von Fragen in Vorlesungen für akzeptabel.[33] Letztlich fordert er die Professoren auf, *wie jeder andere Bürger* sich »in der Presse, in Versammlungen, Vereinen, Essays in jeder jedem anderen ebenfalls zugänglichen Form«[34] praktisch-politisch zu engagieren. In *Wert*fragen hat der Wissenschaftler nämlich keine Sonderkompetenz.

Jürgen Habermas stimmt mit dem Weberschen Programm insoweit überein, als er die Möglichkeit einer empirischen Sozialwissenschaft anerkennt: »Die systematischen *Handlungswissenschaften*, nämlich Ökonomie, Soziologie und Politik, haben, wie die empirisch-analytischen Naturwissenschaften, das Ziel, nomologisches Wissen hervorzubringen.«[35] Gleich im nächsten Satz kommt aber ein weitergehender Anspruch zum Vorschein: »Eine kritische Sozialwissenschaft wird sich freilich dabei nicht bescheiden.«[36]

Auch Weber hatte schon darauf hingewiesen, daß das »Erkenntnis*interesse*«[37] der empirischen Forschung die Richtung weist, so daß etwa das von ihm mitherausgegebene *Archiv für Sozialwissenschaft und Sozialpolitik* dadurch einen besonderen »Charakter«[38] erhielt, daß für die beteiligten Mitarbeiter die »Arbeiterfrage« im Vordergrund der sozialwissenschaftlichen Erörterungen stand. Ihr *außer*wissenschaftliches Ziel war

> der Schutz der physischen Gesundheit der Arbeitermassen und die Ermöglichung steigender Anteilnahme an den materiellen und geistigen Gütern unserer Kultur für sie als Ziel – als Mittel aber die Verbindung staatlichen Eingreifens in die materielle Interessensphäre mit freiheitlicher Fortentwicklung der bestehenden Staats- und Rechtsordnung.[39]

---

33 Ebd., S. 490.
34 Ebd., S. 493.
35 J. Habermas, »Erkenntnis und Interesse«, S. 158.
36 Ebd.
37 M. Weber, »Die ›Objektivität‹ sozialwissenschaftlicher und sozialpolitischer Erkenntnis«, S. 161.
38 Ebd., S. 159.
39 Ebd.

Weber erkennt dabei sogar, »daß um die regulativen Wertmaßstäbe selbst gestritten werden kann und *muß*«;[40] während er aber die Beurteilung der Geltung solcher Werte letztlich dem »Glauben«[41] überläßt, sind die Sozialwissenschaften für Habermas selbst »kritisch orientierende[] Wissenschaften«,[42] die einem »emanzipatorischen Erkenntnisinteresse«[43] entspringen.

Strittig zwischen den beiden Schulen ist insbesondere die Frage, ob die geforderte normative Orientierung durch die Sozialwissenschaft selbst zu leisten ist. So sieht Mittelstraß (ähnlich wie Habermas) eine »doppelte[] Aufgabe der Sozialwissenschaften, nämlich [die] Analyse empirischer Verhältnisse und [die] Ausarbeitung begründeter Handlungssysteme«:[44] »Die Idee einer Erfahrungswissenschaft wird hier um die Idee einer kritisch verstehenden Soziologie erweitert.«[45]

Weber würde demgegenüber darauf bestehen, daß die Ausarbeitung begründeter Handlungssysteme *wissenschaftlich* nicht zu leisten ist. Weber verwendet hier einen engen, auf logische und empirische Methoden beschränkten Begründungsbegriff. Selbst wenn man einen weiteren Begründungsbegriff unterstellt und die Möglichkeit eines Begründungsmodells für normative Fragen anerkennt, ist immer noch offen, inwiefern solche Begründungsleistungen, die sich ja von der in den Wissenschaften üblichen Begründung von Tatsachenbehauptungen unterscheiden, ebenfalls zu den Aufgaben der Wissenschaft und speziell zu den Aufgaben der Sozialwissenschaften gehören. Es ließe sich ja durchaus denken, daß etwa die Sozial*philosophen* neben den Sozialwissenschaften Modelle entwickeln, die zur Klärung und Begründung normativer Überzeugungen beitragen. Empirische Sozialforschung und normative Sozialphilosophie könnten sich bei der Behandlung praktischer Probleme ergänzen – sie wären sogar aufeinander angewiesen.

40 Ebd., S. 153.
41 Ebd., S. 152.
42 J. Habermas, »Erkenntnis und Interesse«, S. 159.
43 Ebd.
44 J. Mittelstraß, »Sozialwissenschaften im System der Wissenschaft«, in: M. Timmermann (Hrsg.), *Sozialwissenschaften: Eine multidisziplinäre Einführung* (Konstanz, 1978), S. 187.
45 Ebd., S. 186.

Als Beispiel sei die Bewertung der Senkung des Spitzensteuersatzes angeführt. Hier ist auch die empirische Forschung von einem bestimmten Erkenntnisinteresse geleitet, z. B. weil ein erster Eindruck darauf hinweisen könnte, daß dieses Gesetz (negativ) Gerechtigkeitsprinzipien widerspricht oder (positiv) Freiheitsrechte erweitert. Der Sozialphilosoph, wie auch jeder andere Bürger, der sich um eine Bewertung dieses Gesetzes bemüht, ist wiederum darauf angewiesen, daß empirische Daten über die konkreten Auswirkungen (bzw. vorher über die auf der Grundlage des bisherigen Wissens zu erwartenden Auswirkungen) dieses Gesetzes verfügbar sind. Hier sollte auch institutionell klargestellt sein, welche Fragen in wessen Kompetenz fallen. Recht verstandene Interdisziplinarität setzt Expertenkompetenzen voraus, erschöpft sich aber nicht in diesen.[46] Auch der empirische Sozialwissenschaftler hat keine Sonderkompetenz in allen Bewertungsfragen, selbst wenn sie seinen Untersuchungsgegenstand betreffen.

In den unterschiedlichen Auffassungen über die angemessene Reichweite der sozialwissenschaftlichen Disziplinen zeigt sich ein Zwiespalt des Selbstverständnisses der Soziologie, der womöglich unaufhebbar ist. Wie Wolf Lepenies in seinem Buch *Die drei Kulturen: Soziologie zwischen Literatur und Wissenschaft*[47] nachgewiesen hat, macht die Entstehungsgeschichte der Soziologie als Disziplin deutlich, daß dieses Fach immer schon von dem widerstreitenden Selbstverständnis seiner Vertreter geprägt wurde, wobei sich »szientifische und literarische Orientierungen gegenüberstehen.«[48] Die einen betonen die Nähe zu den empirischen Naturwissenschaften, die anderen sehen in der Soziologie im Rahmen der »Cultural Studies« eine »angemessene Lebenslehre«. Dieser Streit ist eine Konsequenz der Aufsplitterung der alten »moral sciences«, in deren Rahmen noch Adam Smith einerseits eine ökonomische Theorie entwickeln konnte, sich andererseits aber auch mit Begründungsmodellen für Gerechtigkeitstheorien befaßte.[49]

46 Zur möglichen Reichweite von Expertenkompetenz in Bewertungsfragen vgl. auch Exkurs 2 zur philosophischen Ethik.

47 W. Lepenies, *Die drei Kulturen: Soziologie zwischen Literatur und Wissenschaft* (München, 1985).

48 Ebd., S. 11.

49 Vgl. J. Mittelstraß, »Beratung und Kontrolle: Bemerkungen zur Rolle des

In diesen unterschiedlichen Ansichten über die Aufgabenstellung der Sozialwissenschaften geht es um die Reichweite sozialwissenschaftlicher Forschung, vor allem bezüglich normativer Begründungsfragen. Doch schon bei der Frage nach den methodischen Voraussetzungen soziologischer Forschung läßt sich keine Einigkeit erzielen. Typisch hierfür ist z. B. die Kontroverse zwischen kritischem Rationalismus und Marxismus. Während Popper mit seinem falsifikationistischen Modell die Wissenschaftlichkeit auch der Sozialwissenschaften an ihrer Orientierung an allgemeinen Gesetzesaussagen (und deren Überprüfung) festmachen will und über diese methodischen Vorschriften hinausgehende, inhaltliche Festlegungen als metaphysisch ablehnt, besteht der dialektische bzw. historische Materialismus gerade auch auf einer Festlegung im inhaltlichen Bereich. So heißt es von dieser Seite:

> Der Positivismus in Poppers Methodologie zeigt sich vor allem in dem Versuch, die Gesellschaftswissenschaften von der Notwendigkeit einer bewußten Stellungnahme für Materialismus oder Idealismus »befreien« zu wollen.[50]
> [...]
> Der materialistische »Standpunkt« wirkt selbst in einzelnen empirischen Untersuchungen als Voraussetzung und theoretischer Leitfaden nicht um einer philosophischen Knebelung der Einzelwissenschaft willen, sondern weil die Einzelwissenschaften sich bewußt auf den Boden des philosophischen Materialismus stellen müssen, um die soziale Wirklichkeit objektiv erfassen zu können.[51]

Kuhns Paradigmenbegriff ist hier zu einer Klärung der Grundlagen des Streits zwischen den beiden Schulen hilfreich: Bei kritischem Rationa-

---

unabhängigen Sachverstandes im System wirtschaftlichen Handelns«, in: Ders. (Hrsg.), *Methodenprobleme der Wissenschaften vom gesellschaftlichen Handeln* (Frankfurt, 1979), z. B. S. 391. Vgl. auch G. Streminger, »Adam Smiths Gerechtigkeitskonzeption«, in: *Philosophie des Rechts, der Politik und der Gesellschaft (= Akten des 12. Internationalen Wittgenstein Symposiums)*, hrsg. v. O. Weinberger, P. Koller u. A. Schramm (Wien, 1988), S. 67–76.

50 K. Bayertz, »Karl R. Poppers Erkenntnis- und Wissenschaftstheorie«, in: K. Bayertz u. J. Schleifstein, *Mythologie der »kritischen Vernunft«: Zur Kritik der Erkenntnis- und Geschichtstheorie Karl Poppers* (Köln, 1977), S. 108.

51 Ebd., S. 111.

lismus und Marxismus handelt es sich um zwei verschiedene Paradigmen der Sozialwissenschaft, die kein beide umfassendes Paradigma ausbilden können.[52] Dieser womöglich unaufhebbare Zustand ist darauf zurückzuführen, daß im Gegensatz zu den Naturwissenschaften, bei denen sich das Interesse an technischer Verfügbarkeit allgemein durchgesetzt hat und dieses der jeweiligen Paradigmenwahl übergeordnet ist, in den Sozialwissenschaften ein solches gemeinsames Interesse nicht vorausgesetzt werden kann.[53]

Unterschiedliche ideologische Ausrichtungen zeigen sich dabei etwa bei den widerstreitenden Überzeugungen über die Funktion der Sozialwissenschaft im gesamtgesellschaftlichen Gefüge.[54] Während Popper auf der Grundlage des Falsifikationismus nur »Stückwerk-Sozialtechnologie« und Reform in kleinen Schritten empfiehlt, so daß mögliche Schäden begrenzt bleiben und fehlverlaufende Reformen rückgängig zu machen sind, geht dies marxistischen Theoretikern nicht weit genug. Sie kritisieren Poppers Vorsicht als Rechtfertigung konservativen Verharrens, die eine revolutionäre Systemveränderung prinzipiell verhindert.[55]

Durch eine noch tiefer greifende Analyse lassen sich die unterschiedlichen Paradigmen vielleicht auf unterschiedliche Überzeugungen bezüglich gesamtgesellschaftlicher Interessenverhältnisse zurückführen. So liegt es nahe, den kritischen Rationalismus mit einer Konflikttheorie gesellschaftlicher Interessen zu verbinden, während Marxisten eher zu der These eines prinzipiell möglichen Konsenses über die Organisation gesellschaftlicher Bedürfnis- und Verteilungskriterien neigen. Wenn man

---

52 Vgl. G. H. v. Wright, *Explanation and Understanding* (London, 1971), S. 203.

53 Vgl. G. Gabriel, »Wissenschaftliche Begriffsbildung und Theoriewahldiskurse«, in: B. Badura (Hrsg.), *Seminar: Angewandte Sozialforschung: Studien über Voraussetzungen und Bedingungen der Produktion, Diffusion und Verwertung sozialwissenschaftlichen Wissens* (Frankfurt, 1976), S. 445. Vgl. K. Löwiths tiefgreifende Analyse »Max Weber und Karl Marx«, I-II, *Archiv für Sozialwissenschaft und Sozialpolitik* 67 (1932), S. 53–99 u. S. 175–214.

54 Vgl. ebd., S. 447.

55 Vgl. K. Bayertz, »Karl R. Poppers Erkenntnis- und Wissenschaftstheorie«, S. 152 ff.

etwa davon ausgeht, daß es einen »volonté générale« im Sinne Rousseaus geben könnte, so bestünde die eigentliche Aufgabe darin, diesen gemeinsamen Willen aller herauszufinden bzw. seine Bildung zu befördern. Teilt man diese Voraussetzung nicht, ist es dann ebenso einsichtig, von der Überzeugung auszugehen, daß die Interessen aller Menschen niemals zur vollen Zufriedenheit eines jeden einzelnen erfüllt werden können; die Notwendigkeit von Kompromißfindungen läßt sich auch durch radikale Gesellschaftsänderungen nicht aufheben.

Für die wissenschaftliche Praxis, der es stets um Wissenserweiterung geht, kann daher nur (dies aber mit guten Gründen) gefordert werden, daß die verschiedenen Paradigmen ihre Fruchtbarkeit bei der Aufhellung sozialer Phänomene nachweisen müssen.[56] Zwar besteht dabei grundsätzlich die Gefahr eines relativistischen Pluralismus in der sozialwissenschaftlichen Methodenwahl;[57] doch gibt es neben der Überprüfung der verschiedenen Methoden hinsichtlich ihres Erklärungspotentials gegen die Gefahr eines subjektivistischen »anything goes« auch die Möglichkeit der Ideologiekritik.[58] Die Aufdeckung von unhinterfragten Hintergrundannahmen stellt vor die Aufgabe, solche Annahmen zumindest *plausibel* zu machen.

Allerdings wird man bei einem solchen Vorhaben keine übertrieben großen Hoffnungen hegen dürfen. Auch bei *guten Gründen* für ein bestimmtes Paradigma als Forschungshintergrund und auch bei einer Verständigung über die von verschiedenen Schulen vorausgesetzten Annahmen (incl. des Sprachgebrauchs) wird man nicht erwarten können, eine Kontroverse über letzte Annahmen, auf denen etwa auch Konventionen über den wissenschaftlichen Sprachgebrauch aufbauen, zu einer rational zwingenden Einigung zu führen.[59]

Daraus folgt, daß es eine gesonderte Einheit der Sozialwissenschaften schon insofern nicht gibt, als diese nicht den Status einer »normal science« im Sinne Kuhns aufweisen. Dafür lassen sich aber Rationali-

56 Vgl. G. H. v. Wright, *Explanation and Understanding*, S. 145.

57 Vgl. dazu J. Mittelstraß, »Sozialwissenschaften im System der Wissenschaft«, S. 183 f.

58 Vgl. G. H. v. Wright, *Explanation and Understanding*, S. 203.

59 Vgl. G. Gabriel, »Wissenschaftliche Begriffsbildung und Theoriewahldiskurse«, S. 449.

tätskriterien angeben, die für die generelle wissenschaftliche Praxis konstitutiv sind und auch in der Diskussion über verschiedene Paradigmen Anwendung finden.[60]

4.1.3 Einheit der Geisteswissenschaften

Als Bezeichnung einer methodisch und systematisch zusammengehörigen Gruppe von Wissenschaften kennt man den Ausdruck »Geisteswissenschaften« seit der Mitte des 19. Jahrhunderts. Im Anschluß an Wilhelm Dilthey und Erich Rothacker – beide Gelehrte haben wesentlich zur Ausarbeitung des Selbstverständnisses der Geisteswissenschaften beigetragen – führt die einschlägige Literatur das Auftreten des Terminus »Geisteswissenschaften« auf die deutsche Übersetzung (1849) des systembildenden Ausdrucks »moral sciences« aus John Stuart Mills *A System of Logic, Ratiocinative and Inductive* (1843) zurück.

Auch wenn der Ausdruck faktisch früher vorkommt,[61] ist diese Darstellung begriffsgeschichtlich dennoch gerechtfertigt. Diese Zurückführung vergegenwärtigt nämlich die Ablösung der aus der Antike stammenden Einteilung der Wissenschaften in Logik, Physik und Ethik durch Hegels System des absoluten Idealismus als eine Wurzel der neuen Disziplin der Geisteswissenschaften. Bei Mill haben die »moral sciences« ihren Platz im Rahmen der aristotelischen Unterscheidung von theoretischer und praktischer Philosophie, d. h. die moralischen Wissenschaften sind charakterisiert durch ihren Bezug zum menschlichen Handeln, und zwar zum Handeln sowohl unter technischer als auch unter ethischer Perspektive. Wenn J. Schiel Mills »Logic of Moral Sciences« mit »Logik der Geisteswissenschaften« übersetzt, dann ist

60 Der späte (weniger relativistische) Kuhn nennt selbst einige Kriterien: »accuracy, scope, simplicity, fruitfulness, and the like.« Siehe T. S. Kuhn, »Reflections on my Critics«, in: I. Lakatos u. A. Musgrave (Hrsg.), *Criticism and the Growth of Knowledge* (Cambridge, 1970), S. 260.

61 A. Diemer verweist auf einen ersten Beleg in einer 1787 erschienenen Schrift, die das Wort »Geisteswissenschaft« allerdings in einem eher spirituellen Sinne verzeichnet. Die »erste, dem heutigen Bedeutungssinne entsprechende Verwendung« findet sich nach Diemer 1847 bei dem sonst unbekannten E. A.E. Calinich. Vgl. A. Diemer, Art. »Geisteswissenschaften«, in: *Historisches Wörterbuch der Philosophie*, hrsg. v. J. Ritter, Bd. 3 (Basel/Stuttgart, 1974), Sp. 211–215.

diese Übersetzung vom Anspruch und Selbstverständnis Hegels her gesehen durchaus angemessen. Die Rede von »Geist« ist bei Hegel keineswegs im Sinne der cartesischen »res cogitans« und schon gar nicht spirituell zu verstehen. Sie bezieht sich auf das »Sein«, wie es sich in den Ordnungen des sozialen und politischen Lebenszusammenhanges und in den Zeugnissen der menschlichen Überlieferung niedergeschlagen hat (objektiver Geist) und qua Philosophie in diesen Objektivationen seiner selbst bewußt wird (absoluter Geist).

Freilich ist hier anzumerken, daß Hegels absoluter Idealismus um die Mitte des 19. Jahrhunderts nur noch beschworen, nicht aber mehr vertreten wird. Die Probleme, die Hegel mit seinem System – gewissermaßen in einer Quadratur des Kreises – lösen wollte, und die unter dem Stichwort der *Dialektik von Aufklärung und Entfremdung* bekannt sind, haben sich in der Mitte des 19. Jahrhunderts weiter verschärft, ohne daß noch jemand in Hegels Philosophie ein beglaubigtes Unterpfand zu ihrer Lösung gesehen hätte.

Die hier als Dialektik von Aufklärung und Entfremdung bezeichneten Schwierigkeiten sind schon seit der sogenannten Gegen-Aufklärung, also schon zu Lebzeiten Kants virulent. Die angelsächsische Philosophie kennt diese Problematik nicht, weshalb ihr die spezifisch kontinentalen Bewältigungsversuche, zu denen nicht zuletzt auch die Entstehung einer Disziplinengruppe »Geisteswissenschaften« zu rechnen ist, fremd sind.[62]

Typisch für die Aufklärung, jedenfalls in ihrer kontinentalen Ausprägung, ist deren methodische Inanspruchnahme der Reflexion. Die Aufklärung sieht darin *das* Mittel der Emanzipation, ein Instrument der Selbstbehauptung angesichts aufgezwungener Urteilsmaßstäbe. Die Folgelasten dieser Option, nämlich der Verlust der Unmittelbarkeit, die Auszeichnung eines objektivierenden Welt- und Selbstverhältnisses als Realitätskriterium und die Bestimmung einer über symmetrische Ver-

62 Deshalb läßt sich das Phänomen, das heute in Deutschland, bzw. in Italien und Frankreich, als »Krise der Geisteswissenschaften« verhandelt wird, auch nicht unmittelbar mit jenem Konflikt in der englischsprachigen Welt vergleichen, den C. P. Snow als das Auseinanderfallen einer wissenschaftlich-technischen und einer literarischen Kultur diagnostiziert. Vgl. M. Riedel, *Verstehen oder Erklären? Zur Theorie und Geschichte der hermeneutischen Wissenschaften* (Stuttgart, 1978), S. 10.

hältnisse zu gewinnenden, praktischen Identität als *subjektiver* Wirklichkeit – bei Descartes selbst noch kaum beachtet und überdies ontologisch gedeutet – werden von Kant bewußt akzeptiert. Die Gegen-Aufklärung[63] hingegen nimmt Anstoß an diesen Implikationen vernünftiger Selbständigkeit. Ziel dieser Bewegung ist es, sich des solidarischen Zusammenhalts der Menschen untereinander wie auch einer Versöhnung mit der Natur im Rückgriff auf – von Kant aus gesehen – transzendente Beglaubigungen zu versichern. Kant weigert sich hingegen, die normative Kraft der Ideen, unter denen wir ein repressionsfreies Verhältnis von Individualität und Allgemeinheit ausbilden, weitergehend abzusichern. Weder will er den Ideen objektive Wirklichkeit zusprechen, noch will er ihre Gewährleistung der Intuition, also einer intersubjektiv weder teilbaren (Anschauung) noch mitteilbaren (Begrifflichkeit) Erfahrung überantworten. Das erste wäre nach Kant Hybris, die die Vernunftautonomie überfordert, das zweite bedeutete den Rückfall in die Unselbständigkeit.

Kant lehnt es ferner ab, die Unabhängigkeit gewährleistende Herstellungsperspektive gegenüber Natur zurückzunehmen. Er räumt zwar in den *Metaphysischen Anfangsgründen der Naturwissenschaft* eine relative Unverfügbarkeit der Natur ein und anerkennt im *Opus Postumum* sogar die Rolle des Leibbewußtseins als unverzichtbar für die Erfahrung und in der Folge gewisse irreduzible – begrifflich nicht auszuschöpfende – Gestaltqualitäten der Natur, läßt also die Auffassung der Natur als Organismus zu; Tenor bleibt jedoch die aufklärerische Auszeichnung des Menschen als Maß aller Dinge: Eine »Natur als Zweck an sich selbst« kann ausschließlich von der Instanz des menschlichen Subjekts aus anerkannt werden, ist sozusagen Ausdruck, Spiegelung der gelassenen, erstarkten Identität des menschlichen Subjekts.

Die Rede von Entfremdung als Kehrseite der Autonomie bezeichnet also einen schon Ende des 18. Jahrhunderts manifesten Problemkontext,

---

63 Als paradigmatische Vertreter der Gegen-Aufklärung seien hier Hamann, Herder und Jacobi genannt, weil Kant selbst sie in seiner Schrift *Von einem neuerdings erhobenen vornehmen Ton in der Philosophie* (1796) als Propagandisten der in der aufkommenden Romantik wiederbelebten Idee der »intellektuellen Anschauung« heftig attackierte.

der sich in der Frage artikuliert, ob denn jenes weder durch sinnliche noch durch übersinnliche Gewißheit beglaubigte Ideal wirklich Einheit gewährleisten könne, und zudem, ob die Option auf ein wesentlich begrifflich Allgemeines nicht eine Reduktion der menschlichen Möglichkeiten bedeute. Die hier abgesteckte Problemlage verschärft sich dann zusehends. Die bis dahin für ahistorisch und transkulturell gehaltene allgemeine Menschenvernunft wird nun selbst als historisch und kulturell variabel interpretiert.[64]

Hegels absoluter Idealismus hatte noch »die Einheit des Historischen und Systematischen im Zeichen der absoluten Idee« vorgestellt, d. h. »er hatte den entstehenden Historismus noch einmal in ein System umfassender Vernunft zu integrieren« versucht.[65] Als J. Schiel 1849 Mills »moral sciences« mit »Geisteswissenschaften« übersetzte und damit die moralischen Wissenschaften aus einer aristotelisch-pragmatischen in eine idealistische Systematik überführte, war diese Verklammerung schon zerbrochen. Das Erbe Hegels hatte die *Historische Schule* angetreten, deren wichtigster Theoretiker Johann Gustav Droysen ist.

Die Vertreter der Historischen Schule verstanden mit Hegel Geschichte als objektiven Geist. Nur über diesen Glauben an die normative Kraft des Historischen läßt sich erklären, warum der Übergang von der praktischen und politischen Philosophie zur Geschichtswissenschaft und historisch orientierten Soziologie, von der Ästhetik zur Kunst- und Literaturgeschichte nicht als radikaler Bruch aufgefaßt wurde.[66] Die »von Hegel prätendierte absolute *Synthesis von Historischem und Systematischem*« hielt die Historische Schule dagegen »*methodisch und der Sache nach für unmöglich*«.[67] Aus dieser Konstellation entwickelten sich dann wiederum zwei Strategien, mit der Spannung zwischen dem historisch Individuellen und der Einheit der Geschichte umzugehen: 1.) die Orientierung auf eine Verwissenschaftlichung der Geschichtsschreibung, was letztlich auf einen geisteswissenschaftlichen Positivismus

64 Zur Frage des Historismus vgl. H. Schnädelbach, *Philosophie in Deutschland 1831 – 1933* (Frankfurt, 1984), bes. Kap. 2.1.
65 H. Schnädelbach, *Philosophie in Deutschland*, S. 138.
66 Ebd., S. 56.
67 Ebd., S. 59; vgl. auch für die im folgenden genannten zwei Konzepte ebd., S. 51 f und S. 59 – 65.

führt und auf ein Selbstverständnis der Geisteswissenschaften als *Museum* menschlicher Kultur, 2.) die Betonung der Anschauung, die Ausgrenzung des begrifflich-systematischen Einordnens zugunsten der Zusammenschau, womit sich ein gewisser romantischer Organizismus in der Geschichtsauffassung geltend macht. Die mit dieser letztgenannten Ausrichtung einhergehende Skepsis gegen universale Orientierungen bereitet dem historischen Relativismus den Boden, der dann auch als Kehrseite des geisteswissenschaftlichen Positivismus auftritt.

Bei Droysen selbst, in seinem Programm der »Vermittlung von Historik und Hermeneutik«, sind diese Tendenzen noch zusammengehalten. Droysen formuliert: »Das Wesen der historischen Methode ist, *forschend zu verstehen.*«[68] Das Wort »forschend« ist zwar schon – unter dem beginnenden Konkurrenzdruck der Naturwissenschaften – stark erfahrungswissenschaftlich gefärbt, findet aber eben im Verstehensbegriff seine Akzentuierung und Abgrenzung gegenüber der »physikalischen Methode«, dem Erklären.[69] Die Integration der »Hermeneutik« in die »historische Methode« ist wesentlich Droysens Leistung, der für diesen Ansatz die hermeneutische Vorgehensweise von der philologischen Beschäftigung mit Texten auf Handlungen, Artefakte, Institutionen, kurz: auf alle Objektivationen des Geistes (im Hegelschen Sinne) erweitert.

> Erst *durch* diese Erweiterung wurde die *Theorie des Verstehens* zur *Grundlage einer Theorie der Geisteswissenschaften überhaupt*, die ja historische *und* philologische Fächer umfassen.[70]

Es ist das Konzept »Sinnverstehen«, das diese Erweiterung trägt. Droysen orientiert sich für diesen Begriff des Verstehens am Gespräch, an der Kommunikation: »Unser historisches Verstehen ist ganz dasselbe, wie wir den mit uns Sprechenden verstehen.«[71] Kommunikative Verständigung expliziert Droysen dabei eher als Ergebnis einfühlender

68 J. G. Droysen, *Grundriß der Historik*, hrsg. v. R. Hübner (Darmstadt, 1974; urspr. 1868), 8, S. 328.
69 Vgl. H. Schnädelbach, *Philosophie in Deutschland*, S. 72.
70 Ebd., S. 149.
71 J. G. Droysen, *Historik: Vorlesungen über Enzyklopädie und Methodologie der Geschichte*, hrsg. v. R. Hübner (München/Berlin, [8]1977; urspr. 1937), S. 25.

Teilnahme denn als Resultat symbolisch begrifflicher Vermittlungsleistungen. Die Möglichkeit des Verstehens ist nach Droysen dadurch gegeben, »daß die sinnlich geistige Natur des Menschen jeden inneren Vorgang zu sinnlicher Wahrnehmbarkeit äußert, in jeder Äußerung innere Vorgänge spiegelt.«[72] Verstehen meint bei Droysen also wesentlich Ausdrucksverstehen.

Der Rekurs auf die hermeneutische Methode trägt der Notwendigkeit Rechnung, zeitlich und kulturell fremde Vernunft mit der eigenen zu vermitteln. Der Zeit- und Kulturabstand wird hier als qualitative Differenz aufgefaßt, die es zu überbrücken gilt, die also nicht einfach – nach dem klassischen rationalistischen Verstehensbegriff – als Anzeichen von Kontingenz wegzuarbeiten ist.[73] Freilich kann für diese Leistung kein unabhängiger Beurteilungsstandpunkt mehr unterstellt werden. Unter der hermeneutischen Interpretation der gegenseitigen Abhängigkeit von historischen Entwicklungen und ihrer rekonstruierenden Darstellung wird nämlich die Tendenz erkennbar, geschichtliches Wissen und geschichtliche Tatsachen auf *eine* Ebene zu bringen. Hegel hatte jenes Verhältnis noch *dialektisch* interpretiert, was einen ausgezeichneten, ersten Standpunkt zuläßt. Bei Hegel ist der aufklärerische Glaube an die emanzipatorische Kraft der Reflexion noch lebendig. Das Durchleuchten bestehender Vorurteilsstrukturen qua Reflexion hebt nach Hegel deren Gewalt auf, d. h. die Reflexion hat für Hegel eine verändernde Kraft, ist ein Mittel der (Selbst-)Bildung. Die Diffamierung der Reflexion als Selbstobjektivierung im Rahmen des historischen Relativismus dürfte selbst noch der Dialektik von Aufklärung und Entfremdung zuzurechnen sein.

Der bis heute einflußreichste Beitrag zum Selbstverständnis der Geisteswissenschaften findet sich bei Wilhelm Dilthey. Dilthey verknüpft das Methodenbewußtsein des Neukantianismus mit der Geschichtsphilosophie der Historischen Schule. Bezogen die entstehenden Geisteswissenschaften im Rahmen der Historischen Schule ihre Identität noch vorwiegend aus ihrer Abgrenzung gegenüber der Philosophie, so formiert sich diese, inzwischen auch institutionell etablierte, neue Disziplin nun in dem Bemühen, den konkurrierenden Naturwissenschaften ge-

72 J. G. Droysen, *Historik*, 9, S. 328.
73 Vgl. H. Schnädelbach, *Philosophie in Deutschland*, S. 140 f.

genüber ihre Selbständigkeit zu behaupten. Dem sich daraus ergebenden Bedürfnis nach einer Grundlagenbestimmung trägt Diltheys Programm einer »Kritik der historischen Vernunft« Rechnung. Diltheys Vorhaben,

> das vor allem der erkenntnistheoretischen Rechtfertigung der bereits von Droysen eingeführten Unterscheidung zwischen *Erklären* [...] und *Verstehen* gilt, steht anfänglich noch im Rahmen eines normativen Verständnisses der Geisteswissenschaften als allgemeiner Handlungswissenschaften.[74]

Diese Ausrichtung geht noch auf den Einfluß der Historischen Schule, auf deren Anknüpfung an Hegels Theorie des objektiven Geistes zurück. Die hermeneutisch-holistische Orientierung des Verstehens am Ausdrucksverstehen verstärkt sich allerdings bei Dilthey gegenüber Droysens Vorstellungen noch erheblich. Dilthey versteht Ausdruck eher im Sinne von »sich ausdrücken« und weniger im Sinne von »etwas ausdrücken«. Charakteristischerweise umschreibt er das Ziel der Geisteswissenschaften als »Auslegung der Objektivationen des *Lebens*«, ein Unternehmen, das nur durch ein »Sichhineinversetzen«, »Nachbilden« und »Nacherleben« des Verstehenden möglich sei. In der Betonung der »Kongenialität« als Grundlage optimaler Verstehensleistungen[75] zeigt sich die solipsistisch-épochetische Note dieser Vorstufe der sogenannten Lebensphilosophie: Es zeigt sich ihre Auszeichnung einer von Intersubjektivitätsansprüchen unberührten Welt-Schau.

Die nachhaltige Wirkung Diltheys dürfte ihren Grund darin haben, daß Dilthey beim Erleben als Lebensvorgang, beim »wollend fühlend vorstellenden« Wesen »Mensch« einsetzte, dies aber zugleich mit dem Anspruch tat, den allumfassenden Lebenszusammenhang mit den Mitteln der erkenntnistheoretischen Reflexion erfassen zu können, was zu einer Rehabilitierung der Erkenntnistheorie führte.[76] Sein Programm einer »Kritik der historischen Vernunft« hat einen zweifachen Sinn: Es ist die Grundlegung einer Wissenschaft der gesellschaftlich-geschicht-

---

74 Vgl. M. Riedel, Art. »Geisteswissenschaften«, in: *Enzyklopädie Philosophie und Wissenschaftstheorie*, hrsg. v. J. Mittelstraß, Bd. 1 (Mannheim/Wien/Zürich, 1980), S. 724–728, hier S. 726.

75 Vgl. W. Hübner u. R. Welter, Art. »Dilthey«, in: *Enzyklopädie Philosophie und Wissenschaftstheorie*, hrsg. v. J. Mittelstraß, Bd. 1 (Mannheim/Wien/Zürich, 1980), S. 483–484, hier S. 483.

76 Vgl. H. Schnädelbach, *Philosophie in Deutschland*, S. 181.

lichen Welt und eine Absetzung vom Kantischen rationalistischen Vernunftverständnis.[77]

Die bei Droysen und Dilthey vorbereitete Dichotomie von Erklären und Verstehen, und damit von Natur- und Geisteswissenschaften, wurde dann vom Neukantianismus ausformuliert als der Dualismus zwischen den subsumtionstheoretischen Gesetzeswissenschaften auf der einen und den historisch-beschreibenden, auf deutendes Erfassen individueller Ereignisse und Sachverhalte gerichteten hermeneutischen Wissenschaften auf der anderen Seite. Wilhelm Windelband stellt eine »idiographische« oder »individualisierende« Wissenschaft einer »nomothetischen« oder »generalisierenden« gegenüber. Sein Schüler Heinrich Rickert knüpft an diesen Unterschied an, betont jedoch, daß es sich hier nur um einen relativen Unterschied handeln kann. Rickert sieht, daß der Begriff des Individuellen in den historisch-hermeneutischen Wissenschaften – neukantianisch: Kulturwissenschaften – ein anderer ist als in den Naturwissenschaften. Er unterscheidet die »mathematische Individualität« von der »qualitativ bestimmten Individualität«.[78] Auch sieht er, daß sich die historisch-hermeneutischen Wissenschaften mit allgemeinen Zusammenhängen beschäftigen. Offensichtlich setzt er diesen Begriff der Allgemeinheit aber mit dem naturwissenschaftlichen gleich, woraus ihm das Problem entsteht, wie jene, die historisch-hermeneutischen Wissenschaften interessierende qualitative Individualität mit Hilfe des Allgemeinen darzustellen sei. Rickert versucht dieses Problem schließlich von wertphilosophischen Voraussetzungen aus zu lösen und faßt dann Philosophie überhaupt als *Werttheorie* auf, »d. h. als Theorie dessen, was die Verständlichkeit des Verständlichen überhaupt konstituiert«.[79] Darin zeigt sich die »für das Selbstverständnis der Philosophie seiner Zeit zentrale Bedeutung des Verstehensbegriffs«.[80]

Die Frage der Selbständigkeit und Abgrenzung der Geisteswissenschaften gegenüber den Naturwissenschaften scheint heute weitgehend

77 Vgl. M. Riedel, *Verstehen oder Erklären?*, S. 45.
78 Vgl. T. Bodammer, *Philosophie der Geisteswissenschaften* (Freiburg/München, 1987), S. 121.
79 Vgl. H. Schnädelbach, *Philosophie in Deutschland*, S. 163.
80 Ebd.

überholt.[81] Auch die sich aus diesem Abgrenzungsbemühen ergebende Problematik einer falschen Entgegensetzung von Erklären und Verstehen, die dann auch in der Philosophie zu einem Dilemma zwischen analytischer und hermeneutischer Ausrichtung geführt hat, ist inzwischen entschärft. Ausgangspunkt dieser Integrationsentwicklung war das zunehmende Interesse der analytischen Philosophie an Fragen der Logik und Begründung von Handlungen. Zunächst waren es eher Außenseiter der analytischen Schule, die den in ihren Reihen unbestrittenen universellen Geltungsanspruch des *Hempel-Oppenheim-Schemas* (*covering-law-model*) anzweifelten: Sie wiesen darauf hin, daß Handlungserklärungen eine logische Form aufweisen, der das Schema der Deduktion von Ereignissen aus einem Gesetz nicht gerecht wird. Nachhaltige Bedeutung für die Diskussion erlangte dann Georg Henrik von Wrights *Explanation and Understanding* (1971);[82] nicht zuletzt deshalb, weil v. Wright ausdrücklich auch die kontinentaleuropäische Tradition einbezog. Für seine Figur des »praktischen Syllogismus«, die ihm dazu dient, die Vorstellung zurückzuweisen, Handlungen seien mit Hilfe von Intentionen kausal zu erklären, beruft er sich auf Aristoteles und Hegel.

In der Folge zeichnete sich für die Grundlagendiskussion der analytischen Geschichtsphilosophie und Handlungstheorie sowie für die philosophische Hermeneutik eine Aristoteles-Renaissance ab.[83] Man schlug vor, die historisch-hermeneutischen Wissenschaften auf die menschliche Praxis, verstanden im aristotelischen Sinne, zurückzubeziehen. Auch Hans-Georg Gadamer, *der* moderne Vertreter der philosophischen Hermeneutik – die heute allerdings nicht mehr als »Kritik der Geisteswissenschaften« auftritt, sondern sich auf menschliche Welterfahrung überhaupt bezieht –, beruft sich auf Aristoteles. Er sieht in Aristoteles einen Gewährsmann für die Einsicht, daß jedes Verstehen von der Situation abhängig ist, in der sich dem Interpreten das zu Interpretierende allererst als geschichtlich-individueller Wirkungszusammenhang der Überlieferung konstituiert.[84] Dahinter steht die Idee, daß das Prak-

81 Vgl. M. Riedel, Art. »Geisteswissenschaften«, S. 727.
82 G. H. v. Wright, *Explanation and Understanding* (London, 1971).
83 Vgl. M. Riedel, *Verstehen oder Erklären?*, S. 39.
84 Vgl. ebd.

tisch-Allgemeine, an dem Gadamer festhält, erst in der Konkretisierung seinen bestimmten Inhalt erhält.

Das identitätsgefährdende Problem der Geisteswissenschaften ist heute eher die ausufernde Reklamation des Geisteswissenschaftlichen von seiten postmoderner Rationalitätskritik, z. B. durch den sogenannten *Dekonstruktivismus*. Ein Beispiel hierfür ist mit Richard Rortys *Philosophy and the Mirror of Nature*[85] gegeben. Rorty vertritt die provokante These, daß sich die an Kant orientierte Philosophie, welche sich in Rortys Beschreibung durch ein fundamentalistisches Denken und deduktives Vorgehen diskreditiert, erschöpft hat und einer Philosophie als »edifying conversation«, als bildendem Gespräch, Platz machen muß. Derlei Transformationen des Geisteswissenschaftlichen von einem *Mittel* menschlicher Selbstverständigung zum *Selbstzweck* berufen sich meistens auf ein organizistisches, »ganzheitliches« Verständnis menschlicher Welt- und Selbsterfahrung. Eine an den kritischen Idealen der Aufklärung orientierte Philosophie vertritt dagegen die Auffassung, daß kulturelle Werte oder selbstverständliche Lebensformen nur die Ausgangsbasis abgeben für die Herstellung methodisch gesicherter Formen von Allgemeinheit bzw. für deren Normierung. Nur formale Geltungsansprüche können nach dieser Auffassung Anspruch auf universale Zustimmungsfähigkeit erheben. Eine in diesem Sinne kritische Wissenschaftstheorie dringt daher auf eine unterscheidende Einordnung der historisch-hermeneutischen Wissenschaften in das System der Wissenschaften, bzw. des »exemplarischen Wissens« oder der »interpretatorischen Leistungen« in den Gesamtzusammenhang vernünftigen Erkennens und Handelns. Die Einheit des menschlichen Welt- und Selbstverständnisses wird hier als eine formale Einheit, d. h. als eine *Einheit qua Komplementarität* verstanden.

Daß dieser Konzeption zufolge nicht-propositionale Erkenntnis eine Art Horizontbewußtsein bleibt, das sich erst in den propositionalen Gehalten »zusammenzieht«, und daß entsprechend den historisch-hermeneutischen Wissenschaften bzw. den in der Kunst vorliegenden nicht-propositionalen Erkenntnisformen eine nur untergeordnete Funktion gegenüber der sich in aufklärerischer Tradition als Wissenschaft ver-

85 R. Rorty, *Philosophy and the Mirror of Nature* (Princeton, 1979).

stehenden Philosophie zukommt, ist nach G. Gabriel gerade die falsche Antwort auf die Herausforderung der Philosophie durch den Dekonstruktivismus.[86] Gabriel macht seine Kritik an der Habermasschen Verteidigung des Gattungsunterschiedes von Philosophie und Literatur[87] fest, welche seiner Meinung nach zu kurz greift, insofern Habermas statt einer »komplementaristischen Erweiterung des Erkenntnisbegriffs« dessen »geltungslogische Einengung« gegen die Dekonstruktivisten ins Feld führe. Er argumentiert, daß die Einbettung des Gegensatzes von Naturwissenschaften und Geisteswissenschaften in einen größeren Zusammenhang von Erkenntnisformen unter Einschluß der Kunst diesen Gegensatz selbst relativiert. Habermas hält dafür, daß das Vernunftmoment, das sich im Eigensinn des ausdifferenzierten Bereichs der Kunst zur Geltung bringt, nicht aus dem Zusammenhang mit theoretischer und praktischer Vernunft herausgebrochen werden darf. Weil Habermas davon ausgeht, daß die Ausdifferenzierung einer objektiven, sozialen und subjektiven Welt wesentlich auf das Reflexivwerden der für unsere Welt konstitutiven Sinnzusammenhänge zurückzuführen ist, favorisiert er begriffliche Allgemeinheit und einen propositionalen Erkenntnisbegriff, stellt er wesentlich auf Geltungsansprüche ab. Gabriel verteidigt also – wenn auch nicht explizit – gegen das Habermassche Konzept einer Einheit qua Komplementarität, das diese Einheit als von einem ausgezeichneten Bezugspunkt verfaßt vorstellt, ein Konzept der Einheit qua Komplementarität im Sinne eines *Kontinuums* des Verschiedenen.[88] Er geht davon aus, daß erst eine eher phänomenologische Ausrichtung der Philosophie dem Dekonstruktivismus den Boden entzieht, nämlich dessen uneingestandene Fixierung auf einen – aus der Sicht der kopernikanischen Wende unmöglichen – absoluten Standpunkt auflöst.

---

86 Vgl. G. Gabriel, »Erkenntnis in Wissenschaft, Philosophie und Dichtung: Argumente für einen komplementären Pluralismus«, in: H. Bachmaier u. E. P. Fischer (Hrsg.), *Glanz und Elend der zwei Kulturen: Über die Verträglichkeit von Natur- und Geisteswissenschaft* (Konstanz, 1991), S. 76–90.

87 Vgl. J. Habermas, *Der philosophische Diskurs der Moderne: Zwölf Vorlesungen* (Frankfurt, 1988), S. 219–247.

88 Zum Verhältnis von Wissenschaft und Kunst vgl. auch Exkurs 1 der vorliegenden Studie.

4.2 Einheit in den Disziplinen – Vereinheitlichungsbestrebungen in der Physik

Bereits die Naturphilosophen des Altertums waren davon überzeugt, daß sich die Komplexität des Universums durch wenige Grundgesetze der Natur erklären ließe. Die Idee der Vereinheitlichung, als Weg zu einem besseren Verständnis der Naturphänomene, ist noch heute ein wichtiges Forschungsmotiv in der Physik, und ihre Verwirklichung hat beachtliche Fortschritte erzielt: Die Grundbausteine der Materie sind (vermutlich) bekannt, und die Wechselwirkungen der Materie lassen sich durch wenige Grundkräfte beschreiben. Es ist ein zentrales Anliegen der heutigen Elementarteilchenphysik, eine vereinheitlichte Formulierung aller Grundkräfte zu entwickeln; das Problem ist jedoch noch nicht umfassend gelöst. Ein Beispiel einer gelungenen, äußerst erfolgreichen Konzeption der Vereinheitlichung in der Geschichte der Physik ist die Zusammenfassung elektrischer und magnetischer Phänomene zur elektrodynamischen Theorie.

4.2.1 Die Vereinheitlichung der elektrischen und magnetischen Wechselwirkungen

Die historische Entwicklung physikalischer Theorien ist geprägt von dem Bemühen um Vereinheitlichung ihrer Gesetzmäßigkeiten. Eine außerordentlich erfolgreiche Synthese gelang 1665 I. Newton, als er die Bahnen, denen frei fallende oder geworfene Körper auf der Erde folgen, und die Bahnen der Planeten auf dieselben Grundprinzipien zurückführte. Eine weitere bedeutende Vereinheitlichung erreichte 1865 J. C. Maxwell durch seine Theorie der Elektrodynamik, die Elektrizität und Magnetismus umfaßt.

Die wenigen elektrischen und magnetischen Erscheinungsformen (Kräfte des Magnetsteins, Kräfte beim Reiben von Bernstein, Zitterfische, Wetterleuchten, Gewitter usw.), die bereits im Altertum bekannt waren, schienen zunächst nichts miteinander zu tun zu haben. Erst eine systematische Untersuchung aller damit im Zusammenhang stehenden Phänomene, die um 1600 von W. Gilbert eingeleitet wurde, schuf die Voraussetzung für die Erkenntnis der inneren Zusammengehörigkeit dieser Erscheinungsformen. Die große Bedeutung der Elektrodynamik, die hauptsächlich im 19. Jahrhundert entwickelt wurde, bestand somit

- in der Erkenntnis, daß diese unterschiedlichen Effekte in einem inneren Zusammenhang stehen;
- in der Entwicklung neuer Meßinstrumente und Einrichtungen, die die Erforschung zahlreicher neuer elektrischer und magnetischer Experimente erlaubte;
- im Aufbau eines strengen begrifflichen Systems und einer vereinheitlichten Theorie, die die verwirrende Vielfalt der Erscheinungen durch wenige Gesetzmäßigkeiten beschrieb.

Die Kenntnisse des Altertums über elektrische und magnetische Phänomene beschränkten sich auf einige wenige augenfällige Eigenschaften, wie z. B. die Kräfte, die vom geriebenen Bernstein oder vom Magnetstein ausgingen.[89] Als erste technische Anwendung des Magnetismus wurde der Kompaß, ein kleiner drehbarer Magnet, im 11. Jahrhundert von den Chinesen erfunden und von moslemischen Seeleuten nach Europa gebracht, wo er seit diesem Zeitpunkt in der Seefahrt Verwendung fand. Darüber hinaus wurde dem Magnetstein die Fähigkeit zugeschrieben, zur Heilung zahlreicher Krankheiten beizutragen. Die Hypothesen und Erklärungsversuche elektrischer und magnetischer Erscheinungen waren zwar zahlreich und sehr phantasievoll, jedoch wenig fruchtbar. Da die meisten elektromagnetischen Phänomene den menschlichen Sinnen nicht unmittelbar zugänglich sind, bestand auch nur ein geringes Interesse an ihrer Erforschung.

Die Grundlagen zu einer wissenschaftlichen Erforschung der Elektrizität und des Magnetismus wurden um 1600 von Gilbert[90] gelegt. Gilberts sorgfältige Experimente mit Magneten führten ihn zu der Erkenntnis, daß jeder Magnet positive und negative Magnetpole besitzt, die nicht getrennt werden können. Er untersuchte Magnetfelder mit Magnetnadeln und behauptete, daß sich das Erdmagnetfeld als das einer magnetischen Kugel deuten läßt. Des weiteren stellte er zur Messung der Elektrizität ein einfaches Elektroskop her und begann mit einer systematischen Untersuchung elektrischer Phänomene. In diesem Zusammenhang entdeckte Gilbert die anziehende Wirkung verschie-

89 Zum Folgenden vgl. J. Jeans, *Der Werdegang der exakten Wissenschaft* (Bern, 1948), S. 288 ff.

90 Vgl. E. Hoppe, *Geschichte der Elektrizität* (Leipzig, 1884; repr. Wiesbaden, 1969), S. 2.

dener elektrisch geladener Körper. Er unterschied zwei Arten von Körpern und bezeichnete sie als »elektrisch« (Leiter) und »nicht elektrisch« (Isolator). Trotz seiner umfangreichen Studien blieben seine Erkenntnisse über die elektrostatischen Erscheinungen allerdings sehr lückenhaft, da ihm die elektrische Abstoßung unbekannt war. Erst 1672 gelang es O. v. Guericke, nicht nur die Anziehung, sondern auch die Abstoßung elektrisch geladener Körper zu beobachten. Somit waren einige grundlegende Tatsachen entdeckt, die im folgenden Jahrhundert erste erfolgversprechende Ansätze für die Deutung der elektrischen und magnetischen Phänomene lieferten.

Im Jahre 1730 suchte C. F. du Fay[91] die experimentellen Ergebnisse, gemäß derer sich gleichnamige Ladungen abstoßen und ungleichnamige anziehen, erstmals in einem Modell zusammenzufassen. Er ging von der Annahme aus, daß

(1) zwei Arten eines elektrischen Fluidums existieren;
(2) alle Körper die gleiche Menge beider Arten des Fluidums enthalten, weshalb sie sich normalerweise neutral verhalten;
(3) die beiden Arten der Elektrizität durch Reibung getrennt werden können, und sich die Körper dann, gemäß ihrem unterschiedlichen oder gleichen Vorzeichen, gegenseitig anziehen oder abstoßen.

Ein weiterer Fortschritt bestand in dem Versuch, eine mathematische Beschreibung der den elektrostatischen Phänomenen zugrundeliegenden Gesetzmäßigkeiten zu gewinnen. 1767 gelangte J. Priestley aufgrund seiner Untersuchungen zu der Ansicht, daß das Gesetz der Kraft zwischen zwei elektrischen Ladungen in einer formalen Analogie zum Gravitationsgesetz von Newton stehen müßte. Diese Vermutung konnte C. A. Coulomb[92] 1787 dadurch bestätigen, daß er die Kräfte ausmaß, die erforderlich waren, um zwei elektrisch geladene Kugeln in einer festgelegten Entfernung auseinanderzuhalten. Aufgrund dieses Ergebnisses begann er eine mathematische Theorie der elektrischen Kraft aufzubauen. Der Begriff der Kraft ist in dieser Theorie eng mit dem Begriff der Ladung verknüpft: Die elektrische Ladung bezeichnet die Eigenschaft eines Teilchens, auf eine elektrische Kraft zu reagieren. Wenn sich also zwei geladene Teilchen nähern, ziehen sie sich entweder

91 Ebd., S. 11.
92 Ebd., S. 110.

an oder sie stoßen sich gegenseitig ab, und zwar mit einer Kraft F, die proportional zum Produkt der beiden Ladungen e_1 und e_2 ist. Diese Kraft ist überdies umgekehrt proportional zum Quadrat des Abstandes r zwischen den Ladungen. Dies ist der Inhalt des Coulombschen Gesetzes:

$$F = e_1 e_2 1/r^2$$

Somit waren am Ende des 18. Jahrhunderts die bedeutendsten Phänomene der Elektrostatik entdeckt und die theoretischen Grundlagen entwickelt. Obwohl analoge Gesetze in der Magnetostatik gefunden wurden, war die Mehrzahl der Physiker davon überzeugt, daß die elektrischen und magnetischen Erscheinungen als unabhängige Phänomene zu behandeln seien. Erst die Möglichkeit, dauernd fließende elektrische Ströme zu erzeugen, brachte die Beobachtung der magnetischen Wirkung des Stromes und führte damit zu der Erkenntnis, daß Elektrizität und Magnetismus unlösbar miteinander verbunden sind.

Wegbereitend für die weitere Entwicklung waren die Versuche von L. Galvani[93] 1780, der die elektrischen Erscheinungen bei Tieren studierte. Nach seiner Auffassung war eine »animalische Elektrizität« dafür verantwortlich. Erst A. Volta[94] erkannte, daß es dabei auf den tierischen Organismus gar nicht ankam. Er betrieb die galvanischen Untersuchungen weiter und führte 1794 die Vorstellung von der »metallischen Elektrizität« ein. Hierauf aufbauend gelang ihm mit der Entwicklung seiner »Voltaschen Säule« erstmals die Herstellung eines fließenden Stromes. Mit diesem experimentellen Durchbruch ergaben sich eine Reihe aufschlußreicher Entdeckungen, die schließlich zur Verknüpfung von Elektrizität und Magnetismus führten.

1820 beobachtete H. C. Oersted[95] erstmals die Ablenkung einer Magnetnadel an einem stromdurchflossenen Draht und bemerkte die Abhängigkeit ihrer Ablenkung von der Stromrichtung. Zuvor war bekannt, daß zwei benachbarte Magnete sich gegenseitig ablenken. Oersted zeigte mit seinen Untersuchungen, daß ein Magnet durch einen elektrischen

93 Ebd., S. 118 ff.
94 Ebd., S. 133 ff.
95 Ebd., S. 191 ff.

Strom ersetzt werden kann. Diese Überlegungen führte A. M. Ampère[96] im selben Jahr weiter, indem er sich die Frage vorlegte, ob sich zwei Ströme ebenso verhielten wie zwei Magneten. Er konnte seine Vermutungen experimentell bestätigen und formulierte die Kräfte von Strömen auf Magneten und die Kräfte zwischen zwei Strömen.

Der entscheidende Schritt in der Verknüpfung von Elektrizität und Magnetismus wurde im folgenden von M. Faraday begonnen und von J. C. Maxwell vollendet – der erste war einer der bedeutendsten Experimentatoren, der zweite ein hervorragender Theoretiker. Den großen Durchbruch brachte 1832 Faradays[97] Entdeckung der elektromagnetischen Induktion. Er stellte fest, daß ein bewegter Magnet in einem in der Nähe befindlichen Draht einen Stromstoß induziert; dasselbe Ergebnis bewirkt ein bewegter stromdurchflossener Draht bzw. ein Draht mit einer sich ändernden Stromstärke. Im Anschluß daran formulierte Faraday ein völlig neuartiges Konzept – das Konzept der physikalischen Felder – und entwickelte seine Vorstellungen von der Natur des elektrischen und magnetischen Feldes. Zusammenfassend war damit experimentell bewiesen, daß

– eine Veränderung im elektrischen Kraftfeld magnetische Kräfte induziert (Oersted);
– eine Veränderung im magnetischen Kraftfeld elektrische Kräfte induziert (Faraday).

1833 begründeten C. F. Gauß und W. Weber ein Maßsystem für elektrische und magnetische Größen. In der Folgezeit wurden in enger Zusammenarbeit zwischen Mathematikern und Physikern mathematische Konzepte (z. B. die Potentialtheorie) entwickelt, die alle begrifflichen Hilfsmittel zur Formulierung einer elektromagnetischen Theorie bereitstellten.

Auf dieser Grundlage beschrieb 1864 Maxwell alle elektromagnetischen Erscheinungen durch einen Satz von partiellen Differentialgleichungen, welche heute unter dem Namen »Maxwell-Gleichungen der Elektrodynamik« bekannt sind. Diese Grundgleichungen[98] verknüpfen

96 Ebd., S. 205 ff.
97 Ebd., S. 225 ff.
98 Vgl. J. D. Jackson, *Klassische Elektrodynamik* (Berlin, 1983), S. 253 ff.

das elektrische Feld E und das magnetische Feld B mit dem elektrischen Strom j und der elektrischen Ladung q:

$$\begin{aligned} \operatorname{div} E &= q \\ \operatorname{rot} B - \dot{E} &= j \\ \operatorname{div} B &= 0 \\ \operatorname{rot} E + \dot{B} &= 0 \end{aligned}$$

Die Grundgleichungen der Elektrodynamik sind hier im Vakuum formuliert; zur vollständigen Beschreibung aller elektromagnetischen Phänomene müssen die Maxwell-Gleichungen noch durch Materialgleichungen ergänzt werden.

4.2.2 Die Vereinheitlichung der fundamentalen Grundkräfte

Die beeindruckende Vielfalt und Komplexität physikalischer Erscheinungsformen wird heute sehr erfolgreich durch ein Modell beschrieben, das auf den grundlegenden Begriffen *Elementarteilchen* und *Wechselwirkungen* begründet ist. Die gesamte Materie ist demzufolge aus zwei Familien von Elementarteilchen aufgebaut; die zwischen ihnen wirksamen Kräfte beschränken sich auf vier Wechselwirkungsarten, die sich in ihrer Stärke und Reichweite unterscheiden. Die moderne Physik ist bestrebt, die Teilchen und Kräfte auf ein möglichst einfaches Ordnungsprinzip zurückzuführen. Insbesondere ist damit die Überzeugung verknüpft, daß ein tieferer Einblick in die Prinzipien der Natur gewonnen werden könnte, wenn sich die fundamentalen Wechselwirkungsarten als unterschiedliche Erscheinungsformen einer *einzigen* Kraft deuten ließen. Diese Idee hat seit Beginn dieses Jahrhunderts die Physiker veranlaßt, eine Reihe neuer Konzepte zur Beschreibung einer einheitlichen Theorie zu entwickeln, die alle Wechselwirkungsarten zusammenfaßt.

Der sogenannte Elementarteilchenzoo umfaßt – nach dem gegenwärtigen Kenntnisstand – zwei Klassen fundamentaler Teilchen: die *Leptonen* und die *Quarks*.[99] Zu den Leptonen gehören das Elektron,

99 Vgl. H. Harari, »Wie elementar sind Quarks und Leptonen?«, in: Spektrum der Wissenschaft (Reihe: Verständliche Forschung), *Teilchen, Felder und Symmetrien: Quantenfeldtheorie und die Einheit der Naturgesetze* (Heidelberg, 1984), S. 154 ff.

das Myon und das Tau sowie deren assoziierte Neutrinos. Die Existenz von Quarks[100] wurde erstmals 1964 von M. Gell-Mann und G. Zweig postuliert, als einen weiteren Versuch, die Fülle der damals bekannten Hadronen unter ein Ordnungsprinzip zu stellen. Das Quarkmodell[101] umfaßt (vermutlich) sechs verschiedene Teilchen, die sich in einer Eigenschaft unterscheiden, die durch den Begriff Flavor charakterisiert wird. Demzufolge werden die Quarks mit up (**u**), down (**d**), strange (**s**), charm (**c**), bottom (**b**) und top (**t**) bezeichnet. Die Familien der Leptonen und der Quarks besitzen eine Reihe von Gemeinsamkeiten; aber sie weisen auch einige grundlegende Unterschiede auf:

- Alle Elementarteilchen sind strukturlose, unteilbare Fermionen (Spin-½-Teilchen).
- Im Gegensatz zu den Leptonen lassen sich die Quarks nach den gegenwärtigen Vorstellungen prinzipiell nicht isolieren; sie treten nur als hypothetische Bestandteile zusammengesetzter Teilchen auf. Die Quarks zeigen bei kleinen Abständen ($>10^{-13}$ cm) eine sehr geringe Koppelung (ultraviolette Freiheit); mit wachsenden Abständen ($>10^{-13}$ cm) wird die Koppelung zwischen ihnen unendlich stark (infrarote Sklaverei oder quark confinement). Daher bestehen nur indirekte Nachweismethoden für die komplexe innere Struktur der Hadronen.
- Die elektrische Ladung der Leptonen ist stets ein ganzzahliges Vielfaches der Elementarladung; Quarks hingegen tragen drittelzahlige Ladungen. Es gibt allerdings nur solche Quarkkombinationen, die in ihrer Summe ein ganzzahliges Vielfaches der Elementarladung aufweisen.
- Im Unterschied zu den Leptonen besitzen Quarks eine sogenannte Farbe (Rot, Grün oder Blau); diese Eigenschaft ist grundlegend für die starke Wechselwirkung. Es gibt jedoch nur solche Kombinationen farbiger Quarks, die insgesamt farbneutral (z. B. Summe aus Rot, Grün und Blau) erscheinen.

---

100 Vgl. C. Quigg, »Elementarteilchen und die Grundkräfte der Natur«, *Spektrum der Wissenschaft* (Juni 1985), S. 110 ff.

101 Vgl. S. L. Glashow, »Quarks mit Farbe und Flavor«, in: Spektrum der Wissenschaft, *Teilchen, Felder und Symmetrien*, S. 16 ff.

Darüber hinaus existiert zu jedem Elementarteilchen ein korrespondierendes Antiteilchen, das dieselben raumzeitlichen Eigenschaften (Masse, Spin, Lebensdauer) besitzt, aber in den inneren Eigenschaften (elektrische Ladung, Farbladung) entgegengesetzt ist. Die Quarks bilden die Bausteine der Baryonen (bestehend aus drei beliebigen Quarks mit drei verschiedenen Farben) und der Mesonen (bestehend aus einem Quark beliebiger Farbe und einem Antiquark mit der entsprechenden Antifarbe), die zusammenfassend als Hadronen bezeichnet werden. Z. B. besteht das Proton aus der Quarkkombination **uud**, das Neutron aus **udd** und das positiv geladene π-Meson aus $\mathbf{u\bar{d}}$ (die Antiquarks werden durch einen Querstrich über dem jeweiligen Buchstabensymbol gekennzeichnet).

Mit Hilfe der Quarks und Leptonen läßt sich ein elegantes Bild der Materiestruktur entwerfen, in dem die Theorien der Wechselwirkungen, die zunächst unzusammenhängend erschienen, zu einer Einheit zusammengefaßt werden. Früher waren vier Theorien erforderlich, um die vier Grundkräfte zu beschreiben. In den letzten Jahren ist das Ziel, eine einzige übergreifende Theorie für alle vier Grundkräfte zu formulieren, nähergerückt. Von einer vereinheitlichten Theorie wird erwartet, daß sie bislang unbekannte Zusammenhänge zwischen den Wechselwirkungsarten erkennen läßt und gleichzeitig ihre Unterschiede erklärt. Das moderne Konzept führt den Zusammenhalt eines Teilchensystems auf den Austausch virtueller Eichbosonen[102] zurück und beschreibt die Wechselwirkungen durch renormierbare Quantenfeldtheorien. Die zwischen den Elementarteilchen wirksamen Grundkräfte[103] sind die *gravitative*, die *elektromagnetische* sowie die *starke* und die *schwache* Wechselwirkung. Die beiden letztgenannten Kräfte wurden erst spät entdeckt, weil sie nur in den äußerst geringen Entfernungen innerhalb eines Atomkerns ($<10^{-13}$ cm) auftreten, während Gravitation und

102 Virtuelle Eichbosonen sind Teilchen mit ganzzahligem Spin, deren Existenz mit dem Energieerhaltungssatz nicht verträglich ist. Nach der Heisenbergschen Unschärferelation ist jedoch eine Verletzung des Erhaltungssatzes zulässig, sofern die Energiebilanz hinreichend schnell ausgeglichen wird.

103 Zum Folgenden vgl. H. Georgi, »Vereinheitlichung der Kräfte zwischen den Elementarteilchen«, in: Spektrum der Wissenschaft, *Teilchen, Felder und Symmetrien*, S. 134 ff.

Elektromagnetismus langreichweitige Kräfte und daher makroskopisch beobachtbar sind. Die Reichweite einer Wechselwirkung ist umgekehrt proportional zur Masse der ausgetauschten Teilchen. Demzufolge sind die gravitativen und elektromagnetischen Austauschteilchen masselos, die Eichbosonen der starken und schwachen Wechselwirkung hingegen massiv.

Die *elektromagnetische Wechselwirkung*[104] ist sowohl für den Zusammenhalt der Atomkerne mit den Elektronen als auch für die Bindung innerhalb der Moleküle verantwortlich. Sie läßt sich durch die quantisierte Maxwell-Theorie, die sogenannte Quantenelektrodynamik (QED), formulieren. Diese Theorie beschreibt die Wechselwirkung zwischen geladenen Teilchen als Austausch (Emission und Absorption) virtueller Photonen (Lichtquanten). Das Photon ist masselos und ungeladen, d. h., das Photon vermittelt die elektromagnetische Kraft zwischen geladenen Teilchen, ohne dabei selbst eine elektrische Ladung zu tragen.

Die *starke Wechselwirkung*[105] ist bei Vorgängen innerhalb der Atomkerne wirksam: Sie bindet die Quarks zu Hadronen und sorgt für den inneren Zusammenhalt von Protonen und Neutronen. Die Theorie der starken Wechselwirkung ist nach dem Vorbild der QED aufgebaut und wird als Quantenchromodynamik (QCD) bezeichnet. Auch hier kann die Wechselwirkung durch den Austausch von intermediären Quanten ausgedrückt werden: Die Kräfte zwischen Protonen und Neutronen werden durch π-Mesonen (bestehend aus Quark und Antiquark) vermittelt; die einzelnen Quarks wechselwirken über Gluonen. Im Gegensatz zum Photon, das keine elektrische Ladung trägt, gibt es jedoch auch farbgeladene Gluonen, die die Farbe der Quarks ändern. Demzufolge ist die QCD eine Theorie, die wesentlich komplizierter ist als die QED.

Die *schwache (chirale) Wechselwirkung*[106] ist für bestimmte Arten des Kernzerfalls verantwortlich, z. B. für den ß-Zerfall radioaktiver Elemente. Bei diesem physikalischen Prozeß emittiert ein Neutron ein

104 Vgl. W. Stegmüller, *Hauptströmungen der Gegenwartsphilosophie*, Bd. 3 (Stuttgart, [8]1987), S. 126 ff.
105 Ebd., S. 132 ff.
106 Ebd., S. 138 ff.

Elektron und ein Anti-Elektron-Neutrino und geht dabei in ein Proton über. Die schwache Kraft ist wesentlich mit einer Teilcheneigenschaft verknüpft, die als Chiralität (Händigkeit) bezeichnet wird. Die meisten Elementarteilchen kommen in rechts- und linkshändigen Zuständen vor, mit Ausnahme der Neutrinos und ihrer Antiteilchen; experimentell konnten bislang nur linkshändige Neutrinos und rechtshändige Antineutrinos beobachtet werden. Die schwache Kraft ist – wie die beiden zuvor genannten Kräfte – mit einer Ladung[107] verbunden: Allerdings besitzen nur linkshändige Teilchen und rechtshändige Antiteilchen eine schwache Ladung. Demgegenüber können rechtshändige Teilchen und linkshändige Antiteilchen nicht an der schwachen Wechselwirkung teilhaben, da sie in bezug auf die schwache Kraft neutral sind. Die Theorie der schwachen Wechselwirkung ist mit drei intermediären Vektorbosonen W^+, W^- und Z^0 verknüpft, die 1983 experimentell nachgewiesen werden konnten.[108] Die Eichinvarianz im zwei-dimensionalen Raum der linkshändigen Elektronen und Elektron-Neutrinos ist jedoch keine exakte Symmetrie. Die Brechung dieser Symmetrie spiegelt sich in der endlichen Masse der Vektorbosonen wider.

Die *gravitative Wechselwirkung* wird durch die Allgemeine Relativitätstheorie (AR)[109] beschrieben. Das Konzept dieser Theorie unterscheidet sich grundlegend von den quantenfeldtheoretischen Beschreibungen aller übrigen Grundkräfte: In der AR werden die Kräfte als geometrische Eigenschaften einer gekrümmten Raum-Zeit gedeutet; in der Quantenfeldtheorie hingegen wird die Wechselwirkung auf den Austausch von Quanten zurückgeführt. Die Möglichkeit, die Gravitation zu geometrisieren, beruht auf der Äquivalenz von träger und schwerer Masse sowie der experimentell gesicherten Erkenntnis, daß

107 Für die schwache Ladung existiert kein Erhaltungssatz. So kann z. B. ein Elektron während seines Bewegungsablaufes seine Chiralität ändern.

108 Die Theorie der schwachen Wechselwirkung beinhaltet neben dem W^+- und W^--Teilchen ein, in der Natur nicht beobachtbares, W^0-Teilchen. Erst die Vereinheitlichung der elektromagnetischen und schwachen Wechselwirkung zur Theorie der elektroschwachen Wechselwirkung führt auf das experimentell gefundene Z^0-Teilchen.

109 Vgl. J. Audretsch, »Ist die Raum-Zeit gekrümmt? Der Aufbau der modernen Gravitationstheorie«, in: J. Audretsch u. K. Mainzer (Hrsg.), *Philosophie und Physik der Raum-Zeit* (Mannheim, 1988), S. 52 ff.

ausnahmslos alle Teilchen (auch masselose) gravitierend wirken. Demzufolge wird nicht mehr davon gesprochen, daß massive Teilchen oder Lichtstrahlen im Gravitationsfeld abgelenkt, sondern daß sie durch eine gekrümmte Geometrie geführt werden. Die AR ist eine elegante, physikalisch tiefliegende und empirisch hinreichend bestätigte Theorie; dennoch besteht ein ernstzunehmendes Problem: Eine zufriedenstellende quantenfeldtheoretische Formulierung der gravitativen Kraft ist bislang noch nicht gelungen. Eine prinzipielle Schwierigkeit besteht darin, daß in sehr kleinen Raum-Zeit-Bereichen ($<10^{-30}$ cm, $<10^{-40}$ sec) Fluktuationen auftreten können, die der Vorstellung von einem Raum-Zeit-Kontinuum widersprechen. Es lassen sich jedoch auch alternative Zugänge zur Beschreibung der gravitativen Wechselwirkung angeben, die nicht die Krümmung der Raum-Zeit beinhalten, und die für die Vereinheitlichung der allgemeingültigen Quantentheorie und der universell wirkenden Gravitation bedeutend sein könnten. Ungeachtet dieser Problematik besteht die Hoffnung, die Gravitation durch den Austausch virtueller Spin-2-Teilchen (Gravitonen) erklären zu können. Ihre Existenz konnte jedoch bislang noch nicht experimentell nachgewiesen werden.

Auf dem Wege zu einem grundlegend neuen und umfassenden Verständnis der Grundbausteine der Materie und ihrer Wechselwirkungen hat es in den vergangenen Jahrzehnten zahlreiche Versuche gegeben, eine vereinheitlichte Theorie aller Grundkräfte zu formulieren. Keine dieser Theorien brachte einen durchschlagenden Erfolg. Aufgrund der jeweils aufgetretenen Schwierigkeiten wurden zwei mögliche Wege beschritten:

(1) Die bereits bestehende Theorie wurde mehrfach modifiziert. Demzufolge entstanden ganze Klassen eines Theorientyps.
(2) Es wurden gänzlich neue Zugänge zur Vereinheitlichung gesucht, die jedoch alle wesentlich auf dem Symmetriebegriff aufbauen.

Im folgenden sollen die wichtigsten Vertreter der bedeutendsten Theorienklassen erörtert werden.

Die *Klein-Kaluza-Theorie*[110] vereinigt die elektromagnetische und die gravitative Wechselwirkung. Ursprünglich hatte T. Kaluza 1919 vor-

110 Zum Folgenden vgl. D. Z. Freedman u. P. van Nieuwenhuizen, »Die verborgenen Dimensionen der Raumzeit«, *Spektrum der Wissenschaft* (Mai 1985), S. 78 ff.

geschlagen, die vier Dimensionen der AR um eine weitere, räumliche Dimension zu ergänzen. Mit der Einführung einer fünften Dimension verfolgte er das Ziel, alle bis dahin bekannten Naturkräfte in einheitlicher Weise zu formulieren: die Gravitation, deren Beschreibung Einstein durch die Allgemeine Relativitätstheorie gelungen war, und den Elektromagnetismus, beschrieben durch die Theorie Maxwells. In Kaluzas Theorie kann die fünfte Dimension als Kreis gedeutet werden, der jedem Punkt der vier-dimensionalen Raum-Zeit zugeordnet ist. Sind die Kreise in der fünften Dimension sehr klein ($< 10^{-16}$ cm), so würde dies erklären, warum sie bislang unentdeckt blieben. Der wichtigste Mangel der Theorie von Kaluza ist, daß bedeutende Phänomene, die im Rahmen der Quantentheorie auftreten, nicht berücksichtigt werden. Dadurch wird eine Einbeziehung der fehlenden starken und schwachen Wechselwirkungen erschwert. Im Jahre 1926 gelang es O. Klein, die fünf-dimensionale Kaluza-Theorie mit der Quantentheorie in Einklang zu bringen. Heute ist es erforderlich, geometrische Raum-Zeit-Strukturen mit mehr als fünf Dimensionen anzunehmen, um die inzwischen bekannt gewordenen zusätzlichen Grundkräfte berücksichtigen zu können. Alle Theorien, welche die Grundkräfte der Natur innerhalb eines quantentheoretischen Rahmens in einer mehr als vier-dimensionalen Raum-Zeit-Struktur zu vereinheitlichen suchen, werden seitdem als Klein-Kaluza-Theorien bezeichnet. Allerdings konnte bislang noch kein eindeutiger Zusammenhang zwischen der Anzahl der Eichbosonen und der Raum-Zeit-Dimension gefunden werden. Außerdem gibt es schwerwiegende experimentelle Einwände gegen die bislang bestehenden Klein-Kaluza-Theorien.

1967 entwickelten S. Weinberg und A. Salam ein einheitliches theoretisches Modell für die elektromagnetische und die schwache Wechselwirkung. Diese sogenannte *elektroschwache Theorie* beruht auf der Hypothese, Elektromagnetismus und schwache Kraft seien lediglich als zwei Erscheinungsformen einer gemeinsamen Ursache darzustellen: Bei hohen Energien ($> 10^2$ GeV) sollten die beiden Kräfte nicht mehr unterscheidbar sein. Die vereinheitlichte Theorie ist in einem Symmetrieprinzip begründet, welches das Photon der elektromagnetischen Wechselwirkung und die drei intermediären Vektorbosonen der schwachen Wechselwirkung zu einer Familie mit vier Elementen zusammenfaßt; das Verwandtschaftsverhältnis erweist sich jedoch insofern als problematisch, als das Photon im Gegensatz zu den drei Vektorbosonen keine Masse besitzt. Zunächst geht die Weinberg-Salam-Theorie[111] von masselosen Vektorbosonen aus, die durch spontane Brechung der Symmetrie (Higgs-Mechanismus) massiv werden. Der Higgs-Mechanismus kann den Austauschteilchen W^+, W^- und Z^0 allerdings nur dann zu ihren großen Massen (10^2 GeV) verhelfen, wenn vier weitere Teilchen – die Higgs-Bosonen[112] – postuliert werden. Drei dieser Teilchen werden zu »Geistern«,[113] die sich jeglicher Beobachtung entziehen; das vierte müßte experimentell nachweisbar sein. Über die Masse dieses verbleibenden Higgs-Bosons und seine Wechselwirkung mit anderen Teilchen kann die Theorie der elektroschwachen Wechselwirkung allerdings keine Angaben machen. Darüber hinaus steht der experimentelle Nachweis für die Existenz dieses Teilchens noch aus.

Obwohl die Vereinigung der elektromagnetischen und der schwachen Wechselwirkung noch nicht vollständig gelungen ist und auch das Verständnis der starken Wechselwirkung noch Fragen offen läßt, wurde mit dem Versuch begonnen, alle drei durch eine *Grand Unified Theory* (GUT)[114] zu vereinigen. Die einfachste Version einer vereinheitlichten Theorie wurde 1974 von H. Georgi[115] und S. L. Glashow vorgestellt. Der erste Schritt auf dem Weg zu einer Vereinheitlichung war der Nachweis, daß die schwache, die starke und die elektromagnetische Wechselwirkung durch Eichtheorien ähnlicher mathematischer Struktur formuliert und somit in eine umfassendere Beschreibung eingebettet werden können. Hierbei wird von einer Symmetrie zwischen Quarks und Leptonen ausgegangen, womit durch die sogenannten Leptoquarks Umwandlungen von Quarks und Leptonen möglich sein sollten. Damit

111 Vgl. S. Weinberg, »Vereinheitlichte Theorie der elektroschwachen Wechselwirkung«, in: Spektrum der Wissenschaft, *Teilchen, Felder und Symmetrien*, S. 6 ff.

112 Vgl. J. G. Veltman, »Das Higgs-Boson«, *Spektrum der Wissenschaft* (Januar 1987), S. 52 ff.

113 Vgl. G. 't Hooft, »Symmetrien in der Physik der Elementarteilchen«, in: Spektrum der Wissenschaft, *Teilchen, Felder und Symmetrien*, S. 32 ff.

114 Vgl. H. Schopper, »Auf der Suche nach den Grundelementen der Materie«, *Physikalische Blätter* 44 (1988), S. 319 ff.

115 Zum Folgenden vgl. H. Georgi, »Vereinheitlichung der Kräfte zwischen den Elementarteilchen«, S. 134 ff.

bilden die Teilchensorten eine Familie, obwohl sie unterschiedliche Eigenschaften aufweisen. Gleichzeitig erscheinen die drei Wechselwirkungen als verschiedene Erscheinungsformen einer einzigen, fundamentalen Kraft, obwohl sie unterschiedliche Stärken und Reichweiten besitzen.

In dieser Theorie wird angenommen, daß die Unterschiede nur deshalb so augenfällig sind, weil das Universum vergleichsweise kalt ist. Gelänge es, die Elementarteilchen auf extrem hohe Energien zu beschleunigen, so würde die Einheitlichkeit sichtbar: Leptonen und Quarks könnten sich dann spontan ineinander umwandeln und die drei Grundkräfte hätten die gleiche Stärke. Die direkte experimentelle Überprüfung dieser Theorie würde eine Energie von 10^{15} GeV voraussetzen; dies übersteigt die Möglichkeiten des größten geplanten Beschleunigers um den Faktor 10^{13}. Die Theorie hat jedoch auch eindeutige Konsequenzen für Vorgänge, die bereits heute experimentell untersucht werden können. Hierzu gehören die aufsehenerregende Voraussage magnetischer Monopole im Universum und der Zerfall der Protonen. Bislang wurden die Protonen als absolut stabile Teilchen angesehen; ihr möglicher Zerfall[116] hätte die Instabilität der Materie zur Folge. Nach GUT läge die zu erwartende Lebensdauer bei etwa 10^{30} Jahren, also um den Faktor 10^{20} über dem Alter des Kosmos. Trotzdem konnten in Experimenten untere Grenzen ($> 10^{34}$ Jahre) für die Lebensdauer des Protons festgestellt werden, die wesentlich höher liegen und daher der Theorie widersprechen. Alle Versuche, die Existenz magnetischer Monopole nachzuweisen, sind bislang ebenfalls gescheitert.

Das Ziel, die Gravitation mit den anderen drei Kräften zu vereinheitlichen, wird insbesondere durch zwei Gründe erheblich erschwert: Zum einen ist noch unklar, wie die Gravitation mit den anderen Grundkräften zusammenhängt; zum anderen gibt es noch keine brauchbare Gravitationstheorie, die mit den Prinzipien der Quantentheorie vereinbar ist. In der AR werden die Kräfte aus geometrischen Eigenschaften der Raum-Zeit hergeleitet, in der Quantenfeldtheorie hingegen aus dem Austausch von Quanten. Dennoch sind die Versuche zahlreich, auch diese Kraft in ein vereinheitlichtes Konzept einzubeziehen.

116 Der Protonenzerfall ist mit der bislang angenommenen Gültigkeit des Baryonenerhaltungssatzes nicht verträglich.

Die erfolgversprechendste Theorie ist gegenwärtig die *Superstring-Theorie.*[117] Sie vereinigt alle Wechselwirkungsarten, einschließlich der gravitativen. Die Vereinheitlichung der vier Grundkräfte der Natur wird in dieser Theorie weitestgehend durch Forderungen nach innerer Konsistenz bestimmt. Diese Entwicklung hat die interdisziplinäre Zusammenarbeit zwischen Mathematik und Physik außerordentlich belebt. Viele Forschungsgebiete der modernen Mathematik (z. B. Topologie) tragen wesentlich zum Verständnis der Superstring-Theorie bei. Besonders bemerkenswert an dieser Theorie ist, daß nicht von punktförmigen Elementarteilchen ausgegangen wird, sondern von Elementarteilchen-Fäden (Strings), die eine Länge von 10^{-33} cm besitzen. Quantentheoretisch sind Wellen und Teilchen zwei zueinander duale Beschreibungen eines Phänomens; daher läßt sich jede Schwingungsmode eines Strings einem Teilchen zuordnen. Die Frequenz der Schwingung bestimmt die Energie des Teilchens und damit seine Masse. Die Elementarteilchen werden als Schwingungsmoden eines einzigen Strings gedeutet, und die zwischen ihnen wirksamen Kräfte werden dadurch erklärt, daß sich Strings verbinden oder aufspalten. Damit eröffnet sich die Möglichkeit, alle in der Natur vorkommenden Grundkräfte als verschiedene Aspekte eines einzigen Prinzips zu betrachten.

Das Modell der Superstrings ist in einer zehn-dimensionalen Raum-Zeit formuliert. Es wird angenommen, daß die sechs zusätzlichen Raum-Dimensionen (Calabi-Yau-Raum) so klein ($< 10^{-30}$ cm) zusammengerollt sind, daß sich die entsprechenden Strukturen bislang nicht beobachten ließen. Demgemäß ist die vier-dimensionale gekrümmte Raum-Zeit der AR durch einen wesentlich komplexeren Raum der String-Konfiguration zu ersetzen. Die Fülle der physikalischen Phänomene wird in der Superstring-Theorie durch eine umfassende Supersymmetrie beschrieben, die jedoch nur bei extrem hohen Energien vorhanden ist. Bereits bei 10^{28} GeV wird die Symmetrie spontan gebrochen, wobei sich die Gravitation abspaltet. Bei tieferen Energien folgen weitere spontane Symmetriebrechungen, die zunächst die starke und dann die schwache Kraft abspalten. Alle Symmetriebrechungen setzen

117 Vgl. M. B. Green, »Superstrings«, *Spektrum der Wissenschaft* (November 1986), S. 54 ff.

die Existenz neuer Teilchen (Higgs-Bosonen) voraus, deren experimenteller Nachweis die technischen Möglichkeiten bei weitem übersteigt.

Das beschriebene Modell kann auch als zeitlicher Ablauf des Geschehens nach dem Urknall gedeutet werden. Unmittelbar nach dem Urknall müßten alle zehn Dimensionen aufgewickelt gewesen sein, und es müßte – bedingt durch die hohe Energiekonzentration – die volle Supersymmetrie bestanden haben. Im Laufe der anschließenden Expansion des Universums hätten sich vier Dimensionen entrollt, die Supersymmetrie wäre mit zunehmender Abkühlung stufenweise gebrochen und die Elementarteilchen wären entstanden. In dieser umfassenden Theorie – sofern sie sich als zutreffend erweisen sollte – wären demnach grundlegende Prinzipien der Elementarteilchenphysik relevant für die Kosmologie.

Trotz der intensiven Anstrengungen vieler Wissenschaftler konnte bislang noch kein voll befriedigender Durchbruch im Bemühen um eine vereinheitlichte Theorie aller Wechselwirkungsarten erzielt werden. Besonders erschwert wird die Forschung durch die Grenzen der experimentellen Überprüfbarkeit konkurrierender Theorien. Zwischen der Formulierung einer eleganten theoretischen Idee und der experimentellen Überprüfung ihrer Voraussagen liegt oft ein langer Weg. Dabei sind diese Vereinheitlichungsvorstellungen stets ein wichtiges Forschungsmotiv in der Physik gewesen, und oft haben sie zu einem wesentlichen Erkenntnisfortschritt geführt. Dennoch bleibt abzuwarten, ob eine bereits bestehende oder zukünftige vereinheitlichte Theorie aller Wechselwirkungsarten mit der Realität in Zusammenhang gebracht werden kann, oder ob sich diese Theorien als mathematisch-ästhetische Glasperlenspiele erweisen. Die Hoffnung auf eine *Theory of Everything* (TOE) bleibt jedoch weiterhin bestehen. Das faszinierende Konzept, die Einheit aller Grundkräfte auf einige wenige Grundprinzipien zurückzuführen, besitzt allerdings auch einen Nachteil: Der Weg von den Grundelementen einer TOE zu den konkreten physikalischen Erscheinungsformen wird immer länger und abstrakter. Es ist nahezu unmöglich, aus den Grundprinzipien die ganze Vielfalt experimenteller Effekte zu deduzieren.

5. Disziplinarität, Interdisziplinarität, Multidisziplinarität etc.

In der interdisziplinären Praxis problemorientierter Forschung kommt die Einheit der Wissenschaft nicht nur in methodischer, sondern auch in praktisch-operationeller Hinsicht zum Ausdruck. Die Vorstellung von Wissenschaft als einem *Forschungszusammenhang* läßt disziplinäre Unterteilungen zweitrangig werden.

5.1 *Ansätze interdisziplinärer Praxis*

5.1.1 Systemforschung

Lange Zeit war die unversehrte Natur als menschliche Lebensgrundlage selbstverständlich. Erst seit wenigen Jahren wächst das Wissen und das Bewußtsein um die Gefahren und Risiken, die von anthropogenen Eingriffen ausgehen. Die Naturgüter Boden, Wasser, Luft sowie die Pflanzen- und Tierwelt bilden wechselseitig voneinander abhängige Ökosysteme. Unter Ökosystemen (z. B. Waldökosysteme, Agrarökosysteme, Gewässerökosysteme, Stadtökosysteme) werden ganzheitliche Wirkungsgefüge zwischen Lebewesen verschiedenster Art und ihren jeweiligen Lebensräumen verstanden, die sich normalerweise im Gleichgewichtszustand befinden, untereinander vielfältig verknüpft sind, sich gegenseitig beeinflußen und die Fähigkeit zur Selbstregulation besitzen.

Die wichtigsten Ursachen für die Gefährdung der Pflanzen- und Tierarten sind die Beeinträchtigungen und Zerstörungen ihrer Lebensräume. Bereits die Schädigung von Teilbereichen eines Ökosystems kann zu einer Kettenreaktion führen, die verheerende Folgen für andere Teile der Natur nach sich zieht. Zahlreiche Gefahrenquellen können mitunter erst sehr spät erkannt werden, weil

- die Auswirkungen anthropogener Eingriffe meist nicht unmittelbar, sondern erst nach Jahren auftreten;
- Schadensphänomene häufig durch eine Vielzahl schadenverursachender Stoffe bedingt sind;

– die meist geringen Schadstoffmengen äußerst empfindliche Nachweisverfahren erfordern.

Die Gefahrenproblematik wird somit dadurch erheblich erschwert, daß der Zusammenhang von Ursache und Wirkung nicht immer evident ist.

Aufgabe der Wissenschaft ist es, ein gesichertes Wissen über die Umwelt und ihre Wirkungsmechanismen zu schaffen.[1] Zahlreiche wissenschaftliche Institutionen und Sachverständigenkreise (Universitäten, Institute der Max-Planck-Gesellschaft, Fraunhofer-Institute, Großforschungseinrichtungen, Rat von Sachverständigen für Umweltfragen) haben bereits eine Fülle grundlegender Beiträge geliefert. Damit wurden das Verständnis für Umweltprozesse vertieft und die politische Entscheidungsfähigkeit in Fragen des Umweltschutzes verbessert.

Allerdings ist festzustellen, daß die meisten bisher abgeschlossenen Untersuchungen der ökologischen Forschung einen vornehmlich reaktiven Charakter besitzen, da sie aus dem unmittelbaren Problemdruck konkreter Umweltschäden entstanden sind. Hierzu liegen zwar eine Fülle von Einzelergebnissen aus den unterschiedlichsten wissenschaftlichen Disziplinen vor, die jedoch in ihrer Summe nicht ausreichen, um eine umfassende Kenntnis über den Zustand unserer Ökosysteme zu erhalten und das Ausmaß der Schädigung wirksam zu begrenzen. Die sektoral ausgerichtete Umweltpolitik stößt auch insofern an Grenzen, da sektorale Probleme immer häufiger nicht wirklich gelöst, sondern nur durch Verschiebung in einen anderen Umweltbereich zeitweilig bewältigt wurden. Nicht zuletzt um diese Verschiebung von Problemlösungen zwischen einzelnen Umweltbereichen zu vermeiden, ist zukünftig ein sektorenübergreifendes Umweltschutzkonzept erforderlich.

In der Wissenschaft setzt sich zunehmend die Erkenntnis durch, daß Schädigungsprozesse der Umwelt nur dann umfassend erkannt und bewertet werden können, wenn die Natur als vernetztes System ganzheitlich betrachtet wird. Deshalb kommt der interdisziplinären Ökosystemforschung insbesondere hinsichtlich der Schadensbegrenzung bzw. Schadensvermeidung ein besonderer Stellenwert zu. Keinesfalls darf sich die wissenschaftliche Tätigkeit aber im Sinne eines ökologi-

1 Zum Folgenden vgl. R. Pfab »›Wasser – Boden – Luft‹: Bestandsaufnahme« (Manuskript vom Sept. 1988).

schen Krisenmanagements auf die Erforschung bereits vorhandener Schadensphänomene beschränken.

Die Aufgabe der Wissenschaft muß daher wesentlich umfangreicher als bisher aufgefaßt werden. Es müssen weitere Forschungsthemen integriert und bereits begonnene Forschungsbemühungen intensiviert werden, z. B.:

– Allgemeine Untersuchungen der vielschichtigen Strukturen und Prozesse ökologischer Systeme und deren Wirkungsmechanismen hinsichtlich Belastbarkeit und Selbstregulierung (z. B. Energie- und Stoffkreisläufe zwischen verschiedenartigen, benachbarten Ökosystemen).
– Analysen und Prognosen zur Schadensentstehung durch die Erforschung der Zusammenhänge geplanter anthropogener Eingriffe und deren ökologische Auswirkungen als Grundlage langfristiger Schadensbegrenzung (z. B. ökologisch orientierte Technikfolgenabschätzung).
– Möglichkeiten zur Schadensbegrenzung und Schadensvermeidung durch die Entwicklung ökologisch verträglicher Produkte und Technologien (z. B. schadstoffarme Kraftfahrzeuge) und durch umweltbewußtes Konsumverhalten (z. B. Vermeidung und Verringerung von Abfällen).
– Methoden zur Schadensüberprüfung und Festlegung von Risikoschwellen, Gesetze zur Schadensbegrenzung und Entwicklung von Technologien zur Überwachung ihrer Einhaltung (z. B. Sicherheitsbestimmungen für den Betrieb von Kernkraftwerken und Entsorgungsverpflichtungen für entstehende radioaktive Abfälle).
– Spezielle Erforschung von Schadensursachen und deren Auswirkungen an bereits aufgetretenen Phänomenen (z. B. Ozonloch, Waldsterben, Chemieunfälle und damit verknüpfte gesundheitliche Risiken) und Entwicklung von Methoden zur Schadensbehebung (z. B. Renaturierung landwirtschaftlich genutzter Gebiete).
– Klärung umweltrechtlicher Probleme bezüglich der Schadenshaftung des Verursachers (z. B. Verursacherprinzip bei radioaktiver Verseuchung landwirtschaftlich genutzter Gebiete).
– Umfassender Informations- und Datenaustausch innerhalb der Forschungsgemeinschaft und klare allgemeinverständliche Handlungsanweisungen für die Verantwortlichen in Politik und Wirtschaft

sowie den in den Umweltschutz einzubindenden Bürger (z. B. besondere Kennzeichnung umweltverträglicher Produkte).

- Erziehung zu einem bewahrenden und verantwortungsbewußten Umgang mit der Natur, anstelle eines am kurzfristigen Nützlichkeitsdenken orientierten Handels (z. B. Integration von Verhaltensempfehlungen in den Erziehungsauftrag allgemeinbildender Schulen).

Die angedeuteten Problemschwerpunkte lassen bereits erkennen, daß ein vernetztes Zusammenwirken zahlreicher Disziplinen aus naturwissenschaftlichen, technischen, agrarwissenschaftlichen, medizinischen, rechtswissenschaftlichen, wirtschaftswissenschaftlichen und erziehungswissenschaftlichen Bereichen erforderlich ist, um eine zukunftsorientierte Umweltforschung zu gewährleisten, die konkrete Handlungsvorgaben für eine sowohl ökologisch als auch ökonomisch ausgewogene Umweltpolitik bereitstellt. Hierzu bedarf es der Entwicklung von Umweltschutzkonzeptionen, die sowohl medienübergreifend, also alle Umweltsektoren umfassend, als auch im Hinblick auf die länderübergreifenden Auswirkungen von Umweltveränderungen, international sind.[2]

Der Umweltschutz begann zunächst als Teil der Gesundheitspolitik; die Aufmerksamkeit galt der Gefahrenabwehr zum Schutz der Gesundheit und des Wohlbefindens der Menschen vor anthropogenen Stoffen in der Umwelt. Erst später wurde über die Frage nachgedacht, inwiefern die Umwelt selbst vor schädigenden anthropogenen Einflüssen zu schützen ist, sei dies nun, weil ihr ein Eigenwert zugesprochen wird (ökozentrischer Umweltschutz), oder weil wir notwendigerweise auf ihre Intaktheit angewiesen sind (anthropozentrischer Umweltschutz). Unabhängig von der zugrundeliegenden Motivation besteht heute ein allgemeiner Konsens darüber, daß die Natur verstärkt in den Entscheidungsfindungen berücksichtigt werden muß.

Eine umfangreiche Bestandsaufnahme und Bewertung der bundesdeutschen Umweltproblematik ist dem dritten Gesamtgutachten des Rates

2 Vgl. hierzu Akademie der Wissenschaften zu Berlin, 2. Akademiekonferenz »Wasser – Boden – Luft« am 14. 10. 1988, Ergebnisprotokoll.

von Sachverständigen für Umweltfragen vom November 1987[3] und dem Bundesbericht Forschung 1988,[4] herausgegeben vom Bundesminister für Forschung und Technologie, zu entnehmen. Der Schutz der Natur einerseits und die Nutzungsansprüche an die Umweltgüter andererseits führen auf vieldimensionale Entscheidungsprobleme im Spannungsfeld wissenschaftlicher Erkenntnisse, technologischer Möglichkeiten und wirtschaftlicher sowie politischer Interessen. An den Umweltsektoren Wasser, Boden, Luft soll beispielhaft die Vielschichtigkeit der Umweltproblematik angedeutet werden.

Die Gefährdung der Gewässer wird im wesentlichen durch den Eintrag chemischer Stoffe verursacht. Das Ausmaß der Gewässerbelastung hinsichtlich der im Abwasser enthaltenen chemischen Verbindungen und deren Abbauprodukten ist noch weitgehend unerforscht. Ein besonderes Risiko für die menschliche Gesundheit (z. B. durch kanzerogen wirkende Nitratkonzentrationen) sind die nachteiligen Veränderungen des Grundwassers, da hieraus zu einem überwiegenden Teil der Trinkwasserbedarf gedeckt wird.

Die Belastung der Böden ist gegenwärtig vor allem auf landwirtschaftliche Nutzungen (z. B. Dünge- und Pflanzenschutzmittel) und die Landschaftsbeanspruchung durch Flächenverbrauch (z. B. Besiedelung, Verkehr, Industrie und Gewerbe) zurückzuführen. Demgemäß sind die Inhalte der Forschung zum Schutz des Bodens bestimmt durch die an ihn gestellten Nutzungsansprüche und die damit verknüpften Gefahrenpotentiale. Besondere Aufmerksamkeit muß dem Bodenschutz daher hinsichtlich der Nahrungsmittelerzeugung zukommen. Hieraus ergeben sich wiederum Risiken für die menschliche Gesundheit (z. B. kanzerogene Stoffe in Nahrungsmitteln, Nahrungsmittelallergien). Eine weitere wesentliche Folge durch die Beeinträchtigung, Zersplitterung oder Beseitigung naturbelassener Gebiete ist der starke Rückgang wildlebender Pflanzen- und Tierarten.

Ein großer Teil der Luftverunreinigungen ist eine Folge von Energieumwandlungsprozessen. Im Vordergrund stehen Emissionen von Haus-

3 Rat von Sachverständigen für Umweltfragen, *Umweltgutachten 1987* (Bundestags-Drucksache 11/1568), (Bonn, 1987).

4 Bundesminister für Forschung und Technologie, *Bundesbericht Forschung 1988* (Bonn, 1988).

halten, Kraftverkehr und industriellen Anlagen. Die Folgen einer übermäßigen Belastung der Luft mit Schadstoffen reichen von der Schädigung der menschlichen Gesundheit (z. B. Atemwegserkrankungen) über Vegetationsstörungen (Waldschäden) bis hin zu atmosphärischen Veränderungen (z. B. Erhöhung der Konzentration von Spurengasen in der Troposphäre, Ozonabbau in der Stratosphäre).

Die Ökosysteme Wasser, Boden, Luft sind stets benachbart und stehen daher in einem unmittelbaren Wirkungszusammenhang. Dies führt auf einen naturbedingten Schadstofftransfer:

- Luftschadstoffe gelangen durch Niederschläge in die Gewässer und Böden.
- Dünge- und Pflanzenschutzmittel belasten den Boden und gelangen in das Grundwasser.
- Schadstoffe werden durch Nahrungsmittel an die Menschen weitergegeben.

Die Umweltpolitik hat sich bisher vorwiegend auf die Reinhaltung der Gewässer und der Luft konzentriert und dabei weitgehend den Bodenschutz vernachlässigt. Erhöhte Anforderungen an die Schadensbegrenzung von Wasser und Luft haben häufig eine wachsende Belastung der Böden mit sich gebracht, d. h., die Schadstoffmenge ist nicht wirklich vermindert, sondern lediglich von einem Umweltbereich in einen anderen verschoben worden (z. B. Klärschlamm, Filterstaub).

Die aufgeführten Beispiele zeigen, daß zwischen Wasser, Boden, Luft und Lebewesen ein sehr komplexes Beziehungs- und Wirkungsgefüge besteht, das nur bei umweltsektorenübergreifender Betrachtung einigermaßen vollständig überschaut werden kann. Obwohl viele Zusammenhänge bereits bekannt sind und von verschiedenen Seiten immer wieder aufgezeigt werden, sind umweltsektorenübergreifende Problemlösungen noch nicht die Regel. Aufgrund dieser Vielschichtigkeit, der räumlichen Ausdehnung und der zeitlichen Dynamik von Veränderungen in Ökosystemen sowie der Irreversibilität mancher Vorgänge ist es nach dem heutigen Kenntnisstand vielfach nicht möglich, anzugeben, zu welchem Zeitpunkt, durch welche Einwirkungen und welche synergetischen Effekte bei einer Anhäufung der Belastungen eine ernsthafte Gefährdung des Ökosystems auftritt.

1986 wurde vom Internationalen Rat wissenschaftlicher Unionen (ICSU) ein Forschungsprogramm mit dem Namen »International Geosphere/Biosphere Programme – A Study of Global Change (IGBP)« beschlossen. Dieses Großprogramm soll sich den interaktiven physikalischen, chemischen und biologischen Prozessen widmen, die das gesamte System Erde steuern. Dabei sollen die Rahmenbedingungen für das Leben auf der Erde und die vom Menschen beeinflußten Umweltveränderungen gesamtheitlich beschrieben und analysiert werden. Das Programm soll 1990 beginnen und ungefähr 10 Jahre dauern. Mit der Global-Change-Initiative wird das Problem einer fächerübergreifenden Betrachtungsweise in den Brennpunkt gerückt, das durch die bislang weitgehend disziplingebundenen Forschungen verdrängt war.

Richtungsweisende Beispiele fächerübergreifender Projekte im Bereich der Ökosystemforschung sind geplante bzw. sich bereits im Aufbau befindliche Ökosystemforschungszentren.[5] Hierbei handelt es sich um den Zusammenschluß und Ausbau bereits vorhandener fachlicher Kapazitäten sowie ihre Koordinierung bezüglich einer gemeinsamen ökologischen Forschungszielsetzung. Wissenschaftler aus unterschiedlichen Fachrichtungen bestimmen gemeinsam ihre Forschungsthemen, vereinheitlichen ihr Instrumentarium und organisieren durchlässige Kommunikationsprozesse. Ein breites Spektrum verschiedener Disziplinen aus unterschiedlichen Fachbereichen muß im Rahmen dieser interdisziplinären Forschungsvorhaben zu einer nutzbringenden Konzentration der Forschungsaktivitäten zusammengeführt werden. Dabei ist die langfristig angelegte Koordinierung dieser umfassenden Arbeiten selbst ein Experiment; sie ist nicht lediglich als organisatorisches Problem zu sehen, sondern als eigenständige wissenschaftliche Aufgabe zu begreifen, die eine scharfe Abgrenzung der Disziplinen aufhebt.

Es gibt derzeit fünf Ökosystemforschungszentren, die sich entweder noch in der Planungs- oder bereits in der Aufbauphase befinden. Sie werden in Abstimmung mit den jeweiligen Sitzländern aus Projektmitteln des Bundesministeriums für Forschung und Technologie gefördert. Es handelt sich um die Ökosystemforschungszentren in Kiel, Göttingen und Bayreuth, die bereits die Forschungstätigkeit aufgenommen haben, sowie um zwei weitere Zentren in Saarbrücken und Aachen/Jülich, die

5 Bundesminister für Forschung und Technologie (Hrsg.), »Förderschwerpunkt ›Ökosystemforschung‹«, Exposé vom 28. 3. 1988.

sich noch in der Konzeptionsphase befinden. Die Arbeitsvorhaben dieser Einrichtungen sollen im folgenden kurz skizziert werden.

In Kiel wurde ein Zentrum zur »Ökosystemforschung im Bereich der Bornhöveder Seenkette« aufgebaut. Im Vordergrund der Untersuchungen stehen sowohl spezielle Fragen zu den Folgen menschlicher Eingriffe wie Belastungen des Grundwassers durch Agrochemikalien und ökosystemare Veränderungen infolge landschaftsökologischer Maßnahmen als auch allgemeine Fragen zur Struktur und Wechselwirkung von Ökosystemen. Die Grundidee dabei ist, daß es über ein besseres wissenschaftliches Verständnis der Wirkungszusammenhänge innerhalb eines Ökosystems und der Wechselwirkungen zwischen verschiedenartigen, benachbarten Ökosystemen möglich sein sollte, die Auswirkungen menschlicher Eingriffe zuverlässiger als bisher abzuschätzen und zu bewerten. Als Ergebnis werden wissenschaftlich abgesicherte Entscheidungshilfen für die Planung, Methoden zur Überprüfung technischer und ökonomischer Projekte auf ihre ökologischen Verträglichkeiten und die Entwicklung von ökologischen Prognoseinstrumentarien angestrebt. Das Projekt wurde für einen Zeitraum von zunächst 15 Jahren konzipiert; die Forschungstätigkeit konnte zum 1. April 1988 aufgenommen werden. Es arbeiten 30 Forschergruppen der verschiedensten wissenschaftlichen Disziplinen der Universitäten Kiel und Hamburg, des Max-Planck-Instituts in Plön und des Deutschen Wetterdienstes zusammen. Zusätzlich ist eine enge Kooperation mit einer Reihe weiterer Landes- und Bundesinstitutionen beabsichtigt. Forschungsansätze und Methodenrepertoire wissenschaftlicher Einzeldisziplinen wurden im Verlauf einer zweijährigen Planungsphase zu einem streng und durchgehend vernetzten Gesamtkonzept zur Ökosystemforschung im Gebiet der Bornhöveder Seenkette verknüpft.

An der Universität Göttingen befaßt sich das Ökosystemforschungszentrum thematisch hauptsächlich mit Waldökosystemen. Dabei kann auf umfangreichen Untersuchungsergebnissen der seit 1968 betriebenen Waldschadensforschung aufgebaut werden. Aktueller Forschungsschwerpunkt sind Untersuchungen zum Stoffhaushalt eines Waldökosystems wie Meßbarkeit von Stoff-Flüssen, Analyse der Steuermechanismen von Stoff-Flüssen und Auswirkungen anthropogen veränderter Stoffeinträge. Angestrebtes Ziel ist die Entwicklung einer Ökosystemtheorie auf der Grundlage der gewonnenen Untersuchungsergebnisse bezüglich des Stoffhaushaltes eines Waldökosystems.

Die Universität Bayreuth ist bereits seit 1977 mit der Einrichtung eines Sonderforschungsbereiches über »Gesetzmäßigkeiten und Steuerungsmechanismen in ökologischen Systemen« in der Ökosystemforschung tätig. Auf dieser Grundlage hat der Senat der Universität im Juli 1986 die Errichtung eines »Zentrums für terrestrische Ökosystemforschung und Ökophysiologie« beschlossen mit einem zahlreiche Fachrichtungen umfassenden Forschungsschwerpunkt, der sich insbesondere mit den vielschichtigen Aspekten von Steuerungsprozessen in Ökosystemen befaßt. Dies beinhaltet sowohl populationsökologische Probleme als auch Fragen der enzymatischen und hormonellen Regulationen sowie Veränderungen bedingt durch atmosphärischen Stoffeintrag und chemische Umsetzungen im Boden. Als Ergebnis dieser Untersuchungen wird erwartet, daß durch die Kenntnis der Regulation von Stoffumsetzungen bessere Vorhersagen über die Prozeßabläufe bei Störungen möglich sind, extrapolationsfähige Entscheidungshilfen für die Nutzung und Pflege von Ökosystemen erarbeitet werden und Rückschlüsse über die Belastbarkeit und Regenerationsfähigkeit von Ökosystemen abzuleiten sind.

Weitere Ökosystemforschungszentren in Saarbrücken und Aachen/Jülich befinden sich in der Konzeptionsphase; sie werden voraussichtlich frühestens 1990 mit der Aufnahme der Forschungstätigkeit beginnen können. In Saarbrücken soll der Schwerpunkt in der Erforschung von Stadt- und Industrieökosystemen liegen, und das Ökosystemforschungszentrum in Aachen/Jülich wird sich voraussichtlich mit Problemen von Agrarökosystemen befassen.

Die Einrichtung von Ökosystemforschungszentren ist im Rahmen der Umweltforschung ein außerordentlich grundlegender und hinsichtlich der umfangreichen Schadensphänomene dringend erforderlicher Beitrag, wenngleich er in seinem bisherigen Umfang noch unzureichend ist. Wünschenswert wäre daher ein verstärkter Ausbau der bereits bestehenden und die weitere Errichtung neuer Zentren mit einer fächerübergreifenden Gesamtkonzeption, die der vielschichtigen Struktur und Dynamik ökologischer Prozesse angemessen ist. Den beteiligten Wissenschaften bietet das integrative Konzept neue Möglichkeiten, wirkungsvollere und umfassendere Lösungsvorschläge zur Umweltproblematik zu entwickeln. Die interdisziplinäre Arbeitsweise ermöglicht eine effektivere Problemlösung und trägt zur Erkenntniserweiterung über die Grenzen der einzelnen Wissenschaften hinaus bei.

5.1.2 Technikfolgenabschätzung

Im Bereich der Technikfolgenabschätzung (technology assessment, TA) wird die Notwendigkeit interdisziplinärer Forschung besonders deutlich. Die dabei behandelten Probleme sind einerseits besonders drängend, lassen sich aber andererseits gerade nicht im Rahmen einer bestimmten, spezialisierten Disziplin lösen. Man denke etwa an die folgenden Beispiele:[6]

- Ursachen und Wirkungsmechanismen von Waldschäden;
- Wirkungen von Strahlenexposition;
- Optimierung von Nahverkehrssystemen;
- Verbesserung des Insassenschutzes bei Aufprallunfällen;
- Beeinflussung der Persönlichkeitsentwicklung durch häufigen Fernsehkonsum im frühkindlichen Alter;
- Abschätzung der sozio-ökonomischen und kulturellen Bedeutung von Technisierungsprozessen;
- Klärung der Bedeutung von Technikentwicklungen für volkswirtschaftliche, gesellschaftliche und kulturelle Strukturen und deren Wandel.

Im Bereich der TA-Forschung ist zunächst zwischen der *Technikfolgenabschätzung* im engeren Sinne und der dieser vorausgehenden *Technikfolgenforschung* zu unterscheiden. Letztere liefert als Wirkungsforschung diejenigen Daten, auf denen die Technikfolgenabschätzung beurteilend und bewertend aufbaut. Diese beiden Aspekte kommen jeweils beide bei zwei verschiedenen Ansätzen der TA-Forschung zum Tragen: einerseits bei der »technikinduzierten« TA, die sich mit der Entstehung von Problemen als Folge bereits vorhandener Techniken befaßt; und andererseits bei der »probleminduzierten« TA, der es um Möglichkeiten

6 Diese wurden entnommen: Bundesminister für Forschung und Technologie (Hrsg.), *Memorandum zur Technikfolgenabschätzung / Memorandum eines vom Bundesminister für Forschung und Technologie berufenen Sachverständigenausschusses zu Grundsatzfragen und Programmperspektiven der Technikfolgenabschätzung* (Bonn, Juni 1989), S. 14.

zur Lösung existierender gesellschaftlicher Probleme durch die Entwicklung neuer oder durch geeignete Anwendung bereits verfügbarer Techniken geht.[7]

Im Vordergrund soll dabei nach allgemeiner Auffassung die *problemorientierte* Technikfolgenabschätzung stehen, die möglichst frühzeitig sich abzeichnende Probleme erkennen und geeignete Lösungsmöglichkeiten entwickeln soll. Die prognostische Perspektive einer solchen Forschung bereitet natürlich besondere Schwierigkeiten, die etwa von Zimmerli als so schwerwiegend eingestuft werden, daß er eine Technikfolgenabschätzung im Sinne eines »Technology Forecasting« für prinzipiell undurchführbar hält.[8] Nach Zimmerli sollte die Aufgabe der Technikfolgenabschätzung eher die Beantwortung der Frage »Welche Zukunft wollen wir, und welche Zukunft läßt sich verantworten?«[9] sein.

Nun soll nicht bestritten werden, daß diese Frage wichtig ist; nur ist nicht klar, warum ihre Beantwortung gerade in das Aufgabengebiet der Technikfolgenabschätzung gehören soll. Darüber hinaus ist aber auch eine umfassende Skepsis gegenüber jeder Art von prognostisch-futurologischer Disziplin nicht stichhaltig. Im folgenden soll gezeigt werden, daß eine zukunftsorientierte TA tatsächlich wissenschaftliche Ergebnisse über zu erwartende Problemfälle liefern kann. Dabei wollen wir exemplarisch zeigen, wie ausgerechnet eine traditionell als Geisteswissenschaft eingeordnete Disziplin, nämlich die Semiotik, auf Probleme aufmerksam machen kann, die von Relevanz für die Bewertung von bestimmten Energieerzeugungsformen sind. Auf diese Weise kann dann auch gleichzeitig illustriert werden, daß die Geisteswissenschaften eben nicht, wie Marquard annimmt,[10] bloße lebensweltliche Kompensatio-

7 Vgl. ebd., S. 10 f.

8 Vgl. W. C. Zimmerli, »Statt eines Resümes: Die ›neuen‹ Technologien und die Aufgaben von Geisteswissenschaften und Philosophie«, in: Bundesminister für Bildung und Wissenschaft (Hrsg.), *Neue Technologien und die Herausforderung an die Geisteswissenschaften*, (Bonn, 1987) S. 102.

9 Ebd., S. 103.

10 Vgl. O. Marquard, »Über die Unvermeidlichkeit der Geisteswissenschaften«, in: Ders., *Apologie des Zufälligen: Philosophische Studien* (Stuttgart, 1986), S. 105.

nen für unabhängig verlaufende technische Entwicklungen bieten können, sondern selber aufklärerische Funktionen übernehmen.[11]

1982 und 1983 organisierte die *Zeitschrift für Semiotik* eine Umfrage unter Experten verschiedener Disziplinen mit der auf den ersten Blick überraschenden Frage: »Wie ist es möglich, unsere Nachkommen innerhalb der nächsten 10.000 Jahre über die Lagerungsorte und die besonderen Gefahren von Atommüll zu informieren?«[12] Die Ergebnisse nahmen ein ganzes Heft der *Zeitschrift für Semiotik* ein und zeigten, daß hier ein Problem liegt, das trotz seiner Größenordnung bisher unzureichend behandelt und darüber hinaus vielfach noch gar nicht als Problem erkannt wird. Insofern dieses Problem aber auch nicht in die Grenzen einer einzelnen Disziplin fällt, illustriert es auch das Erfordernis interdisziplinärer Projektarbeit bzw. eines wissenschaftlichen Denkens, das sich nicht auf disziplinäres »puzzle-solving« beschränkt. Die gestellte Aufgabe ist

> ein Modellfall für ein Thema, das innerhalb der Grenzen von keiner der traditionellen Wissenschaften wie der Linguistik, Anthropologie, Soziologie, Geschichte oder gar der Kommunikationstechnik angemessen behandelt werden kann.[13]

Wenn wir davon ausgehen müssen, daß natürliche Barrieren allein nicht genügen, um Menschen auf Dauer von sogenannten Endlagern fernzuhalten, sind wir gezwungen, eine kommunikative Lösung zu finden. Künftigen Generationen muß zu verstehen gegeben werden, daß diese Barrieren mit Absicht errichtet wurden; und dies ist auf Dauer (insbesondere wenn wir in Zeiträumen von Plutonium-Halbwertzeiten rechnen müssen) überhaupt nur sicherzustellen, wenn zumindest eine Bedingung erfüllt ist: Zukünftige potentielle Eindringlinge müssen mit einer abschreckenden Botschaft konfrontiert werden, die erkennbar an

11 Vgl. J. Mittelstraß, »Wissenschaft als Kultur«, *Heidelberger Jahrbücher* 30 (1986), S. 64; vgl. auch J. Mittelstraß, *Glanz und Elend der Geisteswissenschaften* (= *Oldenburger Universitätsreden*, Nr. 27) (Oldenburg, 1989).

12 R. Posner, »Mitteilungen an die ferne Zukunft: Hintergrund, Anlaß, Problemstellung und Resultate einer Umfrage«, *Zeitschrift für Semiotik* 6 (1984), S. 208.

13 Ebd.

diese Menschen zu deren eigenem Wohl gerichtet wurde.[14] Die für eine solche Aufgabe zu entwickelnde Kommunikationsleistung erfordert aber ein Vermögen, das in der heutigen Semiotik unterentwickelt ist, nämlich »sich bei der Umsetzung einer Botschaft in einen Zeichenträger auf räumlich und zeitlich weit entfernte *Rezipienten* einzustellen.«[15] Aus diesem Grunde ergaben sich insbesondere die folgenden Fragen:

- Welchen besonderen *Beschränkungen* muß eine Information unterworfen werden, die über 10.000 Jahre hinweg erfolgreich von Menschen an Menschen weitergegeben werden soll?
- Welche *Medien, Kanäle und Kodes* sind am verläßlichsten und wie gut sind sie gegen Verzerrung und Verlust von Information gesichert?
- Welche Nebeneffekte haben mögliche Vorschläge für die Kommunikation über 10.000 Jahre hinweg? Ziehen sie unvorhersehbare Veränderungen in unserer Lebensweise und Gesellschaftsstruktur nach sich, etwa indem sie neue Institutionen, Rituale, Mythen, kognitive Strukturen erforderlich machen?
- Welche *Erfahrungen* hat die Menschheit bisher mit der Kommunikation spezifischer Mitteilungen über Generationen hinweg und welche Prognosen ermöglichen sie für die Lösung des vorliegenden Problems?
- Wie muß die *Semiotik* weiterentwickelt werden, damit sie für die Lösung eines Problems dieser Art einen optimalen Beitrag leisten kann?[16]

Das Grundproblem wird deutlich, wenn man beachtet, daß »bereits nach 8000 Jahren kontinuierlichen Sprachwandels mit dem völligen Schwund des heutigen Wortschatzes zu rechnen« ist.[17] Da die üblichen symbolischen Zeichen sich schnell wandeln, wird auch die Möglichkeit der Übermittlung einer Botschaft auf ikonisch-indexikalischem Wege erwogen. Diese beständigere Art des Festhaltens einer Botschaft (etwa durch Tafeln mit Bildgeschichten) hat aber wiederum Probleme wegen ihrer mangelnden Präzision.

---

14 Vgl. ebd., S. 205 f.
15 Ebd., S. 197.
16 Ebd., S. 208.
17 Ebd., S. 213.

Die biologische Option der Züchtung von »Atomblumen« und »Strahlenkatzen«, die auf radioaktive Strahlung reagieren und auf diese Weise gefährliche Lagerstätten anzeigen, mag zwar trotz ihres futuristischen Klangs irgendwann realisierbar sein, scheitert letztlich aber an einer ähnlichen Schwierigkeit wie die ikonisch-indexikalische Darstellungsweise: Es

> bleibt die Frage offen, wer unseren Nachfahren in 10.000 Jahren – falls dann noch Blumen wachsen – die Tatsache verrät, *daß* die Atomblumen zu diesem Zweck geschaffen wurden und es sich lohnt, ihren Kode zu knacken.[18]

Die erforderliche Präzision der Mitteilung bedarf also schließlich doch der symbolisch-sprachlichen Weitergabe. Dieses Erfordernis bringt allerdings erhebliche Folgeprobleme mit sich: Die notwendige »Wartung« der übertragenen Botschaft, die sich schon daraus ergibt, daß die Information auf den Warntafeln der jeweiligen Gegenwartssprache angepaßt werden muß, kann nach Ansicht der befragten Wissenschaftler letztlich nur durch eine *gesellschaftliche Institution* garantiert werden.[19] Da aber nicht nur die menschlichen Sprachen, sondern auch die menschlichen Institutionen einem Wandel bzw. einem Werden und Vergehen unterworfen sind, stellt sich die alte Frage in neuem Gewand: Wie kann die Kontinuität einer gesellschaftlichen Institution gesichert werden?

Obwohl noch keine staatliche oder religiöse Institution der Menschheitsgeschichte länger als ein paar tausend Jahre existiert hat, spricht etwa Sebeok tatsächlich von einer »Atompriesterschaft«, die noch am ehesten in der Lage wäre, für die erforderliche Kontinuität zu sorgen:

> Wie beispielsweise die katholische Kirche über 2000 Jahre die frohe Botschaft von Leben, Sterben und Auferstehung Christi in kanonischer Form bewahrt und verbreitet und deren Übersetzung in fremde Sprachen und neu entstandene Sprachstufen autorisiert hat, so hätte die »Atompriesterschaft« die weniger frohe Botschaft vom Ort der Atommüllager und den Folgen des Eindringens zu bewahren und zu verbreiten und deren Übersetzung in alle relevanten neuen Zeichensysteme zu autorisieren.[20]

18 Ebd., S. 213.
19 Vgl. ebd., S. 214.
20 Ebd., S. 214.

Hier zeigt sich die eigentliche Problematik des durch Kernenergietechnik produzierten radioaktiven Abfalls: Der technische Fortschritt entwickelt eine Eigendynamik, die weitreichende – und zwar nicht nur technische, sondern auch soziale – Konsequenzen hat, die zwar unbeabsichtigt, aber womöglich unvermeidlich sind. Wenn erst einmal der Atommüll produziert worden ist, obwohl noch keine dauerhafte Lösung des Endlagerproblems vorliegt, erzwingt die Kernenergietechnik aus Sicherheitsgründen eine strukturelle Änderung der Gesellschaft in der Art, daß die Existenz bestimmter Institutionen längerfristig garantiert werden kann – und dies kann wohl nur bedeuten, daß die Gesellschaft *weniger* demokratisch wird und bestimmte Expertengruppen größere Machtbefugnisse erhalten.[21] Wir stehen vor einem »Dilemma zwischen radioaktiver Verseuchung und gesellschaftlicher Vergewaltigung«;[22] und wie Posner bemerkt: »Die detaillierte Beschreibung einer Institution zur Betreuung der Atommüllager über Jahrtausende hinweg, die demokratische Verhältnisse nicht gefährdet, sondern fördert, steht noch aus.«[23]

Mit diesem Eintreten für demokratische Verhältnisse, die gegen eine sie gefährdende, sich verselbständigende technische Entwicklung verteidigt werden müssen, gelangen wir zu einem anderen Fragenkomplex. Während zunächst die instrumentelle Frage nach den Folgeproblemen der Endlagerung von radioaktivem Abfall im Vordergrund stand, geht es nun um die Frage, welche von verschiedenen Entwicklungen wir, im Wissen um alle relevanten Umstände, letztlich *wollen*. Mit der Unterscheidung zwischen dem, was wir *können*, und dem, was wir *sollen*, die der Frage nach dem, was wir wirklich wollen, zugrunde liegt, kommen wir nämlich in den Bereich der Ethik. Problemorientierte Technikfolgenabschätzung setzt schon bestimmte Normen voraus, etwa hinsichtlich dessen, was als *Fehl*entwicklung zu gelten hat – und zwar nicht in dem beschränkten Sinne, daß eine bestimmte Technikentwicklung nicht gelingen wird, sondern weil eine bestimmte Technikentwicklung problematisch ist, weil sie Folgen hat (bzw. hätte), die wir nicht wollen.

21 Vgl. ebd.,, S. 214 u. 216 f. Vgl. auch R. Jungk, *Der Atom-Staat: Vom Fortschritt in die Unmenschlichkeit* (Reinbek, 1979).

22 R. Posner, »Mitteilungen an die ferne Zukunft«, S. 217.

23 Ebd.

Trotz dieser unausweichlichen Verbindung von Tatsachen und Bewertungsaspekten ist es wichtig, die beiden angesprochenen Gesichtspunkte analytisch zu unterscheiden.[24] Es sind verschiedene Aufgaben zu lösen, wenn einerseits gefragt wird, welche gesellschaftlichen Zwecke gut begründet sind und verwirklicht werden sollen, und andererseits gefragt wird, welche technologischen Entwicklungen diesen Zwecken zu- oder abträglich sind.

Wenn sich nach allgemein verbreiteter Ansicht[25] die Technikfolgenabschätzung auf die Beantwortung der zweiten Frage konzentrieren soll, so ist darin keine falsche Blindheit für gesellschaftliche Interessen zu sehen, sondern eine begründete Beschränkung auf diejenigen Fragen, die sich mit den Mitteln der empirischen Wissenschaften beantworten lassen. Damit werden ethische Fragen nicht unterbewertet; sondern es wird klargestellt, daß diese grundlegenden Fragen eben einer anderen Art der Beantwortung und Begründung bedürfen. Es muß aber auch klargestellt werden, daß die adäquate Beantwortung praktisch-politischer Fragen natürlich der Fachkenntnis der empirischen Wissenschaftler bedarf: So ermöglicht z. B. erst eine genaue Kenntnis der mit der Endlagerung von Atommüll verbundenen Probleme eine fundierte Beratung über wünschenswerte politische Entscheidungen. Für diese fundierte Beratung ist aber wieder eine problemorientierte Forschung nötig, die sich nicht auf das Aufgabengebiet einer einzelnen Disziplin eingrenzen läßt.

Das Thema »Technik und Ethik« wird nicht hier, sondern im Kapitel zum Verhältnis von Wissenschaft und praktischer Vernunft behandelt werden (vgl. Kapitel 6). Ein darauf verweisender Punkt des vorgestellten Fallbeispiels der Endlagerung von Atommüll soll aber schon hier hervorgehoben werden: die Unterscheidung zwischen Orientierungswissen und bloßer Information.[26] Wenn die erwähnte »Atompriesterschaft«

24 Vgl. Bundesminister für Forschung und Technologie (Hrsg.), *Memorandum zur Technikfolgenabschätzung*, S. 15.

25 Vgl. M. Dierkes, T. Petermann, V. v. Thienen, »Vorwort der Herausgeber«, in: Dies. (Hrsg.), *Technik und Parlament: Technikfolgenabschätzung: Konzepte, Erfahrungen, Chancen* (Berlin, 1986), S. 7 u. S. 10.

26 Zu diesem Themenbereich vgl. man verschiedene Arbeiten von J. Mittelstraß, z. B. »Technik und Vernunft: Orientierungsprobleme in der Industriegesellschaft«, in: Ders., *Wissenschaft als Lebensform: Reden über*

mit Hilfe von Mythen und Ritualen dafür sorgt, daß die Menschen den radioaktiven Endlagerstätten fernbleiben, wird kein Wissen mehr vermittelt: Wissen ist in (mythische bzw. rituelle) Information transformiert worden. Diese Information läßt sich dabei nicht mehr von bloßer Meinung unterscheiden, Manipulation und Unterdrückung sind Tür und Tor geöffnet. In einer freiheitlichen Gesellschaft muß dagegen auf der Forderung bestanden werden, daß stets gute Gründe für bestimmte Sicherheitsvorkehrungen durch staatliche Institutionen gegeben werden können. Die Entscheidungsgrundlagen müssen prinzipiell für jedermann nachvollziehbar sein: nicht mythisch bzw. rituell, sondern rational.

5.1.3 KI-Forschung

Die Künstliche Intelligenz-Forschung (KI) definiert sich über die Frage, ob Intelligenz, wie sie sich z. B. im Verstehen von Sprache, im Beurteilen von Situationen und im Lernen zeigt, durch (programmgesteuerte) Maschinen simuliert bzw. modelliert werden kann.

Der Wunsch, intelligentes Verhalten zu simulieren, ist alt. Es bedurfte jedoch der Erfindung des elektronischen Computers, um Realisierungsversuche über die Begrenztheit mechanischer Ansätze hinauszuführen.

Die Entwicklung des Computers[27] (von engl. to compute, rechnen) begann im 17. Jahrhundert als die Entwicklung von Rechenhilfen »im kleinen«, als Hilfsmittel bei der Addition einzelner Zahlen. 1623 entwarf und baute der Tübinger Professor W. Schickard eine mechanische Rechenmaschine, die automatisch addieren und subtrahieren konnte. Unter den Zeitgenossen blieb sie unbekannt, während die von B. Pascal 20 Jahre später gebaute (gleichwertige) Maschine großes Aufsehen erregte. G. Leibniz baute 1671 einen *Calculator*, der automatisch mul-

---

philosophische Orientierungen in Wissenschaft und Universität (Frankfurt, 1982), S. 37 – 64; »Bibliothek und geisteswissenschaftliche Forschung«, in: R. Landwehrmeyer (Hrsg.), *Bibliotheken im Netz: Funktionswandel wissenschaftlicher Bibliotheken durch Informationsverarbeitungsnetze* (München, 1986), S. 27 – 43.

27 Zu den historischen Fakten vgl. J. P. Hayes, *Computer Architecture and Organization* (New York, ^{2}1988), sowie K. Mainzer, Art. »Maschinentheorie«, in: *Enzyklopädie Philosophie und Wissenschaftstheorie*, hrsg. v. J. Mittelstraß, Bd. 2 (Mannheim/Wien/Zürich, 1984), S. 781 – 782.

tiplizieren und dividieren konnte. Den Höhepunkt der mechanischen Ära der Computerentwicklung bilden die Konstruktionen von C. Babbage. Babbages Ziel war es, die automatische Berechnung von mathematischen Tabellen zu ermöglichen. Der Entwurf der *Analytical Engine*, begonnen 1834, sah zwei Teile vor: den »Speicher« (Kapazität: 1000 50-stellige Dezimalzahlen) und die »Mühle«, die der arithmetisch-logischen Einheit moderner Computer entspricht. Ein Programm sollte die Maschine steuern. Es setzte sich zusammen aus zwei Stapeln von Lochkarten: Karten zum Speichern der Operationen und Karten zur Bestimmung der Speicherstellen. Die *Analytical Engine* sollte digital arbeiten. Ihre Wirkungsweise sollte also nicht – wie z. B. die des Rechenschiebers – auf der Verarbeitung stetiger, sondern sollte auf der Verarbeitung diskreter Größen beruhen. Die *Analytical Engine* wurde nicht gebaut, weil die zu Babbages Zeit verfügbare mechanische Technologie für eine Realisierung nicht ausreichte.

Es dauerte etwa 100 Jahre, bis 1930 K. Zuse den mechanischen Rechner Z1 baute. Der Z1 besaß ein binäres Zahlensystem. In einem solchen Zahlensystem zur Basis 2 benötigt man nur zwei Ziffern (0 und 1) zur Darstellung einer Zahl. Diese Darstellungsweise von Zahlen ist für die Implementierung von Rechenoperationen in Digitalcomputern vorteilhaft. Man kann dann die binär dargestellten Zahlen bzw. Aussagen direkt den Zuständen Ein und Aus einer elektrischen Schaltung zuordnen. Der Z3 aus dem Jahre 1941, der als der erste programmgesteuerte Universalrechner gilt, war dann mit elektromechanischen Relais ausgestattet. Der erste elektronische Computer war der, von einem Team um John von Neumann konzipierte, mit 18000 Vakuumröhren arbeitende ENIAC aus dem Jahre 1946.

Im ENIAC wurden Programm und Daten noch in verschiedenen Speichern gehalten. Die Idee, Daten und Programm gemeinsam zu speichern, wird J. v. Neumann zugeschrieben. Der von ihm konzipierte IAS-Computer kann als Prototyp aller späteren Universalrechner angesehen werden, als Repräsentant der sogenannten *Von-Neumann-Architektur*.

Ein Von-Neumann-Rechner besteht aus:

– einer Zentraleinheit (CPU), die die Instruktionen holt, decodiert, die Operanden holt, decodiert, die Instruktion ausführt und Ergebnisse wieder speichert;

- einem Hauptspeicher, der die Daten *und* das Programm enthält;
- Ein-/Ausgabegeräten, wie Sekundärspeicher, Bildschirm, Tastatur und Drucker;
- einem *Bus*, d. i. einer Art Übertragungsleitung, über die die einzelnen Rechnerkomponenten Daten und Kontrollanweisungen austauschen.

Die Von-Neumann-Architektur ist die Basis eines für alle algorithmisch faßbaren Aufgaben einsetzbaren Rechners. Sie hat jedoch einen entscheidenden Nachteil: Von-Neumann-Rechner können zu einem Zeitpunkt jeweils nur eine Operation ausführen, weshalb sie auch als »serielle Rechner« bezeichnet werden. Selbst einfachste Operationen erfordern in der Regel die Ausführung mehrerer Einzelschritte, die ihrerseits den Transport von Informationen aus dem Speicher über den Bus zur CPU und zurück voraussetzen. Da der Bus jeweils nur *eine* Informationseinheit aufnimmt, müssen diese Schritte nacheinander ausgeführt werden. Bei der Bearbeitung komplexer Aufgaben entwickelt sich der Bus so zu einem echten Engpaß (*Von-Neumann-bottleneck*).

Noch die meisten modernen Computer sind auf der Grundlage der Von-Neumann-Architektur konzipiert. Die Fortschritte der Computertechnologie beziehen sich größtenteils auf die Miniaturisierung der Bauelemente und insbesondere auf die Verbesserung der Integration der Schaltkreise auf den Chips. Als wichtige Stationen sind hier zu nennen: 1948 die Erfindung des Transistors und 1961 die Entwicklung der integrierten Schaltkreise, der ICs. Derzeit ist die IC-Entwicklung bei der VLSI (Very Large Scale Integration)-Technologie angelangt, die es ermöglicht, auf einem einzigen Chip Hunderttausende von Transistoren unterzubringen. Das Kosten-Nutzen-Verhältnis fällt bei einer weiteren Integration allerdings immer ungünstiger aus.

Alternative Rechnerkonzepte, wie Pipelinerechner oder Multiprozessoren, deren Ursprünge in die 50er Jahre zurückreichen, haben sich nicht in großem Stil durchsetzen können. Der Grund liegt auf der Hand: Eine Parallelisierung der Hardware-Basis läßt sich im Rahmen der herkömmlichen regelgeleiteten Programmierung allenfalls dann ausnutzen, wenn man eine Aufgabe in Teilaufgaben zerlegen kann, die für eine parallele Abarbeitung geeignet sind, und die Koordination sicherstellen kann. Für eine massive Parallelisierung der Programmabarbeitung steht aber erst seit kurzer Zeit die erforderliche Computertechnologie (Hardware) zur Verfügung, z. B. die *Connection Machine* von D. Hillis.

Die KI-Forschung, ein Spezialgebiet der Informatik, ist an der systematischen Informationsverarbeitung nicht als solcher interessiert. Ihr ist der Computer ein *Mittel*, intelligentes Verhalten zu simulieren bzw. zu modellieren. Die oben skizzierte Geschichte des Computerbaus macht allerdings deutlich, daß der Computer für die KI keineswegs ein neutrales Mittel ist, sondern eher ein gewisse Vorentscheidungen weitertragendes Explikans menschlicher Intelligenz. Das sequentielle Abarbeiten exakter Befehlsfolgen durch den Computer hat seine Entsprechung im KI-Modell menschlicher Informationsverarbeitung als einem streng regelgeleiteten, heuristisch gesteuerten Auszählen präzis definierter Alternativen. Am Beispiel der heute unter dem Namen »Neural Nets« Furore machenden Anfänge einer Umorientierung innerhalb der KI läßt sich zeigen, inwiefern eine interdisziplinäre Ausrichtung dazu angetan ist, derlei Vorentscheidungen zu thematisieren und gegebenenfalls zurechtzurücken. Der *Konnektionismus*, wie die Theorie der Neuralen Netze auch genannt wird, liefert ein illustratives Beispiel für das Erfordernis und zugleich für das Gelingen interdisziplinärer Praxis.

Der Konnektionismus macht an der Tatsache fest, daß es auch den neuesten Supercomputern nahezu unmöglich ist, vergleichsweise einfache Wahrnehmungsleistungen nachzubilden. Die traditionelle KI, die sogenannte symbolische KI, erklärt das folgendermaßen:

> Many key thought processes – like recognizing people's faces and reasoning by analogy – are still puzzles; they are performed so ›unconsciously‹ by people that adequate computational mechanisms have not been postulated for them.[28]

Diese Richtung der KI versucht, intelligentes Verhalten allgemein – zunehmend allerdings nur noch ganz spezifische Manifestationen von Intelligenz[29] – über symbolische Repräsentationen eines zugrundelie-

28 A. Barr u. E. A. Feigenbaum, *The Handbook of Artificial Intelligence*, Bd. 1 (New York, 1981), S. 7.

29 Der größte Erfolg der symbolischen KI sind die sogenannten »Expertensysteme«, die als Hilfsmittel bei der medizinischen Diagnose oder beim Auffinden von Bodenschätzen eingesetzt werden. Diese Systeme sind regelbasiert, die Daten stehen in einer exakten *Wenn-Dann-Beziehung* zueinander.

genden Wissens auf dem Computer nachzubilden. Der Konnektionismus hingegen schlägt einfache Modelle neuraler Netze zur Darstellung von Informationsverarbeitung vor. Die Überlegung, die dahintersteht, ist folgende: Das Gehirn, verstanden als ein biologisches informationsverarbeitendes System, kann zwar nicht so schnell rechnen wie ein Computer, aber es kann ungleich schneller komplexe Muster erkennen und differenziert verarbeiten – wobei es, in direktem Gegensatz zum Computer, mit zunehmendem ›Wissen‹ schneller arbeitet. Da die kleinsten Funktionseinheiten des Gehirns (Neuronen und Synapsen) wesentlich langsamer arbeiten als die Bausteine eines Computers, muß diese Überlegenheit auf die – noch weitgehend unbekannte – Verknüpfungsstruktur der Nervenzellen zurückzuführen sein. Der Konnektionismus geht deshalb davon aus, daß Modelle neuraler Netze zum Verständnis menschlicher Informationsverarbeitung beitragen, und daß dieses Verständnis wiederum für die Verbesserung der Computertechnologie ausgenutzt werden kann.

Genaugenommen handelt es sich beim Konnektionismus um eine seit wenigen Jahren wiedererwachte Forschungsrichtung,[30] die als sogenannter *Bottom-up-Ansatz* in den 60er Jahren abgedrängt wurde und heute angesichts der Stagnation, in den die symbolische KI (*Top-down-Ansatz*) geraten ist, aber auch aufgrund eigener Fortschritte, wieder Beachtung findet. Oft wird der Konnektionismus, gerade auch in seiner Abgrenzung als Bottom-up-Ansatz gegenüber der symbolischen KI, mit der Kybernetik identifiziert. In *einem* Sinne ist diese Zuordnung auch richtig. Von N. Wieners 1948 erschienenem Werk *Cybernetics – or Control and Communication in the Animal and the Machine*[31] gingen viele Anregungen aus für die Theorie neuraler Netze. Und das Paradigma der Kybernetik, die Idee vom Geist oder der Bedeutung als »In-

30 Deshalb findet man auch oft die Bezeichnung »Neuer Konnektionismus«. Vgl. J. T. Schwartz, »The New Connectionism: Developing Relationship Between Neuroscience and Artificial Intelligence«, in: S. R. Graubard (Hrsg.), *The Artificial Intelligence Debate: False Starts, Real Foundations* (Cambridge, ^{2}1989), S. 123 – 141.

31 N. Wiener, *Cybernetics – or Control and Communication in the Animal and the Machine* (New York, 1948) [dt. *Kybernetik: Regelung und Nachrichtenübertragung in Lebewesen und Maschine* (Düsseldorf/Wien, 1962, ^{2}1965; Reinbek, 1968)].

Formation« der Materie besticht noch heute viele Vertreter des Konnektionismus. Aber es ist eher das kybernetische Denken als die Kybernetik in Gestalt einer selbständigen Theorie, das Eingang in den Konnektionismus gefunden hat.

Die Geschichte der Neuralen Netze reicht zurück bis ins 19. Jahrhundert, als die ersten Erkenntnisse über Aufbau und Funktionsweise des Gehirns gewonnen wurden.[32]

- 1850 mißt H. Helmholtz die Geschwindigkeit neuraler Signale;
- L. Lichtheim kann, gestützt auf eigene und auf Arbeiten von Kollegen, feststellen, daß die unterschiedlichen sensorischen Fähigkeiten in verschiedenen Gehirnregionen lokalisiert sind;
- 1900 gelingen dem Spanier R. y Cajal anatomische Analysen, die die Struktur des Gehirns als ein Netzwerk von Neuronen offenlegen;
- physiologische Untersuchungen durch C. Sherrington um dieselbe Zeit enthüllen die Funktion der Synapsen;
- durch Arbeiten von O. Wiener, J. Bigelow und A. Rosenblueth im Jahr 1943 wird evident, daß das Phänomen der Überkompensierung bei Regelungsvorgängen auch im menschlichen Nervensystem auftreten kann.

Das eigentliche Geburtsjahr der künstlichen neuralen Netze ist 1943. In ihrem Aufsatz »A Logical Calculus of the Ideas Immanent in Neurons Activity«[33] stellen W. S. McCulloch und W. H. Pitts, aufbauend auf den Erkenntnissen von R. y Cajal und C. Sherrington, ihr Modell eines Neurons vor. Es ist ein Schwellenwertelement mit binären Eingängen und einem Ausgang.[34] Das *McCulloch-Pitts-Neuron* ist sozusagen das Ur-Neuronenmodell:

---

32 Vgl. M. A. Arbib, *Brains, Machines, and Mathematics* (Berlin/New York, [2]1987), *passim.*

33 W. S. McCulloch u. W. H. Pitts, »A Logical Calculus of the Ideas Immanent in Neurons Activity«, *Bulletin of Mathematics and Biophysics* 5 (1943), S. 115 – 133.

34 Die technischen Details für das McCulloch-Pitts-Neuron sowie für einschichtige und mehrschichtige Perzeptrons sind einem Manuskript von F. Uhlemann entnommen. Vgl. F. Uhlemann, »Neurale Netze«, Manuskript (1989). Vgl. auch D. E. Rumelhart u. J. E. McClelland, *Parallel Distributed Processing*, Bd. 1 (Cambridge, Mass., 1986).

Es ist ein Element u_j mit m Eingangssignalen ($\in \{0,1\}$) $x_1,\ldots,x_m$ (die Ausgangssignale der vorgeschalteten Neuronen) und einem Ausgangssignal o_j. Weiterhin ist es charakterisiert durch den Schwellenwert θ und ein Verbindungsgewicht je Eingangssignal. Diese Gewichte werden dargestellt durch ganze Zahlen. Sie repräsentieren die Stärke der zugehörigen Verbindung. Die ganze Informationsverarbeitung besteht darin, zum Zeitpunkt t die gewichtete Summe der Eingangssignale a_j, die sogenannte Aktivierung des Elements, zu bilden, festzustellen, ob diese Summe größer als θ ist, und, wenn das der Fall ist, selbst ein Signal $o_j\ (t+1) = 1$ auszusenden.

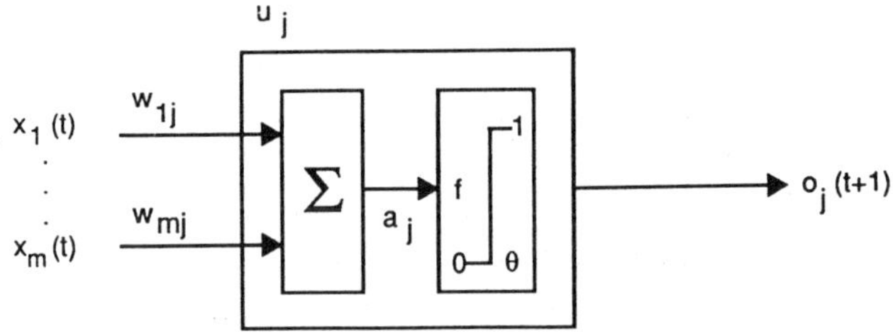

Das erste präzis definierte neurale Netz bestand aus verschalteten McCulloch-Pitts-Neuronen. McCulloch und Pitts konnten zeigen, daß alles, was (turing-)berechenbar ist, auch durch ein neurales Netz dargestellt werden kann.

Wenige Jahre später werden die theoretischen Grundlagen der Neuralen Netze um zwei wichtige Elemente erweitert:

– Der Neurophysiologe K. Lashley kommt nach einer langen Reihe von Experimenten zu dem Schluß, daß begriffliche Einheiten nicht durch einzelne Neuronen, sondern durch raum-zeitliche Erregungsmuster, sogenannte »Engramme«, repräsentiert werden;
– 1949 stellt der Psychologe D. O. Hebb die Hypothese auf, daß das Lernen zurückgeführt werden kann auf das Wachstum von Synapsen bei gleichzeitiger Aktivität der unmittelbar verbundenen Neuronen.

1957 gab dann F. Rosenblatt eine computersimulierte Demonstration seines inzwischen als erstes realisiertes Beispiel eines Neuralen Netzes legendär gewordenen *Perzeptron*s und führte 1958 den Prototypen *Mark I* vor. Diese Maschine besaß eine Matrix aus 400 photoelektrischen Zellen zur Bildaufnahme. Die Photozellen waren mit 512 sogenannten Assoziatoreinheiten verbunden, von denen jede die Signale mehrerer Photozellen kombinierte und das Ergebnis an Ausgabeeinheiten weiterleitete. Die Ausgabeeinheiten summierten die gewichteten Signale und erlaubten nach einem Schwellwertvergleich eine Aussage über die Klassenzugehörigkeit des dargebotenen Musters. Die entscheidende Neuerung gegenüber dem Modell von McCulloch-Pitts besteht darin, daß die Funktion der synaptischen Verbindungen zeitlich veränderlich ist. Durch ein Lernverfahren konnte das Perzeptron trainiert werden, einfache Muster zu klassifizieren.

Ein Modell eines einfachen Perzeptrons, das ein Muster einer von zwei Klassen zuordnen kann, ist das folgende:

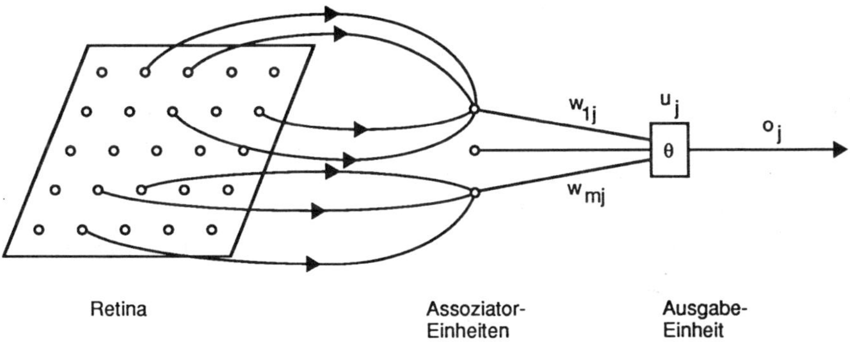

(Abbildung nach M. A. Arbib, *Brains, Machines*, S. 64)

Um das Phänomen der Selbstorganisation besonders deutlich zu machen, sind die Sensoren auf zufällige Weise mit den Assoziator-Einheiten verbunden. Die klassifizierende Netzausgabe o_j berechnet sich folgendermaßen:

$$o_j = f(\sum_{i=1}^{m} w_i x_i - \theta), \qquad \text{mit } f(x) = +1, \text{ falls } x > 0$$
$$\text{und } f(x) = -1, \text{ sonst.}$$

Falls $o_j = +1$, dann gehört das Eingabemuster Klasse A an, falls $o_j = -1$, gehört es in Klasse B. Die Erweiterung des Modells auf mehrere Klassen ergibt sich, indem weitere Ausgabeeinheiten hinzugefügt werden. Aus den Antworten $o_1,\ldots,o_n$ ergibt sich die Zuordnung des Eingabemusters zur Klasse i, falls $o_i > o_j$, für alle $j \neq i$.

Die Verbindungsgewichte w_i werden durch ein Lernverfahren justiert. Dieses Verfahren ist vom Typ des überwachten Lernens, d. h. es bedarf einer externen Korrektur der zu einer fehlerhaften Ausgabe führenden Verbindungsgewichte. Die zugehörige *Fehler-Korrektur-Regel* wurde auch von Rosenblatt entwickelt. Zunächst werden die Verbindungsgewichte und der Schwellenwert besetzt mit kleinen, von Null verschiedenen, zufälligen Werten. Dann erhält das Perzeptron neue Eingabewerte. In einem dritten Schritt wird die Ausgabe o(t) berechnet. Falls ein Fehler auftritt zwischen dem Ausgabewert und dem richtigen Wert, also der gewünschten Klassifikation, werden die Gewichte gemäß der folgenden Anweisung adaptiert:

$$w_i(t+1) = w_i(t) + k[d(t) - y(t)]x_i(t), \qquad 0 \leq i \leq m$$

mit y(t) als der tatsächlichen und d(t) als der gewünschten Ausgabe.

Der Lernfaktor k ($\in [0,1]$) steuert die Adaptionsrate. Die Differenz $d(t) - y(t)$ bestimmt, ob die Ausgabe fehlerhaft ist, d. h. ob eine Korrektur stattfindet oder nicht.

Das Perzeptron kann man durch folgende Eigenschaften charakterisieren:

- Die Verbindungsgewichte sind positiv, negativ oder 0 für »excitatorische« (verstärkende), »inhibitorische« (abschwächende) oder fehlende Verbindungen;
- die Eingabewerte können kontinuierlich oder binär sein;
- die Ausgabeeinheiten und die Assoziatoreinheiten sind Schwellenwertelemente;
- es besitzt eine sogenannte *Feedforward*-Verbindungsstruktur, d. h. es erlaubt keine Rückwärtsverkettung;
- das einfache Perzeptron ist einschichtig, d. h. es gibt keine internen, »verborgenen« Elemente, sondern nur eine Schicht von Ausgabeeinheiten.

Das Perzeptron war ein lange Zeit richtungweisendes Modell, das viele Weiterentwicklungen erfahren hat. Anfang der 60er Jahre wurde es zu einem mehrschichtigen Modell verallgemeinert, ebenfalls von Rosenblatt. *Mehrschichtige Perzeptrons* sind *Feedforward*-Netze mit mehreren Schichten von Verarbeitungselementen zwischen den Ein- und Ausgabeschichten.

Es zeigte sich schon sehr früh, daß das einschichtige Perzeptron ein sehr beschränkter Klassifikator ist.[35] Es kann nur linear separierbare Musterklassen auseinanderhalten, d. h. die Musterklassen müssen durch Geraden, Ebenen oder, in höheren Dimensionen, durch sogenannte Hyperebenen trennbar sein. Es ist nicht in der Lage, das Problem vom ausschließenden oder (XOR-Problem) zu lösen, d. h. bei zwei Eingängen, den sehr verschiedenen Eingabemustern 00 und 11 eine Ausgabe 0 und den Eingaben 01 und 10 eine 1 als Ausgabe zuzuordnen. Mit einem einschichtigen Perzeptron lassen sich nur sehr einfache Ähnlichkeitsrelationen realisieren. Die Situation ändert sich entscheidend, sobald man eine weitere Schicht hinzunimmt. Eine theoretische Lösung des XOR-Problems ist die folgende:

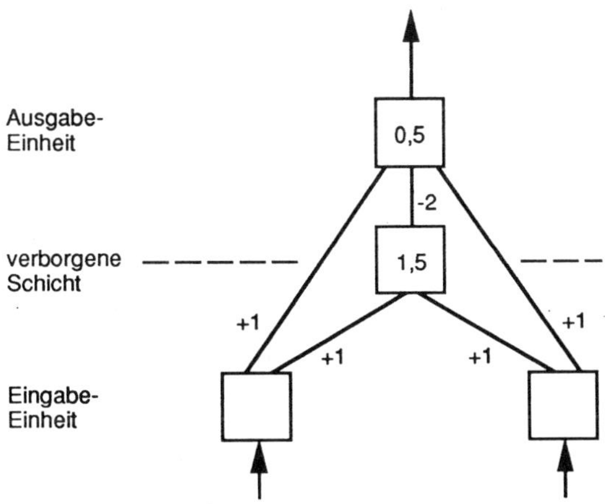

(Abbildung nach D. E. Rumelhart u. J. E. McClelland, *Parallel Distributed Processing*, S. 331)

Bei dem oben wiedergegebenen Netz können die Schwellenwerte und Verbindungsgewichte noch durch Nachdenken ermittelt werden. Bei

35 Die scharfe Kritik von M. Minsky und S. Papert – beide aus dem Lager der symbolischen KI –, die das einstweilige Ende der Entwicklung der Neuralen Netze bedeutete, bezog sich auf dieses Modell. Die Kritik war sorgfältig begründet. Minsky und Papert behaupteten darüber hinaus, daß auch mehrschichtige Perzeptrons nicht leistungsfähig seien, ohne allerdings diese Aussage begründen zu können. Vgl. M. Minsky u. S. Papert, *Perceptrons* (Cambridge, Mass., 1969).

komplizierteren Netzen ist das unmöglich. Erforderlich sind also Lernverfahren, die die Verbindungsgewichte automatisch justieren, d. h. die interne Repräsentationen für die Musterrelationen generieren. Erst seit Anfang der 80er Jahre gibt es Lernverfahren, die auch das Training der »verborgenen« Einheiten ermöglichen. Das bekannteste ist das *Error-Backpropagation-Verfahren.*

Traditionelle Computer funktionieren nur, wenn sie vorher programmiert worden sind. Diesem Programmieren, d. h. dem Festlegen der Sequenz der Verarbeitungsschritte und der Daten, entspricht in Neuralen Netze die Justierung der Verbindungsgewichte. Ein Programm, der zugrundeliegende Algorithmus und die Daten, ist als explizite Problemlösung nachvollziehbar. Das läßt sich von Neuralen Netzen nicht behaupten. Hat ein solches Netz seine Lektionen gelernt, sind die Verbindungsgewichte adaptiert, dann ist es unmöglich, das »Wissen« des Netzes, das z. B. der korrekten Klassifikation bestimmter Muster zugrundeliegt, aus dem Netz herauszulesen.

Während der Lernphase werden die Verbindungsgewichte entweder direkt spezifiziert – das ist nur bei sehr einfachen Netzen möglich – oder sie werden in Reaktion auf Fehler, die das Netz macht (falsche Klassifikationen), über wiederholte Präsentationen von Lernmustern dynamisch angepaßt. Es gibt im wesentlichen zwei Regeln für diese Adaption der Verbindungsgewichte. Ein Regeltyp – der älteste und bekannteste – basiert auf der Hebbschen Hypothese, daß die Verbindung zwischen zwei Elementen verstärkt wird, wenn beide gleichzeitig aktiviert sind. Regeln dieser Art justieren die Verbindungsgewichte auf der Grundlage der Korrelation der Zustände zweier verbundener Neuronen. Der zweite Regeltyp, die *Delta-Regel*, folgt dem Prinzip der Fehlerminimierung. Das Perzeptron-Lernverfahren und dessen Weiterentwicklung, das Error-Backpropagation-Verfahren sind von diesem Typ. Diese Regeln vergleichen die Netzausgabe mit der gewünschten Ausgabe und verändern die Verbindungsgewichte derart, daß sich eine Verringerung des Gesamtfehlers ergibt. *Hebbsches Lernen* ist nichtüberwacht, d. h. das Netz lernt ohne externe Hilfestellung, während Fehlerminimierungsregeln die Vorgabe der erwünschten Netzausgabe zur Fehlerbestimmung verlangen.

Konnektionistische Modelle lassen sich zusammenfassend wie folgt charakterisieren:

(1) Die Modelle sind ein- oder mehrschichtige Netzwerke aus Verarbeitungselementen, den formalen Neuronen.
(2) Die Verarbeitungselemente sind einfach, wie z. B. das McCulloch-Pitts-Neuron.
(3) Die »Programme« sind gegeben durch die Struktur der Verbindungen, die Ausgabefunktion der Neuronen und das verwendete Lernverfahren.
(4) Es besteht ein extremer Parallelismus, eine extreme Verschaltung zwischen den Neuronen.
(5) Es gibt keine übergeordnete Kontrollinstanz.
(6) Ein Gegenstand wird typischerweise durch ein »Aktivitäts*muster*« repräsentiert. Man spricht hier auch von *verteilter* Repräsentation.

Im Gegensatz zur traditionellen KI werden von den Vertretern des Konnektionismus die Erkenntnisse der Naturwissenschaft bei der Modellbildung berücksichtigt. Die Theorie der neuralen Netze ist geradezu zu einem Sammelbecken all jener Ansätze geworden, die sich mit der materialen Seite der menschlichen Informationsverarbeitung beschäftigen. T. Kohonen, ein prominenter Vertreter des Konnektionismus, stellt fest:

> Theoretical brain research has always been regarded as an interdisciplinary science, without clear identity of its own. System-theoretic approaches to the brain functions have been published in the contexts of biophysics, theoretical biology, mathematical psychology, cybernetics, pattern recognition, artificial intelligence, the theory of adaptive systems, and possibly others. Quite recently, the terms ›neural computing‹ or ›neural networks‹ have been adapted to cover many of these subfields [...].[36]

Daß der Konnektionismus hier identitätsbildend wirkt, liegt daran, daß er eine Darstellungsmethode liefert, die es erlaubt, die physikalisch-chemischen Prozesse im Gehirn in Bezug zu setzen zu einer Ebene der Information. Wenn P. N. Johnson-Laird 1980 in einem Konferenzvortrag feststellt:

> [...] cognitive science is unlikely to achieve very much if it simply involves people with diverse intellectual backgrounds who happen to work on the same problems. ›Well‹, the optimist will say, ›there needs to be a collaboration between these different individuals‹. At this point, the question of metho-

36 T. Kohonen, *Self-Organization and Associative Memory* (Berlin/Heidelberg/New York, 1984), S. 242.

> dology arises, for the nature of the collaboration calls for more than the interchange of results[,][37]

dann sind die Vertreter des Konnektionismus in diesem Sinne Optimisten, denen es überdies gelungen ist, das Kommunikationsproblem zu lösen. Ihr Ansatz, in der Sprache der Mathematik biologisch plausible einfache Modelle zu entwerfen und diese auf dem Computer zu simulieren, vereint zahlreiche, bis dahin nur locker zusammengehörige wissenschaftlich und technologisch orientierte Disziplinen.

Es ist nicht zulässig, der traditionellen KI den Vorwurf der disziplinären Selbstbeschränkung zu machen. Ihre intensive Zusammenarbeit mit der Linguistik und mit der Kognitiven Psychologie läßt sich nicht übersehen. Allerdings geschah dieser Austausch immer unter der gemeinsamen Leitvorstellung, jegliches intelligente Verhalten beruhe auf explizit kodifizierbaren Regeln und ließe sich in vollständig objektivierbares Wissen überführen. Unter diesen Vorzeichen stellt der faktische Austausch zwischen den Disziplinen keineswegs einen Fall echter Interdisziplinarität dar: Er impliziert nämlich nicht den Anstoß, die eigenen Voraussetzungen zu reflektieren – und möglicherweise zu revidieren. Das Querdenken des Konnektionismus erweist sich dagegen als äußerst belebend. Deshalb empfiehlt denn auch H. Dreyfus, der hartnäckige Kritiker der überkommenen KI-Forschung, schon 1985 die Theorie der neuralen Netze:

> Künstliche Intelligenz kann jedoch erst dann verwirklicht werden, wenn die Forscher ihre Idee aufgeben, nach einer zeichenhaften Darstellung der Welt zu suchen, und sich statt dessen an einem neu[]ralnetzartigen Modell des menschlichen Gehirns orientieren. Falls dies tatsächlich die Richtung ist, die von der KI-Foschung eingeschlagen werden sollte, so werden ihr dabei die leistungsstarken Parallelprozessoren der nahen Zukunft wertvolle Hilfe leisten. Die Hilfe ist allerdings nicht deshalb zu erwarten, weil diese Maschinen in einer Sekunde Millionen von Schlußfolgerungen ziehen können, sondern weil eine schnellere, konsequenter parallelgeschaltete Computerarchitektur jene Art der Verarbeitung von Mustern leisten kann, die ohne jede Darstellung von Regeln und Merkmalen auskommt.[38]

37 P. N. Johnson-Laird, »Mental Models in Cognitive Science«, *Cognitive Science* 4 (1980), S. 71–115.

38 H. Dreyfus, *Was Computer nicht können: Die Grenzen künstlicher Intelligenz* (Frankfurt, 1989), S. 15 [amerikan. Original: *What Computers Can't*

5.1.4 Rechtsinformatik, Rechtstheorie, Literaturtheorie

Das neue Forschungsgebiet »Computergestützte juristische Expertensysteme« hat die praktische Relevanz der eher abstrakten Rechtstheorie neu aufgezeigt.[39] Die Rechtsinformatik muß, wenn sie über die bloße Verfügbarmachung von Fakten in juristischen Datenbanken (»Datenfriedhöfen«) hinausgehen will, in einem Expertensystem Entscheidungsprinzipien festlegen, die die Urteilskraft der Richter nachbilden. Dabei wird üblicherweise versucht, durch die Verbindung von gespeicherten Fakten und Regeln über eine »Inferenzmaschine« zu einer korrekten Bewertung eines konkreten Einzelfalls zu kommen. In solchen Projekten stellt sich die prinzipielle Frage, ob sich die urteilende Fähigkeit eines Richters überhaupt in einer Maschine nachbilden läßt. Diese Frage rückt insbesondere deshalb in den Vordergrund, weil die bislang entworfenen Expertensysteme auf einem strikt kalkülgeleiteten Modell der Urteilskraft aufbauen, das angesichts der auftauchenden Probleme in diesen Projekten (auf die noch einzugehen sein wird) immer mehr ins Kreuzfeuer der Kritik gerät. Dabei sind zwei Fragen zu unterscheiden: Verarbeitet menschliches Denken tatsächlich lediglich Informationen nach formalen Regeln?; oder, schwächer formuliert: Läßt sich die Denkleistung eines Menschen vollständig durch einen Digitalcomputer simulieren? – wobei in letzterem Fall die Frage unberücksichtigt bleiben kann, *wie* Mensch und Maschine tatsächlich zu ihren Ergebnissen kommen.[40] Im folgenden soll ein interdisziplinär zusammengesetztes Projekt zur Schaffung eines juristischen Expertensystems vorgestellt werden. Die hier aufgetretenen Schwierigkeiten werden zeigen, daß auch eine solche fächerübergreifende Arbeitsgruppe nicht davor gefeit ist, für das Gesamtprojekt relevante Forschungsergebnisse zu übersehen,

---

Do: The Limits of Artificial Intelligence (New York, 1972, ^{2}1979); die deutsche Übersetzung folgt der 2. Auflage und enthält ein 1985 geschriebenes Vorwort von H. Dreyfus].

39 Vgl. S. Grundmann, »Juristische Expertensysteme – Brücke von (Rechts)informatik zu Rechtstheorie«, in: U. Erdmann u. a. (Hrsg.), *Computergestützte Juristische Expertensysteme* (Tübingen, 1986), S. 98.

40 Vgl. H. L. Dreyfus, *Was Computer nicht können: Die Grenzen künstlicher Intelligenz* (Frankfurt, 1989), S. 239.

wenn diese aus einem Fach stammen, das auf den ersten Blick nichts Zukunftsweisendes beitragen zu können scheint – zumal, wenn es sich um eine Geisteswissenschaft handelt. Anhand der Untersuchungen des bedeutenden Rechtsphilosophen Ronald Dworkin[41] soll gezeigt werden, wie ein richtiges Verständnis der Interpretation *literarischer* Texte eine Klärung richterlicher Urteilskraft (z. B. in der Ausübung der Ermessensfreiheit in schwierigen Fällen) leisten und damit ein Korrektiv zu formalistischen Modellen bilden kann.

Schon Leibniz entwickelte die Idee eines universalen, für jeden möglichen Fall durchkalkulierbaren Rechtssystems:

> Die richtige Bestimmung der Tatsachen oder Sachlagen würde automatisch einen Subsumptionsmechanismus zur Folge haben, der jede weitere Überlegung und Entscheidung, etwa durch einen Richter, überflüssig machen würde. Im Grunde könnte auch eine Maschine die Rechtssprechung leisten.[42]

Auf dieser Idee einer *mathesis moralis* beruht auch das Projekt LEX (»Linguistik- und logikbasiertes juristisches Expertensystem«), das im Oktober 1984 begonnen wurde.[43] Es wird gemeinsam durchgeführt von IBM Deutschland (Abteilung Expertensystem-Forschung des Wissenschaftlichen Zentrums in Heidelberg) und der Universität Tübingen (Forschungsstelle für natürlichsprachliche Systeme; Institut für Strafrecht, Strafprozeßrecht, Rechtsphilosophie und Rechtsinformatik). Das Team besteht, neben Juristen, aus Mathematikern, Logikern, Informatikern und Linguisten. Nach dem Vorbild des erfolgreichen Exper-

41 Ronald Dworkins Buch *Taking Rights Seriously* (Cambridge, Mass., 1978) wird – zumindest im englischen Sprachraum – als wichtigstes rechtsphilosophisches Werk seit H. L.A. Harts *The Concept of Law* (Oxford, 1961) angesehen.

42 W. Schneiders, »Gottfried Wilhelm Leibniz: Das Reich der Vernunft«, in: J. Speck (Hrsg.), *Grundprobleme der großen Philosophen: Philosophie der Neuzeit I* (Göttingen, 1979), S. 169; vgl. K. Jacobi, »Zur Konzeption der praktischen Philosophie bei Leibniz«, in: *Studia Leibnitiana Supplementa*, Vol. 14, Bd. 3 (Wiesbaden, 1975), S. 145 – 173, sowie H. Schepers, »Leibniz' Disputationen ›De Conditionibus‹: Ansätze zu einer juristischen Aussagenlogik«, in: *Studia Leibnitiana Supplementa*, Vol. 15, Bd. 4 (Wiesbaden, 1975), S. 1 – 17.

43 Vgl. U. Erdmann u. a. (Hrsg.), *Expertensysteme, passim.*

tensystems MYCIN[44] soll in diesem und in ähnlichen Projekten ein Programm entwickelt werden, das Rechtsanwälte, Richter, Polizeioffiziere, Rechtsdienste privater und öffentlicher Organisationen und Studenten der Rechtswissenschaft unterstützt.[45] Nicht nur die Anwendung in der Rechtsprechung und Lehre, sondern auch in der Gesetzgebung wird erwogen.[46] Im Projekt LEX soll dabei exemplarisch auf der Grundlage der Programmiersprache PROLOG ein Expertensystem für Konsultationen zum § 142 StGB (»Unerlaubtes Entfernen vom Unfallort«) entwickelt werden. Nach der ursprünglichen Zielsetzung sollte das System die folgenden Anforderungen erfüllen:

- Korrektheit;
- Vollständigkeit;
- natürlichsprachliche Ein- und Ausgabe;
- Antwortzeiten im Sekundenbereich.

Inzwischen hat man angesichts der aufgetretenen Schwierigkeiten die hochgesteckten Erwartungen sehr weit zurückgenommen. Es stellt sich dabei die Frage, ob dies lediglich daran liegt, daß der Speicherbedarf die Kapazität heutiger PCs übersteigt,[47] oder ob das Scheitern tieferliegende Ursachen hat. Zu ihrer Beantwortung müssen die impliziten Voraussetzungen juristischer Expertensysteme überprüft werden, und zwar insbesondere im Hinblick auf ihre Deutung der richterlichen Urteilspraxis.

Der Richter wird von den Vorreitern juristischer Expertensysteme als nur scheinbare »Black box« angesehen, so daß er als »informationsverarbeitende[s] System ›Rechtsanwender‹«[48] analysiert werden kann.

---

44 Siehe P. Harmon u. D. King, *Expertensysteme in der Praxis: Perspektiven, Werkzeuge, Erfahrungen* (München/Wien, ^{3}1989), S. 17–25 u. S. 69–89.

45 Vgl. H. Walder, »Computerprogramm ›Strafrecht‹ – Strafrechtliches Fall-Lösungsverfahren und Lernprogramm«, in: U. Erdmann u. a. (Hrsg.), *Expertensysteme*, S. 184.

46 A. Philipps, »Experten, Laien und Systeme – das Münchener Expertensystem und seine Ziele«, in: U. Erdmann u. a. (Hrsg.), *Expertensysteme*, S. 139.

47 Vgl. H. Lehmann, »Das juristische Konsultationssystem LEX aus softwaretechnischer Sicht«, in: U. Erdmann u. a. (Hrsg.), *Expertensysteme*, S. 59.

48 F. Haft, »Juristische Erwartungen an Expertensysteme«, in: U. Erdmann u. a. (Hrsg.), *Expertensysteme*, S. 26.

Richterliche Urteilskraft wird dabei als eine Form der Intuition gedeutet, die entweder direkt kalkülgeleitet ist oder sich doch zumindest algorithmisch bzw. deklarativ-prozedural darstellen läßt: »Jeder Richter [...] denkt typologisch und verwendet intuitiv eingespeicherte innere Systemregeln.«[49] Dieser Ansatz beruht auf der Überzeugung, daß alles Wissen sich auf Faktenwissen und Regelwissen reduzieren läßt. Die Tätigkeit des Strafrechtspraktikers gilt insoweit als »rational«, als für die Lösung seiner Fälle ein Algorithmus angebbar ist.[50]

Im Projekt LEX zeigte sich bald, daß die beabsichtigte Unterstützung des Juristen durch die automatische Subsumtion von neuen Fällen unter in Gesetzestexten niedergelegte Beschreibungen erhebliche Schwierigkeiten bereitet. Im Gegensatz zu dem medizinischen Expertensystem MYCIN, das für seine Diagnosen nur ein genau abgrenzbares Gebiet von Sachverhalten zu berücksichtigen hat, muß ein Rechtsanwender nämlich auf ein breit angelegtes Hintergrundwissen zurückgreifen, das eben nicht nur aus Gesetzen, Kommentaren und Gerichtsentscheidungen besteht. Schon die Frage, was als »*nach den Umständen angemessene* Wartezeit am Unfallort« zu gelten hat, muß in einem Ausmaß auf lebensweltliches Wissen zurückgreifen, daß eine inhaltlich hinreichende, formalisierte Erfassung zur adäquaten Lösung von Strafrechtsfällen durch eine »Inferenzmaschine« aussichtslos erscheint.

Diese Probleme wurden schließlich auch im Projekt LEX zumindest tendenziell anerkannt: »Für die zentralen Begriffe hat das System das gesamte erforderliche Hintergrundwissen von Anfang an zur Verfügung. Für alle Begriffe ist das aber nicht zu erreichen.«[51] Dennoch wird am Kalkül-Modell der Urteilskraft festgehalten, wonach alles benötigte Wissen zumindest prinzipiell formalisiert verfügbar gemacht werden kann.[52] Zwar kann das System bei der gegebenen Beschreibung »Der Beschuldigte verließ die Unfallstelle *sofort*« richtig urteilen: »Der Beschuldigte hat *nicht* eine angemessene Zeit an der Unfallstelle gewar-

49 Ebd., S. 41.

50 Vgl. H. Walder, »Strafrecht«, S. 180.

51 A. Blaser u. a., »Ein juristisches Expertensystem mit natürlichsprachlichem Dialog – Ein Projektbericht«, in: W. Brauer u. B. Radig (Hrsg.), *Wissensbasierte Systeme* (Berlin, 1985), S. 50 f.

52 Vgl. ebd., S. 45 u. S. 49.

tet«.[53] Für alle nichteindeutigen Fälle genügen die entwickelten Kalküle aber nicht. Verräterisch ist in diesem Zusammenhang die folgende Beschreibung der juristischen Tätigkeit:

> In solchen Fällen, in denen somit der Sprung von der (interpretierten) Rechtsnorm zum Lebenssachverhalt sehr klein ist, kann man durchaus sagen, daß der Jurist, um den Nachweis zu erbringen, daß der Tatbestand von xy erfüllt ist, zusätzlich nur noch den gesunden Menschenverstand anwendet. Der Nachweis selbst besteht dann in einer Deduktion (im strengen logischen Sinne).[54]

Gerade der »gesunde Menschenverstand« besteht nämlich aus mehr als Fakten- und Regelwissen. Rechtsinformatiker stellen uns vor eine falsche Alternative, wenn sie Urteilskraft entweder als kalkülgeleitet oder als bloß intuitiv darstellen. Im folgenden soll anhand der Rechtstheorie Dworkins, die sich besonders mit der Theorie richterlicher Ermessensfreiheit beschäftigt, gezeigt werden, daß Richter nicht nur auf formal niedergelegte Gesetze und Urteile, sondern auch auf moralische Prinzipien zurückgreifen müssen. Dabei handelt es sich um ein »Wissen«, das nur in Maximenform verfügbar und deshalb nicht kalkülisierbar ist, folglich der interpretierenden Urteilskraft bedarf. Auch die Ausübung der Urteilskraft ist dabei mit Begründungsverpflichtungen verbunden; aber diese lassen sich nicht formal auf die Methode der logischen Deduktion reduzieren.

H. L.A. Hart wendet sich in seinem klassischen Werk *The Concept of Law* gleichermaßen gegen den Rechtsformalismus und den Rechtsrealismus. Während der Rechtsformalismus annimmt, daß auf der Grundlage der gültigen Gesetze jeder Fall deduktiv entschieden werden kann, so daß richterliche Ermessensfreiheit kaum vonnöten ist, vertritt die Schule des »Legal Realism« die These, daß Gesetze lediglich Voraussagen über das künftige Verhalten von Richtern sind, so daß das eigentliche Recht von den Richtern erst *geschaffen* (und nicht *vorgefunden*) wird. Harts Theorie läßt sich im Vergleich mit diesen beiden Schulen auf die folgende Weise grob skizzieren: Für einfache Fälle ist

53 Vgl. H. Lehmann, »LEX«, S. 50f.
54 S. Grundmann, »Ein juristisches Expertensystem«, *State of the Art* 1 (1986/87), Heft 1, S. 48.

das deduktive Modell des Rechtsformalismus, für schwierige Fälle das Modell des »Legal Realism« angemessen. Übertrieben gesagt, müssen Richter in einfachen Fällen nur rechnen, während sie in schwierigen Fällen (bei denen unklar ist, ob ein bestimmter Sachverhalt unter ein bestehendes Gesetz fällt) willkürlich auf ihre übrigen Überzeugungen zurückgreifen müssen.

Dworkin hält Hart entgegen, daß dessen Theorie richterlicher Ermessensfreiheit unzureichend ist.[55] Die typischen Argumente der Dezisionisten (bezüglich schwieriger Fälle) beziehen sich auf die angebliche Vagheit juristischer Begriffe und die angeblichen Lücken im Recht. Dworkin analysiert daraufhin konkrete richterliche Entscheidungen in schwierigen Fällen und kommt zu dem Schluß, daß auch dabei nicht bloß willkürlich entschieden wird, sondern mit intersubjektivem Anspruch *Begründungen* für die gefällten Urteile gegeben werden. Allerdings beziehen sich diese Begründungen nicht allein auf formal erlassene Gesetze (samt Kommentaren und früheren Urteilen), sondern auch auf allgemeine moralische Prinzipien, die zum Hintergrund des Rechts gehören.[56] Dies spricht zumindest *prima facie* für die Auffassung, daß das in einem Land gültige Recht nicht nur aus erlassenen Gesetzen, sondern auch aus nicht konkret niedergelegten, moralischen Prinzipien besteht, auf die insbesondere in schwierigen Fällen zurückgegriffen werden muß. Die richterliche Ermessensfreiheit ist hier gefordert als Ausübung der Urteilskraft, die zwar nicht deduktiv beweisen kann, in welcher Art bestimmte Prinzipien wirksam werden müssen, die aber doch für eine argumentative Überprüfung offen ist. Dabei geht es nicht mehr allein um das Problem der *Subsumtion* von konkreten Fällen

---

55 Die Diskussion von Hart und Dworkin betrifft auch die weiterreichende Kontroverse zwischen Rechtspositivismus und Naturrechtslehre, die uns hier aber nur indirekt betrifft. Vgl. dazu: R. Dworkin, »›Natural Law‹ Revisited«, *University of Florida Law Review* 34 (1981/82), S. 165 – 188, sowie J. L. Coleman, »Negative and Positive Positivism«, *Journal of Legal Studies* 11 (Januar 1982), S. 139 – 164.

56 Dworkin untersucht in diesem Zusammenhang u. a. den Fall Riggs gegen Palmer (New York, 1899), bei dem die Richter entschieden, daß ein in dem Testament seines Großvaters benannter Erbe, der den Erblasser umgebracht hatte, diesen nicht beerben dürfe. Vgl. R. Dworkin, *Taking Rights Seriously*, S. 23.

unter gegebene Regeln, sondern um die grundlegendere Aufgabe der *Interpretation* des Rechts (aufgefaßt als System von Gesetzen, Kommentaren, Urteilen und moralischen Prinzipien); und hier ist der von Dworkin herangezogene Vergleich mit der Interpretation literarischer Texte sehr hilfreich. Dieser Ansatz ist nicht nur für die Rechtstheorie, sondern auch für die Literaturtheorie fruchtbar.[57] Im folgenden soll allerdings nur die für die Rechtstheorie relevante Perspektive eingenommen werden.[58] (Um Mißverständnissen vorzubeugen, sei ausdrücklich darauf hingewiesen, daß sich die Arbeit des Literaturwissenschaftlers natürlich keineswegs auf die Fragen und Methoden beschränken läßt, die im folgenden zur Verdeutlichung rechtstheoretischer Analogien skizzenhaft dargestellt werden.)

Dworkin beschreibt die Interpretation literarischer Werke anhand des Romans *David Copperfield* von Charles Dickens. Eine Gruppe von Dickens-Forschern könnte sich auf der Grundlage des Romans über die Figur des David Copperfield unterhalten. Auf einer ersten Stufe läßt sich feststellen, daß bestimmte Aussagen über David Copperfield (genau genommen: über den Roman *David Copperfield*, nicht über eine »fiktive Entität« namens »David Copperfield«) dann »richtig« oder »falsch« genannt werden können, wenn die Aussagen im Roman ausdrücklich behauptet oder negiert werden bzw. eindeutig impliziert werden oder eindeutig inkonsistent mit den Aussagen des Romantexts sind. (Wir setzen für unsere Zwecke mit Dworkin eine »klassische« Lesart von *David Copperfield* voraus, nach der der Roman konsistent realistisch ist.) Allein auf der Grundlage dieser Regeln gäbe es keine richtige Antwort auf die Frage, ob David eine homosexuelle Affäre mit Steerforth hatte, da dies der Roman weder eindeutig behauptet noch eindeutig negiert.[59] Auf einer zweiten Stufe könnte man die Interpretationsregeln so erweitern, daß auch Aussagen über David Copperfield

57 Vgl. R. Dworkins Aufsatz »Law as Interpretation«, *Critical Inquiry* 9 (1982/83), S. 179–200, sowie die anschließenden Reaktionen der Literaturtheoretiker Stanley Fish und E. D. Hirsch, Jr.

58 Vgl. bes. R. Dworkin, »No Right Answer?«, in: P. M.S. Hacker u. J. Raz (Hrsg.), *Law, Morality, and Society: Essays in Honour of H. L.A. Hart* (Oxford, 1977), S. 58–84.

59 Vgl. ebd., S. 73 f.

als richtig (oder falsch) zugelassen werden, wenn es sehr wahrscheinlich (oder sehr unwahrscheinlich) ist, daß eine reale Person mit denselben Eigenschaften wie David unter den beschriebenen (und ansonsten normalen) Umständen die darüber hinaus behaupteten Eigenschaften hätte. Damit wäre der Kreis der Fragen, auf die eine richtige Antwort gegeben werden kann, erweitert; aber es gäbe immer noch eine Grenze, über die hinaus nichts gesagt werden könnte.[60]

Auf einer dritten Stufe könnten die Regeln allerdings nochmals erweitert werden, so daß noch weitergehende Aussagen zugelassen wären – und zwar nicht durch ein Ausweichen ins Beliebige, sondern durch die Angabe von Kriterien, die zwar gute Gründe verlangen, diese aber nicht nur soweit zulassen, wie sie als Argumente in ein deduktives Schlußschema passen:

> The rules of this third form provide that a[] further proposition about David is assertable as true (or deniable as false) if that further proposition provides a better (or worse) fit than its negation with propositions already established, because it explains in a more satisfactory way why David was what he was, or said what he said, or did what he did, according to those already established propositions.
> [...]
> It is very unlikely that one answer will not provide a better fit in the sense just described.[61]

Für dieses bessere »Zusammenpassen« gibt es verschiedene Rationalitätskriterien. Hier ist zunächst einmal narrative Konsistenz zu nennen,[62] darüber hinaus aber auch das ästhetische Prinzip, ein Werk auf eine Art zu interpretieren, die es bestmöglich als gutes Kunstwerk darstellt.[63]

60 Vgl. ebd., S. 75.

61 Ebd., S. 75 u. S. 76. Vgl. ebd., S. 78: »There are facts of narrative consistency, like the fact that the hypothesis that David had a sexual relationship with Steerforth provides a more satisfactory explanation of what he subsequently did and thought than the hypothesis that he did not.«

62 Vgl. ebd., S. 78.

63 Vgl. R. Dworkin, »Law as Interpretation«, S. 183. Vgl. die Darstellung von Rationalitätskriterien (»Prinzip der Nachsicht«, »Prinzip der Kohärenz«) bei M. Carrier u. J. Mittelstraß, »Die Einheit der Wissenschaft«, in: Akademie der Wissenschaften zu Berlin, *Jahrbuch 1988* (Berlin/New York, 1989), S. 113.

Analoge Kriterien gibt es nach Dworkin für die Interpretation des Rechts:

> I said that a literary interpretation aims to show how the work in question can be seen as the most valuable work of art, and so must attend to formal features of identity, coherence, and integrity as well as more substantive considerations of artistic value. A plausible interpretation of legal practice must also, in a parallel way, satisfy a test of two dimensions: it must both fit that practice and show its points or value.[64]

Entscheidend ist auch hier, daß zwar kein einfacher Algorithmus für die adäquate Einbeziehung der Geschichte und der leitenden Grundgedanken des Rechts angebbar ist. Dennoch hat dies nicht die »Subjektivität« richterlicher Entscheidungen in schwierigen Fällen zur Folge.[65] Vielmehr läßt sich schließen, daß sich (u. a. die richterliche) Urteilskraft nicht auf die formale Deduktion aus vorgegebenem Fakten- und Regelwissen reduzieren läßt. Eine solche Urteilskraft fehlt algorithmischen bzw. deklarativ-prozeduralen juristischen Expertensystemen aber prinzipiell.

Noch nicht endgültig beantwortet ist allerdings die Frage, ob eine hinreichend komplexe Inferenzmaschine (eventuell mit Zufallsgenerator für ansonsten unentscheidbare Streitfälle ausgestattet) gebaut werden könnte, deren *output* von dem eines Richters ununterscheidbar wäre – wobei die Frage, ob ein solcher »Turing-Test« zum Nachweis künstlicher *Intelligenz* genügt, offen bleiben kann. Alle bislang bekannten regelgeleiteten Computer haben zwar womöglich unüberwindbare Schwierigkeiten, *relevante Ähnlichkeiten* zwischen verschiedenen Fällen zu erkennen; und gerade diese Fähigkeit ist entscheidend für die juristische Subsumtion von konkreten Fällen unter gegebene Gesetze. Aber es bestehen gute Erfolgsaussichten für bestimmte geschlossene Systeme, bei hinreichend großem Aufwand menschliches Verstehen zu simulieren. Ein interessantes Beispiel ist hier das Schachspiel. Das bislang beste Schachprogramm der Welt, »Deep Thought« (geschaffen an der Carnegie Mellon University in Pittsburgh), verfährt nach der *brute*

---

64 R. Dworkin, »Law as Interpretation«, S. 194.

65 Vgl. ebd., S. 187, S. 192 (Anm.) u. S. 194 f. Vgl. hierzu auch H.-G. Gadamer, *Wahrheit und Methode: Grundzüge einer philosophischen Hermeneutik* (Tübingen, ^{4}1975), S. 311.

force-Methode und spielt auf diese Weise schon fast so gut wie Weltmeister Kasparow. Natürlich geht kein Schachmeister nach einer solchen Methode vor, bei der jeder nach den Regeln erlaubte Zug mehrere Züge tief vollständig berechnet wird. Trotzdem ist es möglich, daß sogar das hochentwickelte Positionsgefühl des menschlichen Schachweltmeisters gegen ein solches Schachprogramm keine Chance mehr hat, wenn die Hardware so weiterentwickelt wird, daß innerhalb der normalen Bedenkzeit nicht wie bislang 10, sondern wie geplant 14 Halbzüge weit jeder mögliche Zug durchgerechnet werden kann. Auf diese Weise ließe sich durch ein algorithmisches System das Erkennen von Ähnlichkeiten (hier: typischen Stellungsstrukturen) simulieren.[66]

Allerdings spricht viel dafür, daß die Tätigkeit eines Richters sich nicht so weit von unserer umfassenden Lebenswelt abgrenzen läßt, daß sie über eine formale Repräsentation simulierbar wäre. In einer Hierarchie von Systemen verschiedener Offenheits- und Komplexitätsgrade ist das Schachspiel ein typisches geschlossenes System, das prinzipiell algorithmisch erfaßt werden kann. Der Erfolg des medizinischen Diagnoseprogramms MYCIN läßt sich darauf zurückführen, daß alle relevanten Daten durch die weitgehende Isolierbarkeit des zu untersuchenden Objektbereichs angebbar sind. Richterliches Urteilen geschieht dagegen in einem offenen System, das zwar, im Gegensatz zur moralischen Urteilspraxis, auf explizit niedergelegte, formale Regeln zurückgreifen kann, aber dennoch nicht in seiner gesamten Komplexität algorithmisch erfaßbar ist.

Die Befürworter juristischer Expertensysteme erkennen diese Schwierigkeiten und treten teilweise eine Flucht nach vorne an, die unter Umständen gefährliche Rückwirkungen auf die richterliche Praxis haben könnte. Auf diese soll hier abschließend hingewiesen werden. Statt nämlich die Inadäquatheit ihrer Modelle anzuerkennen, neigen die beteiligten Rechtsinformatiker dazu, die Übereinstimmung von Modell und Wirklichkeit durch die *Anpassung der richterlichen Praxis* an die formalisierten Modelle zu betreiben. So heißt es etwa, daß durch eine weitergehende Formalisierung des Rechts zu größerer Rechtssi-

66 Vgl. W. Runkel, »Brutaler Brüter«, *ZEITmagazin* vom 16. März 1990 (Nr. 12), S. 92–99.

cherheit beigetragen wird[67] und der Computer uns zu mehr Gerechtigkeit verhelfen wird.[68] Gegen solche Vorstellungen ist darauf zu bestehen, daß juristische Expertensysteme sich am richterlichen Entscheidungsprozeß zu orientieren haben (und nicht umgekehrt).[69] Zu diesem Zweck muß in einem weiteren Rahmen gezeigt werden, daß sich Rationalität nicht auf logische Deduzierbarkeit reduzieren läßt. Und hier ist sicherlich die Auseinandersetzung mit rechtsphilosophischen Ergebnissen geboten. Auch für Philosophen dürfte dabei das Forschungsgebiet »juristische Expertensysteme« in einem bestimmten Sinne interessante Erkenntnisse liefern: Aus den Schwierigkeiten bei der Realisierung solcher kalkülgeleiteter Systeme läßt sich einiges über das Wesen der Urteilskraft lernen.

Eine Schlußbemerkung: Man könnte noch fragen, ob sich Urteilskraft, wenn nicht in kalkülgeleiteten Systemen (die die explizite Eingabe von Fakten und Regeln erfordern), so vielleicht in neuronalen Netzen (die durch eingegebene Beispiele »lernen«) simulieren läßt. Dabei muß allerdings beachtet werden, daß neuronale Netze zwar erfolgreich Ähnlichkeiten erkennen, dafür aber (zumindest bislang) keinerlei Begründungen für ihren *output* geben können.[70] Gegen einen solchen Ansatz muß betont werden, daß sich Urteilskraft zwar nicht von einem Kalkül, aber doch von Regeln (im Sinne von Maximen) leiten läßt. Menschliches

67 Vgl. S. Grundmann, »Ein juristisches Expertensystem«, S. 52.

68 Vgl. F. Haft, »Expertensysteme«, S. 29 u. S. 47.

69 Vgl. A. Nack, »Richter am Computer: Der Computer als Hilfsmittel des Richters: Aktueller Stand und Perspektiven«, in: U. Erdmann u. a. (Hrsg.), *Expertensysteme*, S. 211.

70 Ähnliche Probleme treten auch bei manchen regelgeleiteten Programmen auf. So konnten im Wintersemester 1985/86 an der Universität Freiburg Jurastudenten ein Dialogsystem benutzen, mit dem sie allerdings nur die Korrektheit ihrer Fall-Lösungen entscheiden lassen konnten, ohne daß dabei irgendwelche Erklärungen gegeben wurden. Der Nutzen solcher Programme für die Lehre scheint deshalb sehr zweifelhaft. Vgl. E. Bund, »Subsumtionsunterstützende Dialogprogramme zur Lösung einfacher Zivilrechtsfälle«, in: U. Erdmann u. a. (Hrsg.), *Expertensysteme*, S. 177: »Das Schreiben eines Dialogprogramms fördert die juristische Ausbildung seines Autors [...]. Nicht ganz so klar abzuschätzen scheint mir der Nutzen, den die Dialogprogramme für studentische Benutzer abwerfen.«

Wissen und Urteilen läßt sich weder auf das Kalkülmodell algorithmischer Expertensysteme noch auf das Modell regellosen Wissens in neuronalen Netzen reduzieren – und das spricht nicht gegen die natürliche Intelligenz.

5.2 *Von der Interdisziplinarität zur Transdisziplinarität*

Die gegenwärtige Popularität »interdisziplinärer« Forschung läßt sich auffassen als

> ein Kompensationsbemühen: es geht um die Wiedergutmachung gegenüber der Idee der Einheit oder des Systems der Wissenschaft, die der Atomisierungstendenz der Fächer und Spezialisten zuwiderläuft und doch irgendwie unentbehrlich zu werden beginnt.[71]

Unter dem Schlagwort »Interdisziplinarität« verbergen sich allerdings unterschiedliche Ideen und Vorgehensweisen, die durchaus nicht alle einen positiven Einfluß auf die Wissenschaftsentwicklung ausüben. So gibt es etwa eine Form von Interdisziplinarität aus »disziplinäre[r] Einfallslosigkeit«,[72] die die »Fortschreibung disziplinärer Engstirnigkeiten«[73] geradezu unterstützt: Disziplinäre Beschränktheiten werden erkannt, aber nicht beseitigt, da man lediglich auf Zeit zusammenrückt, nur scheinbar fachübergreifend arbeitet, in Wahrheit aber nicht bereit ist, die eigenen disziplinären Methoden und Forschungsinteressen zu überdenken oder gar zur Disposition zu stellen. Hier bleibt es bei »halbherzige[r] Multidisziplinarität«.[74]

Der Legitimationsdruck, dem die partikularisierte Forschung ausgesetzt ist und der sich auch in solchen folgenlosen Formen von interdisziplinärer Zusammenarbeit zeigt, hat schwerwiegende Gründe, die tat-

71 J. Mittelstraß, »Wohin geht die Wissenschaft?: Über Disziplinarität, Transdisziplinarität und das Wissen in einer Leibniz-Welt«, *Konstanzer Blätter für Hochschulfragen* 26 (1989), S. 102.

72 Ebd., S. 106.

73 Ebd.; vgl. auch J. Mittelstraß, »Theorie und Empirie der Wissenschaftsforschung«, in: Ders., *Wissenschaft als Lebensform: Reden über philosophische Orientierungen in Wissenschaft und Universität* (Frankfurt, 1982), S. 191.

74 J. Mittelstraß, »Wohin geht die Wissenschaft?«, S. 102.

sächlich eine weitergehende, ernstzunehmende Interdisziplinarität erforderlich machen. Die Tatsache, daß einzelne wissenschaftliche Disziplinen an ihre Grenzen stoßen, wenn sie drängende Probleme der Gegenwart behandeln, ist allzu oft eben in der weitgehenden Partikularisierung der Disziplinen begründet. Diese Probleme (man vgl. die Themenbereiche Umwelt, Energie, Technikfolgen) passen sich den üblichen Grenzen spezialisierten Fachwissens nicht an.[75] Hier zeigt sich, daß der »Einheit der Welt«[76] eine historisch gewachsene Aufteilung in verschiedene Disziplinen gegenübersteht, die sich in ihrer jeweiligen Gegebenheit nicht zwingend aus der Natur der Sache ergibt: »Eine einfache Vernunft der Tatsachen, der dann auch die Organisation der Wissenschaft folgen könnte, gibt es nicht.«[77]

Aus diesem Grund muß darauf geachtet werden, daß die notwendige Spezialisierung nicht in einer Art geschieht, die den Blick für das Ganze verloren gehen läßt: Die disziplinäre Ordnung muß sich rechtfertigen in ihrer Ausrichtung an bestimmten Intentionen und leitenden wissenschaftlichen Selbstverständnissen.[78] Wenn sich Probleme ergeben, die sich disziplinär nicht lösen lassen, muß sich die bestehende disziplinäre »Ordnung« an den zu lösenden Aufgaben orientieren. Die Notwendigkeit einer wissenschaftlichen Orientierung, die über die Ränder einzelner Fächer hinaussieht, wird dabei sogar schon im Vorfeld von künftigen Forschungsaufgaben deutlich. Die fächerübergreifende Ausrichtung soll es ermöglichen, Probleme zu erkennen, die uns zwar betreffen, aber nicht unbedingt im Gesichtsfeld einer einzelnen Disziplin auftauchen: »Interdisziplinarität dient [...], recht verstanden, auch der Rückgewinnung der wissenschaftlichen Wahrnehmungsfähigkeit.«[79]

Angesichts dieses verändernden Moments recht verstandener Interdisziplinarität ist es angebracht, eine wissenschaftliche Ordnung, die disziplinär nicht alles beim alten läßt, als *Transdisziplinarität*

75 Vgl. J. Mittelstraß, »Die Stunde der Interdisziplinarität«, in: J. Kocka (Hrsg.), *Interdisziplinarität: Praxis – Herausforderung – Ideologie* (Frankfurt, 1987), S. 154 f.

76 Vgl. L. Krüger, »Einheit der Welt – Vielheit der Wissenschaft«, in: J. Kocka (Hrsg.) *Interdisziplinarität*, S. 106 – 125.

77 J. Mittelstraß, »Wohin geht die Wissenschaft?«, S. 100.

78 Vgl. ebd.

79 Ebd., S. 106.

(J. Mittelstraß) von weniger weitreichenden Konzepten der Zusammenführung verschiedener Wissenschaften abzuheben. Dieses Konzept der Transdisziplinarität kommt insbesondere in zwei Formen zum Tragen. Transdisziplinarität erfordert einerseits die Reorganisation der wissenschaftlichen Praxis und die Verlagerung des Wissenschaftsbegriffs in Forschungszusammenhänge durch verstärkte Problemorientierung.[80] Andererseits erfordert sie aber auch eine Reorganisation des wissenschaftlichen Bewußtseins; sie setzt die Fähigkeit des einzelnen Wissenschaftlers zum *Querdenken* – über die Grenzen seines jeweiligen Faches hinweg – voraus, zum »Fragen, wohin noch niemand gefragt hat, Lernen, was die eigene Disziplin nicht weiß«.[81]

Ein solches Programm hat natürlich Konsequenzen für die institutionalisierte Ordnung der Wissenschaft, wie sie sich etwa in der heutigen Universitätslandschaft darstellt. Gegenwärtig kann angesichts von über 4000 Fächern und arbiträren Zusammenstellungen von Disziplinen in Fakultäten (oder gar der Ein-Fach-Fakultät)[82] wohl kaum von einer Ordnung der Disziplinen gesprochen werden, die sich aus dem Selbstverständnis oder der Problemorientierung der Wissenschaft begründet ergibt. Auch sollte schon im Studium interdisziplinäres Forschen gelernt werden, als *Interdisziplinarität von unten*, »nicht erst auf der Professorenebene unter Einschaltung von Wissenschaftsministerien und Drittmittelgebern.«[83]

Auch wenn die Spezialisierung der Wissenschaften nicht mehr zurückzunehmen ist, muß doch nicht eine bloße Partikularisierung an die Stelle des alten Einheitsmodells treten. So läßt sich auch mit dem Begriff der *Komplementarität*[84] der übergreifende Zusammenhang der Diszi-

80 Vgl. J. Mittelstraß, »Wohin geht die Wissenschaft?«, S. 109 f.
81 Ebd., S. 106.
82 Vgl. ebd., S. 101.
83 Ebd., S. 106.
84 Zu diesem für die vorliegende Studie grundlegenden Konzept der Komplementarität vgl. die Verwendung dieses Begriffs bei K.-O. Apel, *Transformation der Philosophie, Bd. II: Das Apriori der Kommunikationsgemeinschaft* (Frankfurt, 1973), S. 101 ff. Dieses Komplementaritätskonzept ist zu unterscheiden von dem Bohrschen, das aufgegriffen wird bei K. Hübner, »Die Einheit der Wissenschaft in neuerer Sicht«, in: P. Good (Hrsg.), *Von der Verantwortung des Wissens: Positionen der neueren Philosophie der*

plinen fassen: Jede Disziplin weist über sich selbst hinaus, insofern sie allein nicht genügt, die wirklichen Probleme der *einen* Welt zu lösen. Die Idee einer Komplementarität unterschiedlicher Disziplinen bildet so die systematische Grundlage für das praktische Erfordernis der Transdisziplinarität.

Den damit verbundenen institutionellen Fragen geht Kapitel 7 nach. Hier soll zunächst auf einen Einheitsgedanken eingegangen werden, der über die schon angesprochenen wissenschaftstheoretischen Vorstellungen von der »Einheit der wissenschaftlichen Rationalität« (mit übergreifenden Rationalitätskriterien für alle Wissenschaften) hinausgeht. Dieser Gedanke läßt sich vielleicht am besten als die Frage nach der »Einheit der Vernunft« fassen, bei der es um den Zusammenhang von theoretischer und praktischer Vernunft oder, mit Blick auf die Wissenschaften, um den Zusammenhang zwischen Verfügungs- und Orientierungswissen geht.

Wissenschaft (Frankfurt, 1982), bes. S. 80f. Vgl. hierzu auch E. P. Fischer, *Sowohl als auch: Denkerfahrungen der Naturwissenschaften* (Hamburg/Zürich, 1987).

6. Wissenschaft und praktische Vernunft

Verfügungswissen und Orientierungswissen scheinen sich immer weiter auseinander zu entwickeln: Das technische Wissen der Experten nimmt immer weiter zu, Wissen, das der Orientierung dient, nimmt eher ab. Im folgenden Kapitel soll das Spannungsverhältnis zwischen wissenschaftlichem Verstand und praktischer Vernunft untersucht werden, um die Frage zu beantworten, inwieweit die Wissenschaften (oder bestimmte wissenschaftliche Disziplinen) zur Lösung von Orientierungsproblemen beitragen können.

6.1 Die Grenzen technisch-wissenschaftlicher Rationalität

C. P. Snows Unterscheidung zwischen »zwei Kulturen« findet in verschiedenen Kontexten neue Anwendungen, in denen eine verlorengegangene Einheit beklagt wird. Nicht nur im Fall der Partikularisierung der wissenschaftlichen Forschung über die institutionelle Atomisierung der Disziplinen weist die Rede von zwei (oder mehr) Kulturen auf bestimmte Defizite hin, die durch eine zusammenhaltende Gegenbewegung – hier: durch interdisziplinäre bzw. transdisziplinäre Forschung – zu beheben sind. Auch im Bereich des Themas »Wissenschaft und Ethik« taucht Snows Unterscheidung auf und ist hier als Symptom für eine andere Entwicklung anzusehen, die als problematisch empfunden wird, nämlich – philosophisch ausgedrückt – für das Auseinanderfallen von *theoretischer* und *praktischer Vernunft*. So heißt es etwa bei H. Mohr mit Bezug auf die Soziologie:

> Die Trennlinie zwischen den »two cultures« scheint mitten durch diese Disziplin zu verlaufen. Auf der einen Seite stehen die Argumente und normativen Ansprüche einer langen philosophischen und theologischen Tradition, auf der anderen Seite stehen die Daten und Hypothesen einer soziologischen Forschung, die an den Verfahren der Wissenschaft orientiert ist.[1]

---

1 H. Mohr, »Wissenschaft und Bildung: Stellungnahme eines Naturwissenschaftlers zu den Thesen von C. P. Snow«, in: H. Kreuzer (Hrsg.), *Die zwei Kulturen: Literarische und naturwissenschaftliche Intelligenz: C. P. Snows These in der Diskussion* (München, 1987), S. 240.

Die Spaltung zwischen dem Faktischen und Normativen wird durch das Wissenschaftsverständnis Mohrs aber eher verstärkt als überwunden. So fordert Mohr die »Entpolitisierung der Wissenschaft«[2] und reduziert die Verantwortung des Wissenschaftlers darauf, »jederzeit, unbeirrt von äußeren Rücksichten, für die wissenschaftliche Wahrheit einzutreten.«[3] Durch die Gegenüberstellung eines solchen Wissenschaftsverständnisses mit demjenigen des Nationalsozialismus, der die Möglichkeit einer objektiven Wissenschaft leugnet,[4] setzt Mohr aber eine falsche Alternative: einerseits die Vorstellung einer Wissenschaft, die sich allein von der Wahrheitssuche leiten läßt, und andererseits die Vorstellung einer Wissenschaft, deren Forschungsergebnisse politisch vorgeschrieben werden. Wenn auch Mohr zuzugestehen ist, daß die Wahrheit einer Aussage nicht durch politische Entscheidungen, sondern durch die Tatsachen bestimmt wird, so ist doch seine Theorie einer voraussetzungslosen, auf keine normativen Erwägungen außer der Wahrheitssuche rekurrierende Wissenschaft problematisch. Wie Mohr selbst nebenbei bemerkt, ist eine normativ-politische Komponente der Forschung schon deswegen unvermeidlich, weil zwischen förderungswürdigen und nicht förderungswürdigen Projekten unterschieden werden muß:

> Eine *gewisse* Reglementierung der Wissenschaft durch politische Instanzen ist freilich unvermeidlich. Ich meine die Schaffung von Prioritäten von seiten des Staates in solchen Fällen, in denen die begrenzten Mittel keine uneingeschränkte Förderung der Forschungsvorhaben zulassen.[5]

Da sich zumindest in dieser Hinsicht Rationalität und Normativität in der wissenschaftlichen Praxis nicht gegeneinander isolieren lassen, muß

2 H. Mohr, *Homo investigans / Homo politicus: Zum Selbstverständnis des Naturwissenschaftlers* (= *Konstanzer Universitätsreden* Nr. 152), (Konstanz, 1985), S. 16.

3 Ebd., S. 17.

4 H. Mohr, *Über die Bedeutung der Naturwissenschaften für die Kultur unserer Zeit* (= *Nova Acta Leopoldina*, Neue Folge Nr. 209, Band 37/2), (Halle a.S., 1973), S. 9.

5 H. Mohr, *Wissenschaft und menschliche Existenz: Vorlesungen über Struktur und Bedeutung der Wissenschaft* (Freiburg, 1967), S. 93.

es zur »Anwendung wissenschaftsübergreifender Beurteilungsnormen«[6] kommen. Wenn nicht jedes Forschungsprojekt zu finanzieren ist, dann genügt zu seiner Legitimation der einfache Hinweis auf dessen erkenntniserweiternde Funktion nicht mehr. So kann es z. B. nicht genügen, wenn G. H. Hardy zur Rechtfertigung der reinen Mathematik behauptet, daß sie im Gegensatz zur angewandten Mathematik (die für die Kriegstechnik von Bedeutung ist) *harmlos* sei.[7] Diese Einstellung kann so weit gehen, daß, wie C. P. Snow berichtet, manche theoretischen Physiker geradezu stolz darauf sind (oder zumindest waren), daß ihre Forschungen unter keinen überhaupt vorstellbaren Umständen irgendeinen praktischen Wert haben können.[8] Die Unzulänglichkeit eines solchen Standpunkts zeigt sich schon daran, daß Hardy nicht nur die erkenntniserweiternde Funktion und den kreativen bzw. künstlerischen Wert der reinen Mathematik hervorhebt,[9] sondern auch deren »substance, seriousness, significance«[10] betont, durch die sie auch für andere Wissensgebiete relevant ist. Selbst die Quarks-Forschung, für die zur Zeit keinerlei Anwendungsmöglichkeiten vorstellbar oder gar in greifbare Nähe gerückt sind, glaubt sich letztlich dadurch legitimieren zu müssen, daß sie in Aussicht stellt, womöglich die Energieversorgung der westlichen Welt sichern zu können.[11]

Wenn aber anerkannt werden muß, daß die Bestimmung von Forschungszwecken und die Auswahl von Forschungsprojekten eine normative Ausrichtung an wissenschaftsübergreifenden Zwecken erforderlich macht, stellt sich auch die Frage nach der Rechtfertigung der vorauszusetzenden Zwecke. Auch hier stellt uns Mohr vor eine falsche Alternative: Für ihn sind Wertfragen nur durch ideologische Heilslehren

6 J. Mittelstraß, »Forschungsplanung aus wissenschaftstheoretischer Sicht«, in: Ders., *Wissenschaft als Lebensform: Reden über philosophische Orientierungen in Wissenschaft und Universität* (Frankfurt, 1982), S. 95.

7 Vgl. G. H. Hardy, *A Mathematician's Apology* (Cambridge, 1967), S. 74 und S. 140 f.

8 Vgl. C. P. Snow, *The Two Cultures and the Scientific Revolution: The Rede Lecture 1959* (Cambridge, 1959), S. 30.

9 Vgl. G. H. Hardy, *A Mathematician's Apology*, S. 150 f.

10 Ebd., S. 112.

11 Vgl. H. Fritzsch, *Quarks – Urstoff unserer Welt* (München/Zürich, 1984), S. 310.

oder subjektive Glaubensentscheidungen beantwortbar.[12] Zwar besteht ein kategorialer Unterschied zwischen Tatsachenaussagen und Werturteilen, und die jeweiligen Begründungsmodelle sind gleichfalls verschieden. Dennoch ist es möglich und nötig, *gute Gründe* auch für normative Entscheidungen zu geben. Und in diesem Sinne einer umfassenden Begründungsverpflichtung kann hier von einer übergreifenden Einheit der theoretischen und praktischen Rationalität gesprochen werden.

Über dieser umfassenden Gemeinsamkeit dürfen allerdings die Unterschiede zwischen den verschiedenen Rationalitätsformen nicht vergessen werden. Von zentraler Bedeutung ist dabei die Unterscheidung zwischen der an Zweck-Mittel-Beziehungen interessierten technischen Rationalität und der an der Rechtfertigung von Zwecken interessierten praktischen Vernunft. Diesem Themenbereich wollen wir uns nun anhand des Themas »Technik und Ethik« zuwenden.

Die Erkenntnis, daß wir nicht alles, was wir können, auch dürfen, ist inzwischen zum Allgemeinplatz geworden. Wenn man Wissenschaft und Technik aber bestimmte Grenzen *setzt*, sind dies *ethische* Grenzen. Sie sind nicht naturgegeben, sondern der Mensch bestimmt, wo sie liegen *sollen*.[13] Durch die Eigendynamik technischer (bzw. neudeutsch: technologischer) Entwicklungen (die auch Mittel bereitstellt, die zunächst gar nicht gewollt wurden oder für deren Verwendung wir noch nicht genügend vorbereitet sind) wird diese Kluft zum drängenden Problem. So wird etwa im Bereich der Gentechnologie deutlich, daß die weitere Entwicklung nicht unbedingt dem entspricht, was wir wollen (bzw. mit guten Gründen als wünschenswert rechtfertigen können). Noch zur Zeit Snows war dies anders: Für ihn haben die Naturwissenschaften praktisch nur segensreiche Folgen, und das eigentliche Problem ist es, Widerstände gegen ihre Ausbreitung zu überwinden. Bei Snow geschieht dies allerdings auf der Grundlage des Vertrauens in die soziale Verantwortlichkeit der Naturwissenschaftler, »tough and good and determined to fight it out at the side of their brother men.«[14]

12 Vgl. H. Mohr, *Wissenschaft und menschliche Existenz*, S. 104 f.

13 Vgl. J. Mittelstraß, *Das ethische Maß der Wissenschaft* (Stuttgart, 1987), S. 18.

14 C. P. Snow, *The Two Cultures*, S. 7.

Heute lassen sich die Augen nicht mehr verschließen vor den nachteiligen Folgen desjenigen Forschens, das Mittel für beliebige Zwecke bereitstellt und dadurch die Herbeiführung unerwünschter Ziele eventuell sogar heraufbeschwört. Wenn man nicht den Kopf in den Sand steckt und wie Edward Teller simplizistisch verfügt: »Der technische Mensch soll das, was er verstanden hat, anwenden« und »sich dabei keine Grenzen setzen«,[15] dann muß der mögliche Widerstreit zwischen Wissenschaft und Technik auf der einen und Ethik auf der anderen Seite als Problem anerkannt werden.

Mögliche Konsequenzen beziehen sich dabei im wesentlichen auf ein neues Verständnis des Verhältnisses von der Freiheit der Forschung und der Verantwortung des Wissenschaftlers. In dieser Debatte stehen auf der einen Seite Wissenschaftler wie H. Mohr, der die kulturfördernde Kraft des allein auf die Wahrheitssuche verpflichteten Wissenschaftlers hervorhebt und in diesem Sinne die Institution Wissenschaft als »moralisch intakt«[16] ansieht. In die gleiche Richtung weist auch M. F. Perutz, der – ohne einem blauäugigen Fortschrittsoptimismus zu verfallen – den Einfluß der Naturwissenschaften auf unsere Kultur untersucht und zu einem durchschlagend positiven Ergebnis kommt.[17] Dem steht eine Einschätzung der Wissenschaft gegenüber, die ausdrücklich die Freiheit der Forschung im Namen der gesamtgesellschaftlichen Verantwortung in Frage stellt.[18] Aus dieser Richtung beruft man sich in diesem Zusammenhang vor allem auf die bedrohlichen Aspekte der Wissenschaft, die allerdings oft stark vergröbert dargestellt werden. So heißt es etwa im »Basler Appell gegen Gentechnologie«: »Die Gentech-

15 Zitiert nach: H. Lenk u. G. Ropohl, »Einführung: Technik zwischen Können und Sollen«, in: Dies. (Hrsg.), *Technik und Ethik* (Stuttgart, 1987), S. 6 f.

16 H. Mohr, *Homo investigans / Homo politicus*, S. 8.

17 Vgl. M. F. Perutz, *Ging's ohne Forschung besser?: Der Einfluß der Naturwissenschaften auf die Gesellschaft* (Stuttgart, 1982).

18 Vgl. H. Jonas, »Freiheit der Forschung und öffentliches Wohl«, in: O. Schatz (Hrsg.), *Brauchen wir eine andere Wissenschaft?* (X. Salzburger Humanismusgespräch), (Graz/Wien/Köln, 1981), S. 101 – 116; K. M. Meyer-Abich, »Wie ist die Freiheit der Wissenschaft heute noch zu verantworten?«, in: O. Schatz (Hrsg.), *Brauchen wir eine andere Wissenschaft?*, S. 117 – 131.

nologie löst keine Probleme – sie schafft nur neue, lebensbedrohende.«[19]

Solche apodiktischen Prognosen sind als ernstzunehmende Kritik wissenschaftlicher Entwicklungen untauglich. Aber sie deuten an, daß das Verhältnis von Wissenschaft und Verantwortung nicht mehr unproblematisch ist und der Reflexion bedarf. Wie schon hervorgehoben, fließen in die Auswahl von Forschungsprojekten normative Gesichtspunkte ein, so daß der Wissenschaftler nicht ohne eine solche Reflexion auf seine Forschungstätigkeit auskommen kann. Solche umfassenderen Fragen, die über die Wahrheitsuche hinausgehen, fallen allerdings nicht in das Gebiet einer bestimmten Disziplin, die für sie eine Sonderkompetenz hätte. Wenn wir voraussetzen, daß rationalistische Extrempositionen, die eine bestimmte Ethik wissenschaftlich zu »beweisen« suchen, scheitern, dann müssen diese – unausweichlichen (!) – Fragen auf andere Weise als über die für die Wissenschaften spezifischen Methoden beantwortet werden:

> Ob Kohle zu Treibstoff verflüssigt werden soll, ob der Getreideertrag unserer Felder oder die Milchproduktionsleistung der Kühe weiter gesteigert werden sollen, sind keine wissenschaftlichen, schon gar nicht unter Berufung auf die Wissenschaftsfreiheit zu entscheidenden Fragen. Noch nicht einmal die Frage, ob Krebs geheilt werden soll, ist eine wissenschaftliche Frage, und schon gar nicht die, welche intensiv-medizinischen Verfahren der Lebensverlängerung an Todkranken angewandt werden sollen oder dürfen. Dies alles sind nach ethischen Maßstäben zu treffende Entscheidungen – im Krebsfall einfach, in den anderen Fällen vielleicht weniger klar.[20]

Wenn hier also die »technische« Rationalität der Wissenschaften, die uns über die besten *Mittel* zur Erreichung als wünschenswert angesehener Ziele und zur Vermeidung als unerwünscht angesehener Ziele unterrichten, an ihre Grenze gelangt, muß gefragt werden, auf welcher Grundlage solche Sollensfragen entschieden werden können (und sollen!). Damit verbunden ist natürlich auch die Frage, *wer* solche Ent-

19 C. Keller u. F. Koechlin (Hrsg.), *Basler Appell gegen Gentechnologie: Materialienband* (Zürich, 1989), S. 278.

20 H. Markl, »Einführung: Auftrag und Grenzen der Wissenschaft im Wandel unserer Welt«, in: Ders., *Wissenschaft: Zur Rede gestellt: Über die Verantwortung der Forschung* (München/Zürich, 1989), S. 25 f.

scheidungen treffen soll: Wissenschaftler, Bürger, spezielle Institutionen?

Bevor wir uns dieser wichtigen Frage zuwenden, soll hier noch auf einige Grundlagen und Kriterien für eine verbindliche Sollens- bzw. Wertediskussion eingegangen werden. Um dabei rationalistische und relativistische Extrempositionen zu vermeiden, seien verschiedene Punkte hervorgehoben, die es ermöglichen, von der Adäquatheit bestimmter Sollenssätze zu sprechen, ohne einem fundamentalistischen Deduktivismus zu verfallen. In diesem Zusammenhang ist insbesondere der implizite Anspruch auf allgemeine Zustimmungsfähigkeit zu nennen, der in jedem ernsthaften Werturteil enthalten ist und dieses von bloß subjektiven Gefühlsäußerungen unterscheidet.[21] Eine solche formale Bedingung würde aber nicht zur Entscheidungsfindung genügen, wenn nicht auch bestimmte inhaltliche Voraussetzungen gegeben wären. Ähnlich wie die Schule des »Moral Sense« im 18. Jahrhundert weist Markl hier auf *Wertgefühle* hin, auf Liebe, Mitleid, Empfindung für Schönheit.[22] Ohne solche affektiven Grundlagen, die wir bei jedem Menschen voraussetzen, würde der universalistische Aspekt des moralischen Diskurses quasi leerlaufen.

Diese vorangestellten Bemerkungen mögen genügen, um eine (meta)ethische Theorie anzudeuten, die unseren Intuitionen (im Sinne wohlerwogener Überzeugungen) weitestgehend entgegenkommt und die Möglichkeit rationaler Argumentation gewährleistet. Die Voraussetzungen für die intersubjektive Beratung über wissenschaftliche Zwecke sind somit gegeben. Intersubjektive Erkenntnis beschränkt sich nicht auf das im Sinne des Lehrbuchwissens beweisbare, sondern schließt auch denjenigen Bereich ein, der Urteilskraft fordert und zu orientierender Einsicht verhilft. Den Wert einer solchen weitergehenden Ori-

---

21 Vgl. dazu schon D. Hume, *Enquiry concerning the Principles of Morals* (1748), in: Ders., *Enquiries concerning Human Understanding and concerning the Principles of Morals,* hrsg. v. L. A. Selby-Bigge, *Third Edition* rev. v. P. H. Nidditch (Oxford, 1975), z. B. S. 272; vgl. hierzu den modernen »good reasons-approach«, etwa bei W. K. Frankena, *Ethics*, Second Edition (Englewood Cliffs, N. J., 1973).

22 Vgl. H. Markl, »Vom Sinn des Wissens: Auch die Genetik ist keine Wissenschaft im ›wertfreien‹ Raum«, *DIE ZEIT* vom 8. Sept. 1989 (Nr. 37), S. 62.

entierung hebt dabei letztlich auch Mohr für die Wissenschaften hervor, wenn er sagt:

> Die Reflexion *über* Forschung aus der Distanz einer allgemeinen Weltsicht und Sittlichkeit bremst vielleicht die intuitive Kraft des Forschers, aber sie gewinnt dem Forschungsprozeß die Autorität und Würde einer vernünftig und moralisch begründeten menschlichen Handlung zurück.[23]

In dieser Perspektive zeigt sich zwischen Wissenschaft und Ethik, zwischen theoretischer und praktischer Vernunft, ein systematischer Zusammenhang, der ein Gegengewicht zu ihrer in der Analyse nötigen kategorialen Unterscheidung bildet. Wenn Markl von Freiheit, Verantwortung und Wissenschaft spricht als »drei Seiten eines Ganzen, das nur Bestand hat, solange sie miteinander verbunden bleiben«,[24] so zeichnet sich hier ein Komplementaritätsverhältnis ab, das zwar die Unterschiede anerkennt, aber auch zeigt, daß sowohl theoretische als auch praktische Vernunft in der wissenschaftlichen Forschung über sich selbst hinausweisen, da beide einander notwendige Ergänzungen sind: Tatsachenforschung bedarf begründeter erkenntnisleitender Zwecke, Beratung über Zwecke bedarf verläßlichen Datenmaterials. Darüber hinaus zeigt sich in der übergreifenden Verpflichtung, gute Gründe sowohl für Tatsachenbehauptungen als auch für Zwecksetzungen zu geben, ein erhaltendes Moment der Einheit der theoretischen und praktischen Rationalität.

Die Frage ist, wie diese Anbindung der Wissenschaft an die praktische Vernunft ihren institutionellen Niederschlag finden soll. Wer soll über förderungwürdige Forschungsvorhaben entscheiden? Gibt es eine praktisch-politische Sonderkompetenz der Wissenschaftler? Genügt die Selbstkontrolle in der Gemeinschaft der Wissenschaftler, oder bedarf es der Kontrolle der Wissenschaft von seiten der Gesamtgesellschaft? Diese Fragen sollen im folgenden Abschnitt über Wissenschaftlerethos und Bürgerethik behandelt werden. Dabei wird auch die Frage anklingen, inwieweit wir einerseits von einer Einheit und Autonomie der Kultur der Wissenschaft sprechen können, andererseits aber in einer

23 H. Mohr, *Homo investigans / Homo politicus*, S. 24.
24 H. Markl, »Einführung: Auftrag und Grenzen der Wissenschaft«, S. 31.

von den Wissenschaften und deren Rationalitätskonzept geprägten Kultur leben, die ihrerseits zu einer kritischen Bewertung der Wissenschaft fähig ist.

6.2 Wissenschaftlerethos und Bürgerethik

Es darf davon ausgegangen werden, daß im wissenschaftlichen Forschungsprozeß Tatsachenfeststellung und praktisch-politische Bewertung zwar analytisch unterschieden werden können, beide aber integraler Bestandteil jeder wissenschaftlichen Tätigkeit sind. So ist einerseits z. B. die Frage nach den möglichen Folgen einer bestimmten technischen Entwicklung klar von der normativen Frage danach, ob eine bestimmte faktische Entwicklung wünschenswert ist, zu unterscheiden. Andererseits kommen normative Aspekte schon bei der Auswahl von wissenschaftlichen Fragestellungen zum Tragen, und eine solche Projektauswahl muß, insbesondere wenn sie durch staatliche Mittel unterstützt wird, ihre Forschungsziele gesamtgesellschaftlich legitimieren. Umgekehrt heißt dies, daß weder von der Feststellung einer faktischen Entwicklung auf deren normative Akzeptabilität geschlossen werden kann (das technokratische Mißverständnis) noch auf der Grundlage normativer Entscheidungen das Gegebensein von bestimmten Sachverhalten bestimmt werden kann (das totalitäre Mißverständnis). Ebensowenig kann die bloße Wahrheitssuche allein als Rechtfertigung wissenschaftlichen Forschens genügen (das naiv-objektivistische Mißverständnis).

Es stellt sich die Frage, ob der notwendige Zusammenhang von Theorie und Praxis Konsequenzen für die institutionalisierte Form der Wissenschaft und die Kontrolle ihrer verantwortungsbewußten Ausrichtung haben muß. Kann/Muß/Soll die »Kultur der Wissenschaft« die Einheit von Forschung und Verantwortlichkeit sichern, oder kann/muß/soll die Gesamtgesellschaft als umfassende Kultur auch auf die wissenschaftliche Kultur durch angemessene politische Institutionen Einfluß nehmen?

Bezüglich dieser Frage sind zwei grundsätzliche Positionen zu unterscheiden:

(1) Max Weber, der – im Gegensatz zu vielen verbreiteten Vorurteilen – durchaus die besondere Rolle des »Erkenntnis*interesses*«[25] bei der Auswahl von Forschungsgegenständen erkennt, vertritt z. B. die Auffassung, daß der gesamte Forschungsprozeß allein den Wissenschaftlern überantwortet werden sollte.

(2) Im Gegensatz dazu vertreten die Finalisierungstheoretiker die Ansicht, daß die »Ersetzung wissenschaftsinterne[r] Relevanzkriterien durch gesellschaftliche«[26] durch eine politische Steuerung der Wissenschaft möglich und nötig ist: Sie sprechen sich aus gegen deren »Anspruch auf vollständige Selbstverwaltung, verbunden mit dem Anspruch auf vollständige gesellschaftliche Finanzierung.«[27]

Analog hierzu gibt es zwei grundsätzliche Positionen in der Frage der praktisch-politischen (Sonder-)Kompetenz der Wissenschaftler: Auf der einen Seite steht z. B. L. Krüger, der hervorhebt, daß die Verantwortung für die Wissenschaft nicht allein den Wissenschaftlern anvertraut werden kann.[28] Die gleiche Auffassung vertritt F. Rapp, der die deskriptive Technikfolgenabschätzung von der normativen Technikfolgenbewertung unterscheidet und bezüglich der letzteren sagt, daß diese »den mündigen Bürgern nicht durch Experten abgenommen werden [kann].«[29] Auf der anderen Seite behauptet etwa der Physiker H.-P. Dürr, daß ein erfolgreicher Forscher über sein Fachgebiet hinaus auch über politische Dinge mehr zu sagen habe als ein Normalbürger.[30]

25 Vgl. M. Weber, »Die ›Objektivität‹ sozialwissenschaftlicher und sozialpolitischer Erkenntnis« (1904), in: Ders., *Gesammelte Aufsätze zur Wissenschaftslehre*, hrsg. v. J. Winckelmann (Tübingen, [7]1988), S. 161.

26 G. Böhme, W. van den Daele u. R. Hohlfeld, »Finalisierung revisited«, in: G. Böhme u. a. (Hrsg.), *Die gesellschaftliche Orientierung des wissenschaftlichen Fortschritts* (= *Starnberger Studien* I), (Frankfurt, 1978), S. 240; vgl. G. Böhme, W. van den Daele u. W. Krohn, »Die Finalisierung der Wissenschaft«, *Zeitschrift für Soziologie* 2 (1973), S. 128 – 144.

27 G. Böhme, W. van den Daele u. R. Hohlfeld, »Finalisierung revisited«, S. 241.

28 Vgl. L. Krüger, »Über die Unverantwortbarkeit der Wissenschaft«, *Zeitschrift für Wissenschaftsforschung* 4 (1988), S. 123 f.

29 F. Rapp, »Die normativen Determinanten des technischen Wandels«, in: H. Lenk u. G. Ropohl (Hrsg.), *Technik und Ethik* (Stuttgart, 1987), S. 46.

30 Vgl. die Darstellung und Kritik Dürrs bei H. Mohr, *Homo investigans / homo politicus: Zum Selbstverständnis des Naturwissenschaftlers* (= *Konstanzer Universitätsreden* Nr. 152), (Konstanz, 1985), S. 13.

J. Mittelstraß nimmt zwischen diesen grundsätzlichen Positionen eine vermittelnde Position ein, anhand derer wir im folgenden die angesprochenen Fragen diskutieren wollen.

Mittelstraß geht davon aus, daß bei der Beurteilung eines Forschungsprojekts neben die Feststellung wissenschaftlicher Qualität auch »Bemühungen um selbst rational ausgewiesene zusätzliche Entscheidungskriterien«[31] treten müssen. Derjenige, der leugnet, daß wissenschaftsübergreifende Prioritätserwägungen erforderlich sind, steht nämlich vor dem Dilemma, daß sich Prioritäten nicht im engeren Sinne methodisch ausweisen lassen; er muß entsprechende Entscheidungen letztlich bloßen Dezisionen oder Zufällen überlassen. Dabei kann man nur hoffen, daß sich solchermaßen naturwüchsige Entwicklungen als vernünftig, d. h. als allgemein zustimmungsfähig, herausstellen werden. Da diesbezüglich aber Skepsis angebracht ist, bleibt nur die Alternative, wissenschaftsübergreifende Normen (z. B. »gesellschaftliche Relevanz«) heranzuziehen. Von daher nötige planerische Eingriffe lassen sich nicht mit einem Hinweis auf die uneingeschränkte Freiheit der Wissenschaft zurückweisen: »Auch das Postulat, es dem einzelnen Wissenschaftler zu überlassen, was er tut, stellt in Wahrheit keine Absage an Forschungsplanung, sondern eine Entscheidung zugunsten einer individuellen Forschungsplanung dar.«[32]

Wem aber soll man nun die erforderliche Forschungsplanung überlassen bzw. überantworten? Für Mittelstraß lautet die Lösung: »Selbstkontrolle der Universitäten«[33] bzw. der Forschung. Gegen eine weitergehende Einflußnahme von außerhalb der Gemeinschaft der Wissenschaftler führt er dabei insbesondere das Argument von der prinzipiellen »Unkontrollierbarkeit wissenschaftlicher Verhältnisse durch den außerwissenschaftlichen Verstand«[34] an: »Wir, die Wissenschaftler, wissen am besten, wo uns die eigene Zunft hinter das Licht führen will.«[35]

31 J. Mittelstraß, »Forschungsplanung aus wissenschaftstheoretischer Sicht«, in: Ders., *Wissenschaft als Lebensform: Reden über philosophische Orientierungen in Wissenschaft und Universität* (Frankfurt, 1982), S. 93.

32 Ebd., S. 88.

33 Ebd., S. 96.

34 Ebd.

35 Ebd.

Staatliches Reglement der Wissenschaft führt wiederum zur »Korruption des wissenschaftlichen Bewußtseins bzw. zu *institutioneller Unvernunft.*«[36]

Mittelstraß sieht also einerseits die normativen Voraussetzungen der Forschungstätigkeit und fordert von daher die Anwendung wissenschaftsübergreifender Normen (und deren Legitimierung). Andererseits soll diese Anwendung nicht über der Wissenschaft stehenden Institutionen überlassen werden, sondern von der Gelehrtenrepublik selbst kontrolliert werden: »Eine Außensteuerung der Wissenschaft ist [...] im Grunde nicht möglich; letztlich sind die Wissenschaftler doch stets Richter in eigener Sache.«[37] Diese Sichtweise bedarf allerdings in zweierlei Hinsicht der weiteren Diskussion:

(1) Was sind die nötigen Voraussetzungen für eine funktionierende Selbstkontrolle der Universitäten bzw. der Forschung, und sind diese gegeben?

(2) Sind nicht-wissenschaftlich besetzte Institutionen tatsächlich nicht in der Lage, wissenschaftliche Verhältnisse zu verstehen und kontrollierend in diese einzugreifen?

Wie Mittelstraß selbst sieht, setzt eine funktionierende Selbstkontrolle der Wissenschaft insbesondere die »*Unversehrtheit eines aufgeklärten Wissenschaftlerethos*« voraus.[38] Dabei muß als durchaus fraglich gelten, ob das Wissenschaftssystem in diesem Sinne intakt ist, wenn man sich letzten Endes doch ohne institutionelle Garantie einfach darauf verlassen muß,

> daß es so etwas wie eine Einheit von Intellekt und Ethos, Verstand und Vernunft gibt bzw. daß das Wissenschaftlerethos nicht korrupt ist.[39]

Mittelstraß deutet in diesem Zusammenhang selbst an, daß von der empirisch verwirklichten Einheit von Intellekt und Ethos nicht immer unhinterfragt ausgegangen werden kann; er schließt »ein sinnvolles Eingreifen des Staates, z. B. in Form von Untersuchungsausschüssen«,[40]

36 Ebd.
37 Ebd., S. 98.
38 Ebd., S. 99.
39 J. Mittelstraß, *Das ethische Maß der Wissenschaft* (Stuttgart, 1987), S. 23.
40 J. Mittelstraß, »Forschungsplanung aus wissenschaftstheoretischer Sicht«, S. 96.

nicht grundsätzlich aus. Diese externe Kontrolle soll nämlich dort eine Rolle spielen, »wo sich das wissenschaftliche Bewußtsein ersichtlich als korrumpiert erweist.«[41]

Mit der prinzipiellen Anerkennung dieser Möglichkeit stellen sich aber alle Fragen neu, die durch das Postulat eines intakten Wissenschaftlerethos zurückgedrängt werden sollten. Auch die »Ersichtlichkeit« eines korrumpierten Wissenschaftlerethos ermöglicht ja keine klare Beschränkung. So läßt sich im Bereich der Technikfolgenabschätzung nur schwierig entscheiden, ob das Verfolgen bestimmter Forschungsprojekte, etwa in der Gentechnologie, von einem intakten oder einem korrumpierten Bewußtsein zeugt, wenn die möglichen Ergebnisse und Konsequenzen eines solchen Forschens noch gar nicht absehbar sind. Der von anderer Seite vorgetragene Vorschlag, Selbstkontrollmechanismen gegenüber staatlichen Maßnahmen (z. B. dem Verbot bestimmter Forschungsvorhaben) mit dem Argument den Vorzug zu geben, daß ansonsten die Forschung in den Untergrund getrieben und damit noch unkontrollierbarer werde,[42] kann noch weniger überzeugen; denn dies wäre gleichzusetzen mit der prinzipiellen Anerkennung der Wissenschaft als einem Übel, für das Schadensbegrenzung das einzig mögliche, wenn auch nicht völlig wirksame Gegenmittel wäre.

Der Ausweg aus diesem Dilemma ist vielleicht über einen ebenfalls von Mittelstraß vertretenen Ansatz möglich, der über die wissenschaftliche Kultur auf die Gesamtkultur hinausweist: Es gibt keine Sonderethik der Wissenschaft, sondern nur eine gesellschaftlich nicht teilbare *Bürgerethik*. Für den Wissenschaftler gelten nicht andere moralische Regeln als für die anderen Mitglieder der Gesellschaft. Er trägt allenfalls deshalb eine besondere Verantwortung, weil die Gesellschaft auf seine Sachkompetenz in wissenschaftlichen Fragen angewiesen ist.[43] Daraus läßt sich ableiten, daß grundsätzlich jeder Bürger die Kompetenz hat, über wünschenswerte gesellschaftliche Zwecke zu urteilen – auch im Bereich der Wissenschaft, wenn es um deren allgemeine Ausrichtung

41 Ebd., S. 97.

42 Vgl. B. Schwarz, »Markenartikel Mensch: Ärztliche Ethik und Strafrecht sind der Embryonenforschung nicht gewachsen«, *DIE ZEIT* vom 22. Sept. 1989 (Nr. 39), S. 16.

43 Vgl. J. Mittelstraß, *Das ethische Maß der Wissenschaft*, S. 22f.

an bestimmten Werten geht. Die konkrete Beurteilung von Forschungsprojekten auf ihre Erfolgschancen hin muß zwar den sachverständigen Wissenschaftlern überlassen werden. Aber bei der Bewertung der vorauszusetzenden gesellschaftlichen Zwecke ist grundsätzlich jeder Bürger mitsprachefähig und sollte daher auch grundsätzlich (gegebenenfalls über seine politischen Vertreter) ein Mitspracherecht besitzen. Dies wäre nur dann nicht realisierbar, wenn die oben angesprochene Unkontrollierbarkeit des wissenschaftlichen Verstandes durch den außerwissenschaftlichen Verstand in dem Sinne interpretiert werden müßte, daß jeder Bürger nicht nur nicht in der Lage ist, wissenschaftlich zu forschen, sondern darüber hinaus auch nicht einmal, sich über die Wünschbarkeit wissenschaftlicher Forschungsziele ein kompetentes Urteil zu bilden. Dies kann aber prinzipiell angenommen werden; denn hier geht es nicht darum, Wissenschaftlern methodische Vorschriften über die richtige Ausübung wissenschaftlichen Forschens zu machen, sondern darum, zu allgemein zustimmungsfähigen Urteilen über gesellschaftliche Zwecke zu gelangen. Da auch die Wissenschaft ein gesellschaftliches Unternehmen ist, muß auch sie sich in ihren Zwecksetzungen vor der Allgemeinheit rechtfertigen können. Für die Diskussion über gesellschaftliche *Zwecke* gibt es keine berufliche Sonder*kompetenz*.

Dennoch kann an einer bestimmten Sonderrolle der wissenschaftlichen Kultur im Rahmen der Gesamtkultur festgehalten werden. Wie wir noch sehen werden, können zwar den Wissenschaften verschiedene Sonderaufgaben (etwa den Geisteswissenschaften im allgemeinen und der philosophischen Ethik im besonderen) zugewiesen werden. Die wissenschaftliche Kultur als ganze läßt sich aber dadurch charakterisieren, daß die ihr Angehörenden als exemplarische »*Träger universaler Orientierungen*«[44] kompetente Kritik sowohl an Auswüchsen technischer Kulturen, die etwa nur noch in ökonomistischem Denken befangen sind, als auch an irrationalistischen Gegenbewegungen, die von einer generellen Technikfeindlichkeit getragen sind, ausüben können.

44 J. Mittelstraß, »Wissenschaft als Lebensform: Zur gesellschaftlichen Relevanz und zum bürgerlichen Begriff der Wissenschaft«, in: Ders., *Wissenschaft als Lebensform: Reden über philosophische Orientierungen in Wissenschaft und Bildung* (Frankfurt, 1982), S. 33.

Eine solchermaßen recht verstandene »Unzeitgemäßheit«[45] ermöglicht es dabei (in den Worten Max Webers), »sich gegenüber den jeweilig herrschenden Idealen einen kühlen Kopf zu bewahren, nötigenfalls ›gegen den Strom zu schwimmen‹.«[46]

Voraussetzung für die adäquate Wahrnehmung solch weitreichender Aufgaben ist es allerdings, daß der Wissenschaftler nicht ein reiner Experte bleibt, sondern zum umfassend gebildeten Gelehrten wird.[47] Wie wir schon bei der Darstellung von Interdisziplinarität und Transdisziplinarität sahen, muß sich auch hier die erstrebte Einheit – in diesem Falle in der Komplementarität von theoretischer und praktischer Vernunft – schon im einzelnen verwirklichen, um kulturell wirksam zu werden.

6.3 *Wissenschaft und Bildung*

Angesichts der uns heute selbstverständlichen Wirklichkeit getrennter Forschungs- und Bildungsministerien erscheint die aufklärerische Idee »Bildung durch Wissenschaft« als Anachronismus. Diese Entkoppelung von Wissenschaft und Bildung ist eines der Resultate des nachidealistischen Funktions- und Strukturwandels von Wissenschaft.

Im Verständnis der Aufklärung kann allein das wissenschaftliche Bewußtsein beanspruchen, wahrhaft gebildet zu sein.[48] Kant sieht in den Naturwissenschaften seiner Zeit ein schon geglücktes Beispiel vernünftiger Selbständigkeit. Und genau dies, die Erlangung individueller Unabhängigkeit, die zugleich vernünftig ist, nämlich auf die Allgemein-

45 Ebd., S. 32.

46 M. Weber, »Der Sinn der ›Wertfreiheit‹ der soziologischen und ökonomischen Wissenschaften« (1917), in: Ders., *Gesammelte Aufsätze zur Wissenschaftslehre*, hrsg. v. J. Winckelmann (Tübingen, ^{7}1988), S. 540.

47 Vgl. J. Mittelstraß, »Wissenschaft als Kultur«, *Heidelberger Jahrbücher* 30 (1986), S. 51–71.

48 Vgl. J. Mittelstraß, »Der Flug der Eule: 15 Thesen über Bildung, Wissenschaft und Universität«, in: W. Böhm u. M. Lindauer (Hrsg.), *»Nicht Vielwissen sättigt die Seele«: Wissen, Erkennen, Bildung, Ausbildung heute* (3. Symposium der Universität Würzburg), (Stuttgart, 1988), S. 129–146, hier S. 133.

heit wahren Erkennens und richtigen Handelns führt, ist aufklärerisch das Ziel von Bildung. Freilich ist dieser interne Zusammenhang von Wissenschaft und Bildung nach Kant nur dort gegeben, wo sich Wissenschaft als *rational* (im Gegensatz zu *historisch*)[49] ausweisen kann. Kennzeichen rationaler Wissenschaft ist nach Kant deren Reflektiertheit. Diese Struktur unterscheidet nach ihm nicht nur Gründewissen von der Aufzählung bloßer Daten, sondern auch den selbständigen Umgang mit Wissen von einem dogmatischen Gebrauch, der das Aufgenommene weder beurteilen noch anwenden kann.

Welcher universitären Wirklichkeit die aufklärerische Idee kritischer Wissenschaft am Ende des 18. Jahrhunderts gegenüberstand, kann man Kants hintersinniger Darstellung[50] der Fakultäteneinteilung entnehmen.

> Daher schöpft der biblische Theolog (als zur obern Fakultät gehörig) seine Lehren nicht aus der Vernunft, sondern aus der Bibel, der Rechtslehrer nicht aus dem Naturrecht, sondern aus dem Landrecht, der Arzneigelehrte seine ins Publikum gehende Heilmethode nicht aus der Physik des menschlichen Körpers, sondern aus der Medizinalordnung. – So bald eine dieser Fakultäten etwas aus der Vernunft Entlehntes einzumischen wagt: so verletzt sie die Autorität der durch sie gebietenden Regierung und kommt ins Gehege der philosophischen, die ihr alle glänzende von jener geborgte Federn ohne Verschonen abzieht, und mit ihr nach dem Fuß der Gleichheit und Freiheit verfährt. Daher müssen die obern Fakultäten am meisten darauf bedacht sein, sich mit der untern ja nicht in Mißheirat einzulassen, sondern sie fein weit in ehrerbietiger Entfernung von sich abzuhalten, damit das Ansehen ihrer Statute nicht durch die freien Vernünfteleien der letzteren Abbruch leide.[51]

Erst über die Humboldtsche Universitätsreform erlangt die philosophische Fakultät die Königsrolle, die ihr nach der Kantischen Vorstellung, alles, was in den »oberen« Fakultäten mit dem Anspruch auf Wissenschaft auftritt, habe sich der Prüfung und Kritik der »unteren« Fakultät zu stellen, zukommt. F. Schleiermacher, dessen »Gelegentliche Gedan-

49 Vgl. Kap. 3.2 der vorliegenden Studie.

50 Daß die auf autoritätsunabhängige und im besten Sinne rationale Wissenschaft verpflichtete Freie Fakultät gleichwohl die »untere« sein soll, läßt sich nach H. Schnädelbach »bei Kant selbst nicht mehr ohne die Unterstellung von Ironie verstehen«. Vgl. H. Schnädelbach, *Philosophie in Deutschland 1831–1933* (Frankfurt, 1983), S. 40.

51 Kant, *Der Streit der Fakultäten* (1798), A 15 f.

ken über Universitäten in deutschem Sinn« in Humboldts Universitätskonzept Berücksichtigung fanden, will die Fakultäten der Theologen, Juristen und Mediziner, die »ihre Einheit nicht in der Erkenntnis unmittelbar, sondern in einem äußeren Geschäft [haben]«,[52] unter dem Dach der Universität überhaupt nur dulden, wenn alle Universitätslehrer »in der philosophischen Fakultät eingewurzelt«[53] sind.

Die philosophische Fakultät der Humboldt-Universität umfaßt alle *theoretischen* Wissenschaften, einschließlich der Naturwissenschaften. Der dabei in Anspruch genommene Begriff von Theorie steht in der philosophischen Tradition der *theoria*, meint also die Orientierung auf eine, kontingenten Verhältnissen entgegengesetzte, ideale Ordnung, die auch dem Leben ihre Form aufprägt, sich in der Haltung dessen ausdrückt, der ihr folgt. Dieser allgemeine Zug des Wissenschaftsverständnisses der Humboldt-Universität erhält seinen Akzent durch die fortbestehende aufklärerisch-rationalistische Ausrichtung, die die Reflektiertheit des Wissens und die emanzipatorische Bedeutung dieser Struktur unterstreicht. Daneben findet sich aber auch eine kontemplative Komponente, die das Allgemeine tendenziell als das Unmittelbare faßt. Jedenfalls schließt dieses Wissenschaftsverständnis autoritäre Formen der Wissensvermittlung ebenso aus wie ein Verständnis von Wissen als bloßer Information. Ferner leitet es die bildende Kraft von Wissen daraus ab, daß sich Wissen stets auf das Ganze hin reflektiert, auf das Einverständnis aller Erkennenden und Handelnden. Diese vernünftige Orientierung löst aus der Befangenheit partikularen Wissens und situationsgebundenen Tuns, und erst von der Warte dieses allgemeinen Standpunktes aus stellen Spezialwissen und konkrete Praxis keine Beschränkung mehr dar.[54]

52 F. Schleiermacher, *Gelegentliche Gedanken über Universitäten in deutschem Sinn. Nebst einem Anhang über eine neu zu errichtende* (1808), in: E. Anrich (Hrsg.), *Die Idee der deutschen Universität* (Darmstadt, 1959), S. 219 – 308, hier S. 259.

53 F. Schleiermacher, *Universitäten*, S. 261.

54 Nach H. Schnädelbach betont vor allem H. Plessner »die quasi-religiöse Funktion, die der Bildung in einer säkularisiert-protestantischen Kultur zukam: Bildung erscheint als Selbsterlösung des Individuums aus naturhafter Befangenheit«. Vgl. H. Schnädelbach, *Philosophie in Deutschland 1831 – 1933*, S. 43. Vgl. zur Thematik G. Buck, *Hermeneutik und Bildung: Elemente einer verstehenden Bildungslehre* (München, 1981), S. 177 – 198, bes. S. 178 f.

Der Umstand, daß *Bildung durch Wissenschaft* auf ein sittliches Sein abzielt und gleichzeitig unter dem Anspruch propositionaler Erkenntnis auftritt, findet bei Kant eine charakteristisch andere Berücksichtigung als dann bei Humboldt oder gar bei Max Weber. Darin zeigt sich ein, gerade für den Begriff der Bildung folgenreicher, Perspektivenwechsel in der Auffassung des Verhältnisses von Allgemeinem und Individuellem.

Kant stellt im hier relevanten Zusammenhang fest, nur das Philosophieren, nicht aber die Philosophie sei lehr- und lernbar.[55] Dieser Sprachgebrauch mutet uns heute merkwürdig an, weil wir gewohnt sind, das redend und erkennend nicht völlig Einholbare auf seiten der Individualität zu suchen. Kant ist keineswegs blind dafür, daß die qualitative Besonderheit des Individuellen begrifflich nicht ausschöpfbar ist. Genausowenig leugnet er vorreflexive Formen des Erkennens und Handelns – sie sind von seinen Voraussetzungen her einfach unwesentlich. Das in einem emphatischen Sinne nicht Einholbare ist bei Kant das wegen seiner Allgemeinheit, nämlich wegen seines idealtypischen Charakters dem objektivierenden Zugriff Entzogene. In dieser Unbedingtheit liegt zugleich seine praktische Relevanz.

Das für die Humboldtsche Universitätsreform zentrale Postulat der *Einheit von Forschung und Lehre* setzt schon deutlich andere Akzente. Nach Humboldt soll die Universität »die Wissenschaft als etwas noch nicht ganz Gefundenes und nie ganz Aufzufindendes [...] betrachten«, sie soll »die Wissenschaft immer als ein noch nicht ganz aufgelöstes Problem behandeln und daher immer im Forschen bleiben«[56], wobei »Forschen« nicht in dem uns heute geläufigen Sinn eines operationalisierbaren Verfahrens zu verstehen ist, sondern eine Form der Selbsttätigkeit und der persönlichen Erfahrung meint. Nur das Forschen selbst kann die Universität lehren, nicht *die* Wissenschaft, *die* Wahrheit. Oberflächlich besehen sind hier noch dieselben Verhältnisse gegeben wie bei Kant. Man muß jedoch sehen, wie Humboldt den Verzicht auf

55 Kant, *Kritik der reinen Vernunft*, B 865 f.

56 W. v. Humboldt, *Werke in fünf Bänden*, hrsg. v. A. Flitner u. K. Giel, Bd. IV (Darmstadt, 1964), S. 256. Zu Humboldts Absage an die Idee eines endgültig fixierten Wissens vgl. H. Schnädelbach, *Philosophie in Deutschland 1831 – 1933*, S. 41 f.

die Wissenschaft zugunsten der selbsttätigen Forschung des Individuums motiviert:

> Sobald man aufhört, eigentlich Wissenschaft zu suchen, oder sich einbildet, sie brauche nicht aus der Tiefe des Geistes heraus geschaffen, sondern könne durch Sammeln extensiv aneinandergereiht werden, so ist Alles unwiederbringlich und auf ewig verloren; verloren für die Wissenschaft, die, wenn dies lange fortgesetzt wird, dergestalt entflieht, dass sie selbst die Sprache wie eine leere Hülse zurücklässt, und verloren für den Staat. Denn nur die Wissenschaft, die aus dem Innern stammt und in's Innere gepflanzt werden kann, bildet auch den Charakter um, und dem Staat ist es ebenso wenig als der Menschheit um Wissen und Reden, sondern um Charakter und Handeln zu thun.[57]

Allein im lebendigen Vollzug, in der selbsttätigen Aneignung der Individuen gibt es das Subjekt Wissenschaft und entfaltet sich dessen versittlichende Kraft. Abgelöst vom individuellen Bildungsvorgang kann Wissenschaft nur noch als doktrinär, als totes Lehrbuchwissen vorgestellt werden. Daß hier der ideale Charakter, den die Rede von *der* Wissenschaft meint, nicht gekappt wird zugunsten faktischer Vollzüge, liegt daran, daß Humboldt – zumindest bis zur Ausarbeitung seiner Sprachphilosophie – das Individuum als Mikrokosmos, als eine Art Monade denkt, und damit auch am Problem der Vermittlung von Allgemeinem und Individuellem vorbeikommt. Der sogenannte *Neuhumanismus* hingegen setzt sich mit diesem Problem bewußt auseinander, läuft allerdings in Positionen aus, die den Begriff der Identität nicht mehr als Orientierung auf ein Allgemeines, sondern als Einzigartigkeit, als Echtheit explizieren.

Wenn Max Weber dann 100 Jahre nach Humboldt eine bildende Funktion der Wissenschaft verneint und verlangt, daß die »Bildungsideologie« dem Ethos der *Wissenschaft als Beruf* Platz mache, dann hat eben nicht nur ein Bedeutungswandel von »Wissenschaft« stattgefunden, sondern es hat sich auch – über ein verändertes Verständnis von Ich-Identität – ein anderer Bildungsbegriff etabliert. Aufklärerisch ist Bildung ein Mittel, »sich allgemein zu machen« und hat mit dem modernen Begriff der Selbstverwirklichung wenig zu tun.

57 W. v. Humboldt, *Werke IV*, S. 257 f.

Der Begriff »Bildung« setzt sich im Gefolge der Aufklärungsphilosophie durch, hat seinen Ursprung jedoch im mystisch-theologischen und naturphilosophisch-spekulativen Bedeutungsfeld.[58] Bildung meint allgemein das Wachsen und Werden des Menschen auf ein Telos hin. Die Ablösung objektiver Teleologie durch die Aufklärung bezieht Bildung auf die ideale Sphäre einer *allgemeinen Menschenvernunft* und gibt ineins dem Ausdruck Bildung einen transitiven Sinn. Während Bildung neuplatonisch-mystisch einen Vorgang meint, in dem die menschliche Seele zum Spiegel Gottes wird und naturphilosophisch-alchemistisch einen organischen Prozeß der Entfaltung eines inneren Zielbildes des Menschen, versteht die Aufklärung Bildung als ein Einwirken auf bzw. Arbeiten an anderen Menschen und sich selbst.

Vernünftige Selbständigkeit – im Verständnis der Aufklärung das Ziel von Bildung, von Kultur – läßt sich bei Kant auch beschreiben als Gewinnung einer Identität aus Vernunft.[59] Identität, allgemein gesehen, setzt die Perspektive eines Dritten oder Unbeteiligten voraus, einen Standpunkt, den die Individuen ihren Wahrnehmungen und Neigungen gegenüber gemeinschaftlich einnehmen können, bzw. von dem aus das Individuum das Material seiner Sinnlichkeit synthetisieren kann. Im Glauben an ein An-sich der Gegenstände unseres Erkennens, unserer Rechtsverhältnisse und unserer Moral lassen wir uns diesen Standpunkt dogmatisch vorgeben; d. h. unser Erkennen und Handeln ist hier heteronom bestimmt. Man könnte auch sagen, vom dogmatischen Standpunkt aus ist das Verhältnis von Erkennen und Welt, von sozialem Verhalten und Recht und von unbedingt verantwortlicher Handlung und Moral inhaltlich präjudiziert, was eine Stellungnahme zu diesen Inhalten als den Gründen für unsere Wahr/Falsch-, Recht/Unrecht- und (moralisch) Gut/Böse-Unterscheidungen unmöglich

58 Vgl. E. Lichtenstein, Art. »Bildung«, in: *Historisches Wörterbuch der Philosophie*, hrsg. v. J. Ritter, Bd. 1 (Basel/Stuttgart, 1971), Sp. 921 – 937 sowie G. Dohmen, »Was heißt ›Bildung‹?« (1966), in: J. Pleines (Hrsg.), *Bildungstheorien: Probleme und Positionen* (Freiburg/Basel/Wien, 1978), S. 160 – 171.

59 Diese Interpretation bedient sich eines Modells, das J. Habermas zur Explikation grundlegender Strukturen von Rationalität bereitstellt. Vgl. J. Habermas, *Theorie des kommunikativen Handelns*, Bd. 1: *Handlungsrationalität und gesellschaftliche Rationalisierung* (Frankfurt, 1981), Kap. 1.

macht. Daß wir nach Kants Explikationen die hier nötigen Gemeinsamkeitsunterstellungen »aus Vernunft« bestimmen, hat einen doppelten Sinn, meint nämlich einerseits, daß es sich hier um formale und deshalb allgemeine Kriterien handelt, und zeigt andererseits an, daß diese Kriterien auch vernünftig legitimiert sein müssen, d. h. sie müssen prinzipiell die Zustimmung aller Beteiligten – das sind bei Kant alle Menschen *als Vernunftwesen* – finden können. Qua Reflexivität unseres Weltbezuges sind wir nach Kant immer auf eine unabhängige Perspektive bezogen, d. h. Reflexivität ist konstitutiv für Intersubjektivität – und zugleich ist die Reflektiertheit unseres Erkennens das Unterpfand subjektiver Autonomie. Kants Auszeichnung der Reflexivität unseres Erkennens und Handelns als eines *spontanen*, nicht abgeleiteten Moments, das unseren passiv-rezeptiven Weltbezug zu etwas materialiter Neuem verändert, ist also nur konsequent. Für Kant besteht ein Junktim zwischen Reflexivität als der allgemeinen Struktur von Rationalität und humanen Ideen wie die der Würde der Person und der Idee einer solidarischen Menschengemeinschaft. Im »Faktum der Vernunft« unterstellt Kant, daß *eine für alle vernünftigen Wesen gemeinsam mögliche und in diesem Sinne moralische Identität*[60] keine Fiktion ist, sondern eine Idee, die ihre normative Kraft aus unserem Selbstverständnis als Personen bezieht.

Das Vertrauen in das »Faktum der Vernunft« wird in der Folgezeit freilich immer brüchiger. Was bei Kant Zusammenhalt hatte, weil es gar nicht in einer Dimension unterschieden werden konnte, gerät mehr und mehr auf dieselbe Ebene. Diese Entwicklung führt dann auf das Entfremdungsproblem, auf die Beziehungslosigkeit des Individuellen gegenüber dem Allgemeinen, das nur noch als Hypostasierung, als Verdinglichung konkreter Verhältnisse vorgestellt werden kann.

Der das 19. Jahrhundert bestimmende sogenannte *neuhumanistische* Bildungsbegriff läßt sich aus der Auseinandersetzung mit diesen Verfallserscheinungen aufklärerischen Denkens verstehen. Im Anschluß an Rousseau wird hier Bildung zum ersten Mal unter dem Thema der

60 Vgl. F. Kambartel, »Autonomie, mit Kant betrachtet: Zu den Grundlagen von Handlungstheorie und Moralphilosophie« (1978), in: Ders., *Philosophie der humanen Welt: Abhandlungen* (Frankfurt, 1989), S. 117 – 131, hier S. 131.

verlorenen und wiederzufindenden individuellen Identität gefaßt.[61] Bei Rousseau ist die Diagnose einer (unwiederbringlich) verlorenen Übereinstimmung des Individuums mit sich selbst gesellschaftskritisch zu verstehen. Das Dilemma des »bourgeois« besteht darin, daß er seine natürliche Existenz, eine vor-reflexive, unmittelbare Selbstvertrautheit, in der Form der Sozialität durchsetzen will. Er sucht verblendet die unmittelbare All-Einheit über die sozial gegebenen Möglichkeiten der Auszeichnung einer Existenz (unter vielen) zu gewinnen, was ihn »außer sich« bringt, selbstentfremdet sein läßt. Der deutsche Rousseauismus, vor allem Schiller, entwirft dann gegen Rousseaus resignative Geschichtsphilosophie die Möglichkeit eines Werdens (der »Bildung«), das den Prozeß der Selbstentfremdung der Menschen zurücknimmt, die, ausdrücklich auf die Individuen bezogene, »Zerstückelung ihres Wesens« aufhebt, ihnen ihre Identität als ihre »Ganzheit« wiedergibt.[62]

Bei Schiller steht ästhetische Bildung durchaus im Dienste der Ermöglichung gelingender Praxis, darf also nicht mit dem späteren Ästhetizismus gleichgesetzt werden.[63] Aus dem rationalistischen Bezugsrahmen, gegen dessen Folgelasten sie ankämpft, hat sich diese Bildungsidee jedoch keineswegs verabschiedet, was ihr Eintreten für die Eigenmacht des Besonderen ambivalent macht, anfällig für eine bloß ästhetisch-kontemplative Ausdeutung. In der Bildungsidee des historischen Bewußtseins bei Dilthey ist dann die Reduktion auf den Gesichtspunkt ästhetischen Genusses unverkennbar.

> Das [...] historische Bewußtsein ermöglicht dem modernen Menschen, die ganze Vergangenheit der Menschheit in sich gegenwärtig zu haben: über alle Schranken der eignen Zeit blickt er hinaus in die vergangenen Kulturen; deren Kraft nimmt er in sich auf und genießt ihren Zauber nach: ein großer Zuwachs an Glück entspringt ihm hieraus.[64]

---

61 Vgl. G. Buck, *Rückwege aus der Entfremdung: Studien zur Entwicklung der deutschen humanistischen Bildungsphilosophie* (München, 1984), Kap. 4, bes. S. 155 – 168.

62 Vgl. F. Schiller, *Sechster Brief*, in: Ders., *Ausgewählte Werke*, hrsg. v. E. Müller (Darmstadt, 1954), Bd. V, S. 278 u. S. 275. Zu Schillers Bildungsbegriff vgl. G. Buck, *Rückwege aus der Entfremdung*, Kap. 4, S. 168 – 177 und S. 189 – 193.

63 Vgl. G. Buck, *Rückwege aus der Entfremdung*, S. 189 f.

64 W. Dilthey, »Die Entstehung der Hermeneutik« (1900), in: Ders., *Gesammelte Schriften I-XII* (Leipzig/Berlin, 1914 – 1936), Bd. V, S. 317 – 331, hier S. 317.

Die Unverbindlichkeit ästhetischen Genusses, ein am Begriff der Echtheit, der Einzigartigkeit orientiertes Persönlichkeitsideal, womöglich unter den Vorzeichen der Lebensphilosophie – diesen, dem aufklärerischen Geist der Vermitteltheit gänzlich fremden, Bildungsbegriff hatte Max Weber im Blick, als er Anfang dieses Jahrhunderts der Maxime »Bildung durch Wissenschaft« jegliche Legitimität bestritt. Sein Ethos der »Wissenschaft als Beruf« läßt sich gleichwohl als Berufung verstehen auf jenen im Begriff der *theoria* vorgestellten Zusammenhang zwischen einem aus der Verstrickung in allerlei Kontingenz freigekommenen Wissen und der Lebenspraxis. Freilich verhindert Weber den von Theorie ursprünglich intendierten Zusammenhang in seiner positivistischen Zweiteilung von Tatsachen und Werten gerade.

In einem sublimeren Sinne findet sich dieser Kurzschluß auch bei Eugen Fink, dessen Forderung nach einer Bildung, die der modernen Arbeitswelt gerecht wird und sich an den pragmatisch-technischen Wissenschaften orientiert, in der Bildungsreform der 60er Jahre viele Befürworter hatte. Fink versucht die Hegelsche Ausdeutung von Bildung als Arbeit für eine Zurückführung der technischen Verfügungsgewalt in die lebensweltliche Praxis fruchtbar zu machen.[65]

> Die Menschenfreiheit erscheint produktiv in den werktätigen Prozessen der Umwandlung der Natur durch den arbeitenden Menschen, sie erscheint auch in der politischen Selbstformung eines Volkes, das jede Bevormundung abwirft und sich selbst regiert. [...] Nur wenn die Technik in der Bildung aller geistig bewältigt wird, kann das Volk die Kontrolle der technischen Machtmittel wahrnehmen und die Volksherrschaft bekräftigen.[66]

Wie J. Habermas kritisch anmerkt, setzt Fink dabei allerdings für die politische Reflexion, die die verselbständigte Form instrumentalen Handelns in den Konsensus handelnder und verhandelnder Bürger zurückholen soll, nicht andere Bedingungen der Rationalität an als die, aus denen Technik hervorgegangen ist.[67]

---

65 E. Fink, »Technische Bildung als Selbsterkenntnis«, *Die Deutsche Schule* 55 (1963), S. 165–177.

66 Ebd., S. 15.

67 Vgl. J. Habermas, »Vom sozialen Wandel akademischer Bildung« (1963), in: Ders., *Theorie und Praxis: Sozialphilosophische Studien* (Frankfurt, 1978), S. 359–375, hier S. 367.

Diese beiden Belege stellen die Rolle der Reflexion im Zusammenhang von Wissenschaft und Bildung heraus. Wo heute wieder versucht wird, Bildung aus der Idee der Wissenschaft zu verstehen – nämlich nicht nur als einen um Souveränität gegenüber der Technik bemühten Durchgang durch Wissenschaft (H. Schelsky) oder als deren Kompensation (O. Marquard), geschieht dies unter Option auf die wissenschaftliche Reflexion in aufklärerischem Verständnis, als Medium zur Erlangung und Steigerung menschlicher Autonomie. Bei E. Tugendhat z. B. heißt es:

> [...] moderne Kultur ist wissenschaftlich reflektierte Kultur. Diesen Satz meine ich nicht einfach deskriptiv, sondern normativ: unsere Kultur ist nur in dem Maße modern, aufgeklärt, als sie wissenschaftlich reflektiert ist, und sie sollte wissenschaftlich reflektiert sein, oder anders ausgedrückt, wir müssen wollen, daß sie wissenschaftlich reflektiert ist, wenn wir uns als autonome und vernünftige Subjekte unseres geschichtlichen So-Seins verstehen wollen und nicht als Objekte anonymer Prozesse.[68]

Tugendhat bezieht sich für den von ihm in Anspruch genommenen Begriff der Reflexion auf Heidegger. In dieser hermeneutischen Tradition meint Reflexion hauptsächlich das Explizitmachen von Voraussetzungen der lebensweltlichen Erfahrung, die ihrem Sinn nach unausdrücklich sind. Reflexion wird hier verstanden als Prozeß der Vermittlung, der »Anverwandlung« im Sinne der Verständigung. Das Moment der reflexiven Gebrochenheit und die objektivierende Kraft der Reflexion, die z. B. bei Habermas im Vordergrund stehen, treten hier zurück.

Auch G. Buck sieht im hermeneutischen Begriff der Reflexion, zu dessen Auslegung in Richtung auf Erfahrung, auf (reflektierende) Urteilskraft, er selbst maßgeblich beigetragen hat, den geeigneten Ansatz, um dem Postulat »Bildung durch Wissenschaft« nachzukommen. Dabei ist Bildung durch Wissenschaft nach Bucks Meinung, aus eben den Gründen, die dieses Projekt heute unlösbar erscheinen lassen (die sich institutionell, in Programmen zu Universitätsgründungen, niederschlagende Spaltung von wissenschaftlicher Ausbildung und Charakterbildung), nicht nur möglich, sondern *notwendig*.[69]

---

68 E. Tugendhat, »Die Geisteswissenschaften als Aufklärungswissenschaften«, Manuskript (1989), S. 3.

69 G. Buck, *Hermeneutik und Bildung*, bes. S. 177 – 198, hier S. 185.

Habermas vertritt den aufklärerisch-rationalistischen Begriff der Reflexion. Entsprechend setzt er konsequent auf Öffentlichkeit, auf eine Allgemeinheit, die für die jeweilige individuelle praktische Selbsterfahrung nur den Freiraum bereitstellt. Bildung hat hier wesentlich eine politische Dimension.

6.4 *Die Geisteswissenschaften als Orientierungsquelle?*

Waren die 60er und 70er Jahre die große Zeit der Sozialwissenschaften, so scheint sich heute eine Hochkonjunktur der Geisteswissenschaften anzubahnen. Gemessen an ihrer Medienpräsenz erfreuen sich die Geisteswissenschaften jedenfalls stärkster Nachfrage. Selbst in Tageszeitungen finden sich Überlegungen zur Rolle der Geisteswissenschaften in der technischen Zivilisation.

Daß es ihr Verhältnis zur technisch-industriellen Zivilisation sei, an dem sich die Identität der Geisteswissenschaften ausbilde – dieses Verständnis geht wesentlich auf einen Vortrag O. Marquards zurück. 1985 hielt Marquard vor der Westdeutschen Rektorenkonferenz ein Referat mit dem Titel »Über die Unvermeidlichkeit der Geisteswissenschaften«[70] und stieß damit eine in Anbetracht der Vereinnahmung des Geisteswissenschaftlichen von seiten postmoderner Rationalitätskritik ohnehin anstehende Diskussion über die Aufgaben der Geisteswissenschaften an.

Marquard vertritt die These, daß von dem Sektor unserer Kultur, den man etwa als Geltungsbereich der instrumentellen Rationalität ansprechen könnte, eine permanente Destabilisierung des Selbstverständlichen der unmittelbaren Lebenswelt ausgeht und ineins damit eine Einebnung der lebensweltlichen Vieldeutigkeit und Farbigkeit. Gleichwohl ist das Phänomen der modernen Wissenschaft, Wirtschaft und Technik nach Marquard zu bejahen. Marquard bezeichnet sich als »Modernitätstraditionalist«[71], was wohl ausdrücken soll, daß er am

70 O. Marquard, »Über die Unvermeidlichkeit der Geisteswissenschaften«, in: Ders., *Apologie des Zufälligen: Philosophische Studien* (Stuttgart, 1986), S. 98–116.

71 O. Marquard, »Über die Unvermeidlichkeit«, S. 105.

aufklärerischen *Projekt der Moderne* (Habermas) festhält. Allerdings reduziert sich die ausgezeichnete Rolle der Moderne bei Marquard auf die technisch-wissenschaftliche Modernisierung. Um deren Bestand zu sichern, gilt es, die erwähnten Modernisierungsschäden aufzufangen, zu kompensieren.

Diese Funktion weist Marquard den Geisteswissenschaften zu, und diese Rolle macht dann auch, jedenfalls innerhalb der von Marquard skizzierten Konstellation, die Unvermeidlichkeit der Geisteswissenschaften aus. Die Geisteswissenschaften haben nach Marquard eine sensibilisierende Funktion, nämlich die Aufgabe, die »Entzauberung«, die Rationalisierung der modernen Welt durch die »Ersatzverzauberung des Ästhetischen«[72] zu kompensieren. Sie haben weiterhin eine bewahrende Funktion: Sie sollen die mit der Universalisierung einhergehende Formalisierung unseres »Weltwissens«, also der für unsere intersubjektive Welt konstitutiven Gemeinsamkeitsunterstellungen, ausgleichen durch die Förderung eines Sinnes für das natürlich und geschichtlich Einmalige. Als letzte Funktion nennt Marquard die orientierende Rolle der Geisteswissenschaften und expliziert sie als Aufgabe, Traditionen zu vergegenwärtigen und als Identifikationsangebote bereitzustellen.

Nach Marquard können die Geisteswissenschaften dieser Kompensationsanforderung nur als *erzählende* Wissenschaften nachkommen. Nur soweit sie sich auf das Unternehmen des Interpretierens und Erzählens verlegen und tendenziell alles Argumentieren meiden, vermögen die Geisteswissenschaften nach Marquard die spezifischen Defizite auszugleichen, die die Auszeichnung der objektivierenden Erkenntnisweise durch die sogenannten harten bzw. experimentellen Wissenschaften mit sich bringt. Und nur indem sie einer Vielheit das Wort reden, die »das wissenschaftliche Soll an Eindeutigkeit«[73] als Zumutung abtut, können die Geisteswissenschaften nach Marquard der Gefahr einer totalitären, weil ungeschichtlichen Auszeichnung bestimmter Rationalitätsstandards oder Rechtfertigungspraktiken begegnen.

Marquards Redeweise ist leider ziemlich lax. Sein Lob der historischen Erfahrung als Reflexionsanstoß und notwendigen Korrektivs dogmatischer Überzeugungen formuliert er z. B. so:

---

72 O. Marquard, »Über die Unvermeidlichkeit«, S. 105.
73 O. Marquard, »Über die Unvermeidlichkeit«, S. 108.

> Modernisierungen [sind] Entgeschichtlichungen; so wächst gerade durch sie – also spezifisch modern – die Gefahr, daß bei dieser Ausschaltung aller Geschichten eine – eine einzige – Geschichte übrigbleibt: die Fortschrittsgeschichte der Ausschaltung aller anderen Geschichten, die dann zur Alleingeschichte wird. Die Menschen (jeder Mensch für sich und alle Menschen zusammen) dürfen dann nur noch diese eine einzige Geschichte haben. Das aber – meine ich – ist gegenmenschlich. Denn diese Menschen brauchen viele Geschichten (und viele Bücher und viele Deutungen), um Individuen zu sein: geschützt vor dem Alleinzugriff einer einzigen Geschichte – und also frei zum Anderssein durch die jeweils anderen Geschichten.[74]

Es geht hier um den Universalismus der Vernunft bzw. um die Idee der Geschichte als Medium, als Prozeß der Aufklärung. Fraglich ist, ob Marquard noch einem qualifizierten Verständnis von Allgemeinheit folgt, oder ob er Allgemeinheit konkretistisch als Auszeichnung einer bestimmten Möglichkeit für alle Fälle betrachtet. Diese Zweideutigkeit belastet schließlich auch die Frage nach dem Sinn der Kompensationsthese: Folgt Marquards Mobilisierung unserer historischen und literarischen Wahrnehmungs- und Erfahrungsmöglichkeiten der Einsicht, daß der Universalismus der Vernunft eine Entwicklungsaufgabe ist? Oder hat sich, wie Habermas dies für den Historismus diagnostiziert,[75] die Idee der Einheit der Vernunft bei Marquard zu einem methodischen Ideal verflüchtigt, das nur noch für die sogenannten harten bzw. experimentellen Wissenschaften gelten soll, während in den Geisteswissenschaften eine vom Anspruch auf Objektivität und Einheit der Erkenntnis befreite Vielheit die – wie auch immer auszuweisende – anthropologisch wünschenswerte Balance sichert?

Die erste Lesart bietet kaum Anlaß zur Kritik. J. Mittelstraß z. B. hält eine so verstandene Kompensationsthese durchaus für sinnvoll.[76] Die Entwicklung unserer historischen und literarischen Wahrnehmungs- und Erfahrungsfähigkeiten betrachtet er dann freilich nur als *eine* Komponente des Geisteswissenschaftlichen, welches auch nicht gera-

---

74 O. Marquard, »Über die Unvermeidlichkeit«, S. 109 f.

75 J. Habermas, »Die Einheit der Vernunft in der Vielheit ihrer Stimmen«, *Merkur* 42 (1988), S. 1–14, hier S. 10.

76 Vgl. J. Mittelstraß, »Wissenschaft als Kultur«, in: *Heidelberger Jahrbücher* 30 (1986), 51–71, bes. S. 63 f; Ders., *Glanz und Elend der Geisteswissenschaften* (= *Oldenburger Universitätsreden* Nr. 27), (Oldenburg, 1989).

dewegs mit den Geisteswissenschaften selbst identifiziert werden kann. Überdies bezieht Mittelstraß seine Zustimmung auf die Formulierungen des Rechtshegelianers J. Ritter[77], der eindeutiger als sein Schüler Marquard an der Idee des vernünftigen Ganzen festhält. Fallen diese Kautelen, dann ist man bei der zweiten Lesart. Nicht zuletzt Marquards Erwiderung auf die Diskussion seines Vortrages[78] bestätigt, daß diese Auslegung – in der auch Mittelstraß den Text verhandelt – Marquards Intentionen trifft. Der Hauptkritikpunkt ist dann eben die objektivistische Zweiteilung einer naturwissenschaftlichen Eindeutigkeit und einer geisteswissenschaftlichen Vieldeutigkeit, die Marquard auch den Sphären einer technisch-industriellen Sachwelt und einer sinn- und sinnenhaften Lebenswelt zuordnet – also die Zerlegung unserer intersubjektiven Welt in eine objektive Sach- und eine vieldeutige Sinnwelt.

Schon bei der Gelegenheit von Marquards Vortrag vor der westdeutschen Rektorenkonferenz hat der Soziologe F. H. Tenbruck darauf hingewiesen, daß etwaige Folgeprobleme der Naturwissenschaften nicht delegiert werden können, sondern die Wissenschaft als ganze herausfordern.[79] Nach Habermas' Diagnose des Marquardschen Ansatzes verkennt Marquard den dialektischen Zusammenhang zwischen Einheit und Vielheit, zwischen Allgemeinheit und Individualisierung. Die Einheit der Vernunft ist nicht die Verhinderung einer »Pluralisierung der Lebensformen« und »Individualisierung der Lebensstile«, sondern deren Bedingung.[80] Erkenntnistheoretisch ausgedrückt: Allgemeinheit bezieht sich nicht auf Individualitäten als schon unterschiedene, sondern enthält diese Unterscheidung in sich. Weil Marquard diese Struktur der Reflexivität einebnet, kann er so tun, als fiele die Idee der Vernunft als Orientierung am begründeten Einverständnis mit einem objektivistischen Selbstmißverständnis zusammen. Nun impliziert ja auch die Rede

77 J. Ritter, »Die Aufgabe der Geisteswissenschaften in der modernen Gesellschaft« (1963), in: *Ders., Subjektivität: Sechs Aufsätze* (Frankfurt, ^{2}1980), S. 105 – 140.

78 O. Marquard, »Verspätete Moralistik: Bemerkungen zur Unvermeidlichkeit der Geisteswissenschaften«, *Kursbuch* 91 (März 1988), S. 13 – 18.

79 Vgl. H. Ritter, »Preisfragen«, *Kursbuch* 91 (März 1988), S. 23 – 25.

80 J. Habermas, »Die Einheit der Vernunft«, S. 12.

von Kompensation noch eine Idee von Einheit, von Ganzheit. Habermas läßt in diesem Zusammenhang durchblicken, daß die Idee der Einheit der Vernunft bei Marquard einer fragwürdigen Anthropologie Platz gemacht hat. Er macht darauf aufmerksam, daß sich Marquard stillschweigend auf eine Lehre vom Menschen stützt, »die erklären müßte, [...] *warum* ein Defizit an Ersatzverzauberung, Wiedervertrautmachung und Sinnvermittlung überhaupt entsteht«.[81] H. Schnädelbachs Vorwurf, im »Kompensationsmodell der Kulturkonservativen«, beispielhaft bei Marquard, mischten sich beständig deskriptive und normative Elemente, werde Kultur als Inbegriff unserer intersubjektiven Welt kurzgeschlossen mit Kultur als einem Teilbereich dieser Welt,[82] beruht auf denselben Voraussetzungen wie Habermas' Kritik.

Ebenfalls dem Umkreis der Kritischen Theorie zuzurechnen, allerdings an Adorno ausgerichtet, ist H. Böhmes Kritik der Marquard-These.[83] Adorno, ein Vertreter der ersten Generation der Frankfurter Schule, sieht im Gegensatz zu Habermas im Aufklärungsprozeß eine tragische Entwicklung. In seinen Augen zerstört die Vernunft selbst die Humanität, die durch sie möglich geworden ist, weil sich der Prozeß der Aufklärung von Anfang an dem Antrieb der Selbsterhaltung verdankt, der die Vernunft verstümmelt, weil er diese nur in Formen zweckrationaler Natur- und Triebbeherrschung, nur als instrumentale Vernunft beansprucht. Residuum aller der verdinglichenden Gewalt entkommenen Momente ist das Ästhetische, das Adorno mit einem bewußt doppeldeutigen Ausdruck den Vor-Schein des versöhnten Zustandes nennt, einer Utopie, die man als *absolut* zwangloses Verhältnis von Individualität und Allgemeinheit umschreiben könnte.

Vor diesem Hintergrund ist H. Böhmes Gegenthese zu Marquard zu verstehen:

> Diese Kunst der Moderne hatte nie kompensatorische Funktion – und die Wissenschaften, die jene zu vertreten haben, auf Kompensation festzulegen, hieße eine Form struktureller Zensur. Wenn es eine Verantwortung der

81 J. Habermas, »Die Einheit der Vernunft«, S. 9.

82 H. Schnädelbach, »Kritik der Kompensationstheorie«, *Kursbuch* 91 (März 1988), S. 35–45, bes. S. 40 f.

83 H. Böhme, *Über das gegenwärtige Selbstbewußtsein der Geisteswissenschaften* (= *Oldenburger Universitätsreden* Nr. 22), (Oldenburg, 1989).

> Geisteswissenschaften vor ihrem Gegenstand gibt, so die, mit Selbstbewußtsein Anwalt jener kritischen Traditionen zu sein, die in der Kunst der Moderne entwickelt wurden und gerade in der quälenden Negation der ohnehin mächtigeren Kompensationsgeschichten bestanden.[84]

Pointiert gesagt: Böhme wirft Marquard nicht vor, die Orientierung auf das vernünftige Ganze verabschiedet zu haben, sondern er hält ihm entgegen, mit seiner Funktionszuweisung die einzige Möglichkeit, den einzigen Ort der Negation des unerträglichen Ganzen preiszugeben.

Böhmes Widerspruch gegen die von Marquard vorgesehene Funktionalisierung der Geisteswissenschaften ist jedenfalls zuzustimmen. Die Grundlage dieses Widerspruchs bei Böhme, ablesbar an seinem als Gegenentwurf zu Marquard entwickelten Verständnis der Geisteswissenschaften, ist hingegen problematisch. Böhme sieht in den Geisteswissenschaften die einzige Instanz der Negation im allgemeinen Verblendungszusammenhang. Er versteht sie als Hüterin des von Adorno her bekannten »Nicht-Identischen«, also des Einmaligen, Authentischen und als Wahrerin des Eingedenkens der Natur.

Als Korrektiv allzu blauäugigen Fortschrittsglaubens oder bornierter, weil allzu selbstsicherer »Vernünftigkeit« mögen derlei Einwürfe gut sein. Positiv gewendet geraten sie in Metaphysiknähe. Will man nicht hinter Kant zurückfallen, dann ist davon auszugehen, daß universale Zusammenhänge, Totalitäten nur prozedural, durch *vermittelndes* Denken gegeben sind. Gegen diese Einsicht aber verstoßen die puristischen Eigentlichkeitsvorstellungen, die Böhme vorträgt, und seine dämonisierenden Beschreibungen einer total pervertierten Wirklichkeit.[85] So gesehen gründet sich seine Kritik keineswegs auf einen besonders scharfsichtigen Realitätssinn, sondern verdankt sich typischen Projektionen einer leerlaufenden, weil nicht immer wieder an konkreten Situationen geprüften Begrifflichkeit.

Die Marquard-Kritiker G. Patzig, E. Tugendhat und J. Mittelstraß argumentieren weniger vor dem Hintergrund der Kontroverse zwischen Rechts- und Linkshegelianismus. G. Patzig macht allgemein darauf

84 Ebd., S. 16 f.

85 In diese Richtung geht auch die Adorno-Kritik von Habermas. Vgl. z. B. J. Habermas, *Der philosophische Diskurs der Moderne: Zwölf Vorlesungen* (Frankfurt, 1988), S. 156 f.

aufmerksam, daß die Idee einer Legitimierung der Geisteswissenschaften durch die Übernahme von Kompensationsfunktionen immer Abhängigkeit bedeutet. Er hält dafür, »ruhig auf der eigenen Würde der Gegenstände der Geisteswissenschaften [zu] beharren«.[86]

Marquards These, die Geisteswissenschaften seien modern, weil sie das Entspannungs- und Entlastungspotential darböten, das die Menschen die Konsequenzen der Umsetzung der aufklärerischen Idee einer verfügenden Aneignung der Natur überhaupt aushalten läßt, wird von Tugendhat folgendermaßen zurechtgerückt:

> [...] die Geisteswissenschaften können Vertrautheit und Sinn so wenig wiederherstellen als der Bruch mit Vertrautheit und Sinnbewahrung gerade das Element ist, aus dem heraus sie sich mit den Traditionen objektivierend konfrontieren. Ist die Aufklärung, der Bruch mit dem gläubigen Innestehen in den Traditionen einmal vollzogen, so ist die Folge freilich nicht, daß die Traditionen verschwinden, sondern daß wir in ein neues Verhältnis zu ihnen treten, in ein wissenschaftliches, reflektiertes. Die zentrale Bedeutung, die die Geisteswissenschaften für die Moderne haben, besteht dann nicht darin, daß sie die Moderne kompensieren, sondern daß sie sie vollziehen: moderne Kultur ist wissenschaftlich reflektierte Kultur.[87]

Tugendhat bezieht sich für den von ihm in Anspruch genommenen Begriff der Reflexion auf Heidegger und auch auf Gadamer. Reflexion bezeichnet in dieser hermeneutischen Tradition genauso wie bei Kant gewissermaßen einen Indifferenzpunkt von Theorie und Praxis. Allerdings wirft man dem rationalistischen Ansatz Kants von hier aus vor, den Gedanken der Allgemeinheit, der Verbindlichkeit »theoretizistisch« auszulegen, Reflexion nicht an Formen der praktisch-pragmatischen Erfahrung anschließen zu können. Über die Rolle der Reflexion im Prozeß der »Selbstverständigung«, der »Selbstaufklärung« – so Tugendhats Formulierung[88] des aufklärerischen Bildungsziels, »sich allgemein zu machen« – ergibt sich eine Aufwertung bzw. eine neue Sicht der Rolle des Beispiels und der exemplarischen Erfahrung. Kant war

86 G. Patzig, »Die Göttinger Akademie: Gegenwärtige Lage und Zukunftsaufgaben«, in: Akademie der Wissenschaften in Göttingen, *Jahrbuch 1987* (Göttingen, 1987), S. 56–66, hier S. 64.

87 E. Tugendhat, »Die Geisteswissenschaften als Aufklärungswissenschaften«, Manuskript (1989), S. 3.

88 Ebd., S. 6.

der Meinung, Beispiele im Sinne von (Vor-)Bildern seien nur »Vehikel« oder »Mittel der Introduction«,[89] nämlich auf Überredung angenommene oder anschaulich eingängige, jedenfalls nicht dem Anspruch der Aufklärung genügende Platzhalter oder Vorstufen einer vernünftigen Orientierung, welche nach Kant an die Maximenform gebunden ist. In der hermeneutischen Tradition dagegen sieht man in der Nachahmung eines Beispiels einen kreativen, spontanen Akt, in dem implizite Voraussetzungen reflexiv und damit verbindlich werden. Exemplarisches Wissen und interpretatorische Leistungen gelten hier nicht als Vorstufen einer vernünftigen Praxis, sondern als deren Gehalt.

Diese Auffassung hat Konsequenzen sowohl für die Frage der Einordnung der Geisteswissenschaften in das System der Wissenschaften als auch für die Frage, ob und inwiefern die Philosophie noch einmal von den Geisteswissenschaften abzuheben ist. Tugendhat unterscheidet zwar an den »Geisteswissenschaften, wie sie sich faktisch ausgebildet haben und faktisch betrieben werden«, eine »mehr aufklärerische« und eine mehr »antiquarische« Ausrichtung,[90] identifiziert die Geisteswissenschaften in ihrer aufklärerischen Ausrichtung aber keineswegs mit der Philosophie. Umgekehrt weicht er die rationalistisch-kritische Abgrenzung der historisch-hermeneutischen Wissenschaften von der Philosophie auf, wenn er mit Dilthey eine dem Historischen enthobene »rein philosophische Dimension« des Normativen anzweifelt.[91]

Mittelstraß macht gegen Marquard geltend, daß die bildende oder orientierende Rolle der Geisteswissenschaften allenfalls darin bestehen kann, dem einzelnen zu helfen, das eigene Tun als Ausdruck einer ihrer Idee nach unteilbaren Rationalität zu begreifen. Die Geisteswissenschaften vermitteln in diesem Sinne – ähnlich wie dies Tugendhat vorsieht – nicht positives Wissen, sondern brechen mit den Selbstverständlich-

89 Zur Funktion von Bildlichkeit und Metaphorik bei Kant vgl. M. Sommer, *Die Selbsterhaltung der Vernunft* (Stuttgart-Bad Cannstatt, 1977), bes. Kap. II, Abschnitt 4. Zur Rolle des Beispiels bei Kant aus der Sicht der hermeneutischen Tradition vgl. vor allem auch G. Buck, *Hermeneutik und Bildung: Elemente einer verstehenden Bildungslehre* (München, 1981), S. 95 – 122.

90 E. Tugendhat, »Die Geisteswissenschaften als Aufklärungswissenschaften«, S. 4.

91 Ebd., S. 10.

keiten einer eingewöhnten Urteilspraxis, um uns in ein reflektiertes, kritisches Verhältnis zu dieser Praxis zu setzen. Mittelstraß geht allerdings im Gegensatz zu Tugendhat davon aus, daß nur die Geisteswissenschaften in Gestalt der Philosophie über die Normen einer solchen Kritik aus sich selbst heraus verfügen.

> Es geht [...] um die *kulturelle Form der Welt.* Auf sie hätten sich die Geisteswissenschaften nicht nur beschreibend und erzählend, sondern deutend, erklärend, argumentierend und konstruierend zu beziehen. Sie würden zugleich der Ort, an dem sich die Welt ein Wissen von sich selbst verschafft. Dieses Wissen wäre nicht so sehr ein positives Wissen, ein Wissen um Ursachen, Wirkungen und Mittel, wie es ein Verfügungswissen charakterisiert, sondern ein regulatives Wissen in *Erfahrungs- und Maximenform.* Die Erfahrungsform des Wissens bildete den Gegenstand der Geisteswissenschaften im allgemeinen, die Maximenform des Wissens, worunter auch hier Grundlagen und Prinzipien verstanden werden sollen, den Gegenstand der Philosophie.[92]

Diese Auffassung ist nur sekundär ein Beitrag zur Frage der Einordnung der Geisteswissenschaften in das System der Wissenschaften – in erster Linie wird hier ein an Kant orientiertes Verständnis der Rationalität und damit eine von Tugendhat, zumindest aber von der hermeneutischen Tradition verschiedene Auffassung von Allgemeinheit verteidigt. An einen neukantianisch inspirierten Objektivismus, wie er schon einmal Anfang dieses Jahrhunderts die Aufteilung der Wissenschaften in erklärende Naturwissenschaften und verstehende Geisteswissenschaften begünstigte, ist dabei keineswegs zu denken: Mittelstraß macht darauf aufmerksam, daß die Unterscheidung von Verfügungs- und Orientierungswissen, einem positiven Wissen der Naturwissenschaften und einem regulativen Wissen der Geisteswissenschaften, eine analytische Unterscheidung ist, und daß der enge systematische Zusammenhang von Bildung – oder modern gesagt: Orientierung – und Geisteswissenschaften nicht objektstufig, sondern als ein aufklärerischer zu verstehen ist.

Dies hat mindestens zwei wichtige Implikationen: Zum einen folgt daraus, daß ein möglicher Vorrang der Geisteswissenschaften vor den Naturwissenschaften bezüglich der Orientierungsfunktion nicht in den

92 J. Mittelstraß, »Glanz und Elend«, S. 31.

jeweiligen primären Gegenständen dieser Wissenschaften begründet sein kann. Daß sich die Geisteswissenschaften mit einem anderen Zugang zur Welt beschäftigen als demjenigen, den die Naturwissenschaften favorisieren, bzw. mit den Ergebnissen dieser anderen Erfahrungsform(en), hat nicht per se eine horizonterweiternde Wirkung und ist nicht von sich aus für das Selbstverständnis der Menschen wichtiger. Die immer wieder anzutreffende Auffassung, die Naturwissenschaften beschäftigten sich mit Sachen und die Geisteswissenschaften mit Sinn, versucht fälschlich eine Unterscheidung, die nur *praktisch* möglich ist, als eine solche des Gegenstandsbereiches zu fassen. Hier ist darauf hinzuweisen, daß Einsichten über das Menschenbild im 18. Jahrhundert genauso positives Wissen darstellen wie Erkenntnisse der Molekularbiologie oder wie die Lehre der Psychoanalyse. Die Frage ist eben, wie man mit diesem Wissen umgeht.

Der kritische, reflektierte oder auch nur kundige Gebrauch, der hier angebracht wäre, ist aber nun auch nicht – und das ist die zweite Implikation – über eine lehrbuchartig verfügbare Methode oder als eine Art Meta-Wissen im Sinne linguistischer Sprachregelverzeichnisse zu haben. Wenn man davon ausgeht, daß die Geisteswissenschaften dort, wo sie sich nicht lediglich beschreibend auf gegebenes Material beziehen, immer auch die eigenen Erfahrungen mit diesem Material thematisieren und diese Thematisierung nur exemplifizierend möglich ist, dann kann man eine Strukturdifferenz[93] zwischen Verfügungswissen und regulativem Wissen annehmen. Die spezifischen Gegenstände der Geisteswissenschaften, z. B. die Kriterien für die Adäquatheit einer Textinterpretation, konstituieren sich dann allererst in dem Prozeß der Vergegenwärtigung historischen Bewußtseins, literarischen Verständnisses oder sprachlicher Kompetenz.

Die Philosophie unterscheidet sich nach einem eher Kantischen Verständnis von Rationalität von den Geisteswissenschaften noch einmal durch ihren Universalitätsanspruch und durch die Erwartung, daß sich

93 Nach H. Schnädelbach unterscheiden sich die beiden Typen »philosophischer Diskurs« und »empirische Untersuchung« nicht einfach im Sinne einer Ebenenhierarchie, sondern durch eben diese Strukturdifferenz. Vgl. H. Schnädelbach, *Reflexion und Diskurs: Fragen einer Logik der Philosophie* (Frankfurt, 1977), bes. S. 197 ff.

dieser Anspruch nur diskursiv, in der Orientierung an begrifflichen Bestimmungen – und das heißt auf dem hier in Frage stehenden Niveau: in Prinzipien- und Maximenform – einlösen läßt. Was die Strukturdifferenz gegenüber dem Verfügungswissen angeht, so gilt auch für die Philosophie – und gerade für die Philosophie –, daß es ihren »Gegenstand«, die normative Vernunft, nur gibt, wenn wir sie selbst praktizieren.

Exkurs 2: Zur möglichen Sonderkompetenz der philosophischen Ethik

Auch wenn es falsch wäre, die Naturwissenschaften mit Verfügungswissenschaften und die Geisteswissenschaften mit Orientierungswissenschaften gleichzusetzen,[94] so gibt es doch eine Disziplin, die eine Sonderkompetenz zur Begründung einer vernünftigen Praxis beansprucht, nämlich die philosophische Ethik. Während die Idee der »Wissenschaft als Lebensform« eine Vermittlung von Theorie und Praxis durch die Verbindung wissenschaftlicher Rationalität mit einer moralischen Form ausdrückt und damit das Ethos einer Kultur der Wissenschaft darstellt,[95] setzt sich die philosophische Ethik das Ziel, diese Vermittlung durch die Begründung moralischer Prinzipien zu leisten. Im folgenden soll exemplarisch John Rawls' Gerechtigkeitstheorie vorgestellt werden.[96] Sie bietet nicht nur eine gute Illustration für unterschiedliche Begründungsmodelle normativer Prinzipien, sondern macht auch deutlich, in welchem Rahmen von einer philosophischen Ethik – sei es durch ihre Sonderkompetenz für die Behandlung normativer Fragen oder durch ihre potentielle praktische Wirksamkeit – eine besondere Orientierungsvermittlung geleistet werden kann.

Rawls verfolgt zunächst die Absicht, unsere Grundüberzeugungen von Freiheits- und Gerechtigkeitsidealen in einer konsistenten Theorie mit möglichst wenigen Grundprinzipien wiederzugeben. Die zu entwik-

94 Vgl. J. Mittelstraß, *Glanz und Elend der Geisteswissenschaften* (= *Oldenburger Universitätsreden* Nr. 27), (Oldenburg, 1989), S. 21.

95 Vgl. J. Mittelstraß, »Wissenschaft als Kultur«, *Heidelberger Jahrbücher* 30 (1986), S. 52 f; vgl. R. K. Merton, »Science and Democratic Social Structure« (1942), in: Ders., *Social Theory and Social Structure* (New York/London, ^{3}1968), S. 604–615.

96 J. Rawls, *A Theory of Justice* (Cambridge, Mass., 1971).

kelnde Theorie soll nicht nur diesen Überzeugungen besser entsprechen als irgendeine andere Konzeption, sondern sie soll auch ein klares Entscheidungsverfahren zur Lösung von Konflikten zwischen verschiedenen relevanten Prinzipien bereithalten. Rawls will nicht bei einer Pluralität erster Prinzipien stehenbleiben, deren Gewichtung der bloßen Intuition überlassen werden müßte, sondern strebt eindeutig geregelte Prioritäten an, die ein angemessenes Urteil auch in solchen Fällen erlauben, in denen die Verständigung über eine konsensfähige Einschätzung zunächst nicht möglich ist.

Rawls vertritt die These, daß in einer Position ursprünglicher *Fairneß* alle Beteiligten sich auf die folgenden beiden Gerechtigkeitsprinzipien einigen könnten:[97]

(1) Jede Person soll das gleiche Recht auf die größtmögliche Freiheit haben, die mit der gleichen Freiheit für andere vereinbar ist.
(2) Soziale und ökonomische Ungleichheiten müssen so angelegt sein,
 a) daß sie zum Vorteil jedes einzelnen beitragen (genauer: daß sie zum größten Vorteil des am schlechtesten Weggekommenen führen); und
 b) daß alle gesellschaftlichen Positionen allen gleichermaßen offenstehen.

Die Prioritäten sind dabei so geregelt, daß die größtmögliche Verbreitung allgemeiner Freiheiten in jedem Falle Vorrang hat vor anderen Erwägungen. Im zweiten Gerechtigkeitsprinzip hat b) Vorrang vor a): Soziale Ungleichheiten – so sehr sie auch für die relativ schlechter Weggekommenen von Vorteil sind – sind nur dann zu rechtfertigen, wenn jeder grundsätzlich die gleichen Zugangsmöglichkeiten zu allen Positionen hat.

Die beiden dargestellten Gerechtigkeitsprinzipien leitet Rawls aus zwei verschiedenen Begründungsmodellen ab: dem Vertragsmodell und dem Kohärenzmodell.[98] Das Vertragsmodell beruht auf der Theorie eines idealen Gesellschaftsvertrags; auf dem Wege eines Gedankenexperi-

97 Vgl. ebd., S. 60 f und S. 302 f.

98 Vgl. D. Lyons, »Nature and Soundness of the Contract and Coherence Arguments«, in: N. Daniels (Hrsg.), *Reading Rawls: Critical Studies on Rawls' »A Theory of Justice«* (New York, 1975), S. 141 – 167.

ments wird beraten, welche Gerechtigkeitsprinzipien am besten der Idee einer wohlgeordneten Gesellschaft zum gegenseitigen Vorteil unter Gleichen entsprechen. Dabei geht es darum, ideale Rahmenbedingungen festzulegen, die die Bedingungen der Gleichheit und der Unparteilichkeit sicherstellen. Das Ergebnis dieses Gedankenexperiments, unter Anwendung der modernen Spiel- und Entscheidungstheorie, besteht nach Rawls dann gerade in den oben angeführten Gerechtigkeitsprinzipien.

Mit seinem Konzept eines »reflektiven Gleichgewichts« benutzt Rawls ferner ein Kohärenzmodell zur Begründung dieser Prinzipien. Dabei stellt sich bei genauerer Analyse heraus, daß dieses Modell das grundlegendere ist; auch das Vertragsmodell baut letztlich auf ihm auf.[99] In einem »reflektiven Gleichgewicht« sollen nämlich wohlerwogene Einzelurteile und grundlegende Überzeugungen durch gegenseitiges Abwägen zu einem kohärenten Ganzen verbunden werden. Die auf diese Weise geprüften Prinzipien bilden dann auch für Rawls die Grundlage für alle weiteren Begründungsverfahren. Insbesondere wird an ihnen die Beschreibung der »ursprünglichen Position« ausgerichtet.[100]

Damit stellt sich aber die Frage, inwieweit eine solche Gerechtigkeitstheorie überhaupt in der Lage ist, faktisch bestehende Überzeugungen kritisch zu hinterfragen. So heißt es bei Habermas:

> Die zeitgenössischen Moraltheoretiker bieten für das Moralprinzip gar nicht erst eine Begründung an, sondern beschränken sich, wie man beispielsweise an Rawls' Konzept des Überlegensgleichgewichts (reflective equilibrium) sehen kann, auf eine Nachkonstruktion vortheoretischen Wissens.[101]

Nun will Rawls tatsächlich keine transzendental-pragmatische Letztbegründung von Normen leisten (obwohl er die Möglichkeit einer solchen nicht grundsätzlich ausschließt). Andererseits ist aber zu be-

---

99 Vgl. N. Hoerster, »John Rawls' Kohärenztheorie der Normenbegründung«, in: O. Höffe (Hrsg.), *Über John Rawls' Theorie der Gerechtigkeit* (Frankfurt, 1977), S. 57–76.

100 Vgl. J. Rawls, *A Theory of Justice*, S. 141 u. S. 155. Vgl. dazu die Kritik bei R. M. Hare, »Rawls' Theory of Justice«, in: N. Daniels (Hrsg.), *Reading Rawls*, S. 81–107.

101 J. Habermas, »Diskursethik – Notizen zu einem Begründungsprogramm«, in: Ders., *Moralbewußtsein und kommunikatives Handeln* (Frankfurt, 1983), S. 89.

achten, daß Rawls Gründe dafür hat, seine Grundprinzipien (wie Gleichheit und Unparteilichkeit) als auf »vernünftigen Übereinkünften« beruhend anzusehen.[102] Wie insbesondere aus seinen späteren Schriften deutlich hervorgeht, geht es Rawls in weitem Maße um die praktisch-politische Wirksamkeit seiner Gerechtigkeitstheorie;[103] und diese ist am ehesten dann zu erreichen, wenn ihre Prinzipien Rückhalt in gesellschaftlichen Lebensformen – idealerweise in einem übergreifenden gesellschaftlichen Konsens – haben.[104] Problematisch wäre dies nur, wenn dieser Blick auf die Einbettung der vertretenen Prinzipien in schon existierenden Lebensformen zu einer bloßen Widerspiegelung der ohnehin verbreiteten Überzeugungen führen würde. Dagegen steht aber das kritische Potential des Kohärenzmodells, z. B. dann, wenn bestimmte Einzelurteile im Lichte genereller Prinzipien, die durch die Rawlssche Analyse explizit gemacht werden, einer Überprüfung unterzogen werden. Darüber hinaus ist das »reflektive Gleichgewicht« zwischen grundlegenden Überzeugungen und Bewertungen in Einzelfällen (das im Bereich der Normen das Analogon zu Quines Holismus in der Erkenntnistheorie bildet) auch durch Veränderungen unseres Wissens über gegebene empirische Verhältnisse für kritische Neubewertungen offen.

Interessant ist in diesem Zusammenhang, daß z. B. auch die Moraltheologie solchen internen Rationalitätsforderungen verpflichtet ist. So sieht sich etwa Karl Rahner aufgrund neuer biologischer Erkenntnisse zu einer Überprüfung der katholischen Haltung zur Genmanipulation und deren Nebenwirkungen gezwungen:

> Seit einigen Jahrhunderten ist die katholische Moraltheologie davon überzeugt, daß die individuelle *Mensch*werdung im Augenblick der Vereinigung der beiden Keimzellen eintritt. Wird der Moraltheologe heute noch den festen Mut haben, diese Voraussetzung für viele seiner moraltheologischen Sätze aufrecht zu erhalten, wenn ihm plötzlich gesagt wird, daß von vorn-

102 Vgl. J. Rawls, »Kantian Constructivism in Moral Theory«, *The Journal of Philosophy* 77 (1980), S. 557 ff; vgl. auch J. Rawls, *A Theory of Justice*, S. 577 f.

103 Vgl. J. Rawls, »Justice as Fairness: Political not Metaphysical«, *Philosophy and Public Affairs* 14 (1985), S. 223 – 251.

104 Vgl. hierzu auch J. Mittelstraß, »Das Maß der Wissenschaft und der Technik«, *Technische Rundschau* 80 (1988), Heft 10, S. 10.

> herein 50 Prozent der befruchteten weiblichen Eizellen gar nie zu einer Einnistung in der Gebärmutter kommen? Wird er denken können, daß 50 Prozent der »Menschen« – wirklicher Menschen mit einer »unsterblichen« Seele und einem ewigen Schicksal – von vornherein nicht über dieses erste Stadium eines Menschen hinauskommen?[105]

Ernstzunehmender als das Problem der scheinbar mangelnden Kritikfähigkeit des Kohärenzmodells ist die problematische Voraussetzung eines faktisch aufzufindenden, übergreifenden Konsenses. Rawls sagt selbst, daß politische Meinungsverschiedenheiten auf tiefliegenden unterschiedlichen Überzeugungen beruhen können. Er glaubt aber, daß die Idee der Gesellschaft als ein System sozialer Kooperation zwischen freien und gleichen Personen eine gemeinsame Grundlage für weitergehende Argumentationen bilden kann.[106] Dies ist aber nicht unbedingt plausibel. So ist Rawls vorgeworfen worden, daß die von ihm vorausgesetzten »Intuitionen« (im Sinne wohlerwogener Überzeugungen) vielleicht nur denjenigen eines Amerikaners der gehobenen Mittelschicht des 20. Jahrhunderts entsprechen; und selbst dies ist noch fraglich. Wie sich an der liberalistischen Theorie von Rawls' Kollegen Robert Nozick[107] erkennen läßt, ist selbst innerhalb *einer* Kultur nicht unbedingt von einem grundlegenden Konsens auszugehen. Z. B. sieht Rawls die natürlichen Talente als ohne individuelles Verdienst in der Gemeinschaft verteilt und folgert daraus sein in Gerechtigkeitsprinzip 2.a) enthaltenes »Maximin«-Prinzip, das unter anderem die Forderung nach einer Realisierung von sozialer Gerechtigkeit über die Umverteilung von Besitz durch Steuern rechtfertigt, um die Lage der Ärmsten zu verbessern. Demgegenüber sieht Nozick individuelle Talente als individuellen Besitz und bewertet jede Besteuerung als Diebstahl.

In diesen unterschiedlichen Bewertungen kommt ein Zwiespalt zum Vorschein, den seinerzeit schon Max Weber im Konflikt der Theorien von Babeuf und Schmoller erkannte:

105 K. Rahner, »Zum Problem der genetischen Manipulation«, in: Ders., *Schriften zur Theologie*, Band 8 (Einsiedeln/Zürich/Köln, 1967), S. 287; zitiert nach: K. Bayertz, *GenEthik: Probleme der Technisierung menschlicher Fortpflanzung* (Reinbek, 1987), S. 133.

106 Vgl. J. Rawls, »Justice as Fairness: Political not Metaphysical«, S. 228 f.

107 Vgl. R. Nozick, *Anarchy, State, and Utopia* (New York, 1974).

> Ob man z. B. – wie dies wohl Schmollers seinerzeit geäußerten Anschauungen am ehesten entsprechen würde – dem, der viel leistet, auch viel schuldet, oder umgekehrt von dem, der viel leisten kann, auch viel fordert, ob man also z. B. im Namen der Gerechtigkeit [...] dem großen Talent auch große Chancen gönnen solle, oder ob man umgekehrt (wie Babeuf) die Ungerechtigkeit der ungleichen Verteilung der geistigen Gaben auszugleichen habe durch strenge Vorsorge dafür, daß das Talent, dessen bloßer Besitz ja schon ein beglückendes Prestigegefühl geben könne, nicht auch noch seine besseren Chancen in der Welt für sich ausnutzen könne: – dies dürfte aus ethischen Prämissen unaustragbar sein.[108]

Zwar muß man Weber hier nicht unbedingt bezüglich der Unaustragbarkeit dieses Konflikts folgen; aber sein Hinweis macht doch immerhin deutlich, *daß* ein solcher Konflikt besteht.

Ein solcher Konflikt wird z. B. derzeit auch in der Kontroverse über den moralischen und rechtlichen Status von Tieren deutlich. Die folgenden Beispiele machen deutlich, daß durchaus nicht in allen Fällen mit einem übergreifenden Konsens in deren Bewertung zu rechnen ist:
(1) schmerzlose Experimente an Tieren zum Test neuer Heilmittel;
(2) das schmerzlose Töten von Tieren für die menschliche Ernährung;
(3) das willkürliche Töten von Tieren als Sport;
(4) schmerzhafte Experimente an Tieren zum Test neuer Heilmittel;
(5) schmerzhafte Experimente an Tieren zum Test neuer Kosmetika;
(6) schmerzhafte Experimente an Tieren zum Test neuer Waffen und Kampfstoffe;
(7) Tierquälerei.

Der Experte für philosophische Ethik kann in solchen Fällen insofern eine Sonderrolle übernehmen, als er darin geübt ist, einschlägige Argumentationsstrukturen herauszuarbeiten und zu überprüfen sowie weitreichende Konsequenzen in der Abstimmung von Einzelurteilen und generellen Prinzipien zu überblicken.[109] Er hat insofern eine *klä-*

---

108 M. Weber, »Der Sinn der ›Wertfreiheit‹ der soziologischen und ökonomischen Wissenschaften« (1917), in: Ders., *Gesammelte Aufsätze zur Wissenschaftslehre*, hrsg. v. J. Winckelmann (Tübingen, [7]1988), S. 505.

109 Beispielhaft für die aufklärende Behandlung solcher Fragen (hier: bezüglich einer Tier-Ethik) sei der folgende Aufsatz genannt: J. Feinberg, »Human Duties and Animal Rights«, in: R. K. Morris und M. W. Fox (Hrsg.), *On the Fifth Day: Animal Rights and Human Ethics* (Washington D. C., 1978), S. 45 – 69.

rende Sonderkompetenz, die daher auch für praktische Bewertungen einen wichtigen Beitrag leisten kann. Das darf allerdings nicht mit einer Sonderkompetenz für die Auswahl wünschenswerter *Zwecke* verwechselt werden: Die philosophische Ethik leistet keine wissenschaftliche Lösung praktischer Orientierungsprobleme. Hierfür gibt es kein Expertenwissen, vielmehr ist jeder Bürger gefordert, seine Urteilskraft anzuwenden. Die Ausübung dieser Urteilskraft muß zwar geschult werden – und im Vorfeld der Urteilsfindung ist die klärende Sonderkompetenz von Experten durchaus hilfreich. Aber im Gegensatz zur ästhetischen Urteilskraft kann die praktisch-moralische Urteilskraft grundsätzlich bei jedem Menschen vorausgesetzt werden, da diese unausweichlich durch das Aufwachsen in einer menschlichen Gemeinschaft erlernt wird. Daher kann die Prüfung der normativen Zustimmungsfähigkeit festgemacht werden an der faktischen Konsensfähigkeit von gesellschaftlichen Entwicklungen. Dies muß sogar geschehen, denn die Frage nach wünschenswerten *Zwecken* ist rein *wissenschaftlich* (etwa durch Experten) nicht beantwortbar.

7. Wissenschaft und Politik

Die Erläuterungen zur möglichen Überwindung der Partikularisierung der Wissenschaft (vgl. bes. Kap. 5 u. Kap. 6) lassen sich umsetzen in Perspektiven für die Bewertung verschiedener institutionalisierter Formen von Wissenschaft. Im folgenden soll in zwei Punkten exemplarisch dargestellt werden, in welcher Weise im Wechselverhältnis von Politik und Wissenschaft das Problem der verlorengegangenen Einheit der Wissenschaften einerseits besonders schmerzlich empfunden wird, dem Verlust der Einheit aber andererseits auch durch abgestimmte Maßnahmen entgegengewirkt werden kann.

7.1 Die Einheit der Wissenschaft und die Vielzahl ihrer Institutionen

Im Blick auf die Wissenschaft als institutionalisierte Forschungsform weist der Gedanke der Einheit der Wissenschaft auf Defizite hin, die zwei verschiedenen Ebenen zuzuordnen sind: zum einen die schon angesprochene Partikularisierung der Fächer und Disziplinen, zum anderen die Aufsplitterung der Forschung durch ihre Ansiedlung in drei verschiedenen organisatorischen Bereichen: in den Hochschulen, in staatlichen und staatlich geförderten außerhochschulischen Forschungseinrichtungen und in der Industrie.

Diese drei Forschungs- bzw. Wissenschaftsbereiche werden üblicherweise durch ihre unterschiedlichen Aufgabenstellungen charakterisiert. Dabei ist für die deutschen Universitäten der Gedanke der Integration von Forschung und Lehre grundlegend. Während in anderen Ländern vielfach die Aufgabe der systematischen Weitergabe gesicherten Wissens im Vordergrund steht, sieht das von Wilhelm von Humboldt entworfene Modell vor, die Universitäten auch zu einem Ort der Forschung zu machen, an dem die Studenten zu selbständigem Denken erzogen werden.[1] Neben der Forschung und der berufsvorbereitenden Lehre im

1 Vgl. Wissenschaftsrat, *Empfehlungen des Wissenschaftsrates zu den Perspektiven der Hochschulen in den 90er Jahren* (Köln, 1988), S. 29.

engeren Sinne gehört zu den Aufgaben der Hochschulen außerdem die Ausbildung des wissenschaftlichen Nachwuchses.

Bei den außeruniversitären Einrichtungen steht die Forschung ganz im Vordergrund:[2] Die ersten Akademien (im deutschen Sprachraum: die 1652 in Schweinfurt gegründete »Deutsche Akademie der Naturforscher« – die spätere »Leopoldina« in Halle – und die 1700 von Leibniz gegründete »Brandenburgische Societät der Wissenschaften«) sahen ihre Aufgabe in der Pflege der wissenschaftlichen Forschung im allgemeinen. Die Akademien richteten damals Laboratorien und Institute für die naturwissenschaftliche Forschung ein, sofern diese in den Universitäten nicht möglich war. Im Laufe des 19. und 20. Jahrhunderts blieben die Akademien nicht der einzige Sitz der Forschung. Nicht nur die Hochschulen wurden zu Stätten der Forschung, auch zahlreiche außeruniversitäre Forschungsinstitute wurden eingerichtet. Insbesondere die 1911 gegründete »Kaiser-Wilhelm-Gesellschaft« – die heutige »Max-Planck-Gesellschaft« – besaß und besitzt zahlreiche Institute zur Forschung im naturwissenschaftlichen Bereich. Die Akademien verlegten sich demgegenüber mehr und mehr auf langfristige Großprojekte (z. B. Wörterbuchunternehmen und Editionen). Während in den Instituten der Max-Planck-Gesellschaft (ebenso wie in den Universitäten) vorwiegend grundlagenorientiert geforscht wird, steht bei der Industrieforschung die Anwendungsperspektive ganz im Vordergrund. In den Bereich zwischen grundlagenorientierter und anwendungsorientierter Forschung sind die Fraunhofer-Gesellschaft und die Arbeitsgemeinschaft der Großforschungseinrichtungen[3] einzuordnen.

Angesichts dieser Vielfalt von Forschungsstätten besteht die Gefahr, daß Ausdifferenzierung zur Isolation führt. Die jeweiligen institutionellen Besonderheiten bieten aber auch spezifische Vorteile. Die jeweiligen Vor- und Nachteile seien im folgenden kurz skizziert.

2 Vgl. zum Folgenden: V. v. Massow, *Organisation der Wissenschaft und der Wissenschaftsförderung in der Bundesrepublik Deutschland* (Frankfurt/Bonn, 1968), bes. S. 27 f; vgl. auch C. Müller-Daehn, *Wissenschaft und Forschung in der Bundesrepublik Deutschland* (Darmstadt, 1970), S. 10 ff.

3 Vgl. Arbeitsgemeinschaft der Großforschungseinrichtungen (AGF) (Hrsg.), *Handbuch der Großforschung 1989/90* (Bonn-Bad Godesberg, 1989).

Die Universitäten stellen eine einzigartige Disziplinenvielfalt dar, die es erleichtert, disziplinenübergreifende Fragestellungen zu behandeln. Dies gilt besonders für den Bereich der geisteswissenschaftlichen Forschung, die fast ausschließlich an den Hochschulen beheimatet ist.[4] Daß allerdings eine erfolgreiche interdisziplinäre Forschung durch eine derartige Vielfalt noch nicht gesichert ist, wurde im Zusammenhang der Unterscheidung zwischen bloßer Multidisziplinarität und verändernder Transdisziplinarität angesprochen (vgl. Abschnitt 5.2). Hier ist eine institutionelle Flexibilität erforderlich, die die (organisatorische) Gewähr dafür bietet, daß neuen Fragestellungen und Wissenschaftsentwicklungen produktiv und kreativ entsprochen wird.

Die außeruniversitären Institute sind gewöhnlich schneller als die Hochschulen in der Lage, neue Forschungsimpulse aufzunehmen, die in den Grenzgebieten der bisherigen Forschung liegen – insbesondere, wenn diese aufwendige Spezial- oder Großanlagen erfordern. Die Max-Planck-Gesellschaft ist dabei institutionell so flexibel, daß sie bedeutenden Forschern ein genau auf sie zugeschnittenes Arbeitsumfeld schaffen kann. Sie macht die Errichtung und dann auch die Erhaltung neuer Institute nicht nur von der Relevanz eines Forschungsgebiets abhängig, sondern auch davon, ob sich dafür geeignete Wissenschaftler finden lassen.[5] Damit ist zwar einerseits für eine »individuelle« Kontinuität gesorgt, da ein solches Institut für längere Zeit von demselben Forscher geprägt wird; andererseits aber bedingt diese Ausrichtung auf eine einzige Person, daß die Institute der Max-Planck-Gesellschaft nicht die längerfristige Kontinuität der universitären Forschung erreichen können. Durch personelle und fachliche Überschneidungen zwischen Max-Planck-Instituten und Universitäten gibt es Verknüpfungen zwischen diesen Forschungsinstitutionen, wobei allerdings auch ein Konkurrenzverhältnis bezüglich der jeweiligen Forschungsbedingungen (finanzielle Ausstattung, etc.) besteht. In diesem Zusammenhang wird oft die Gefahr beschworen, daß die wichtigsten Forschungszweige aus den Hochschulen verlagert und diese dadurch auf diesen Gebieten zweitrangig werden.

4 Vgl. Wissenschaftsrat, *Empfehlungen*, S. 32.
5 Vgl. C. Müller-Daehn, *Wissenschaft und Forschung*, S. 31.

Die Industrieforschung ist stärker als die beiden oben genannten Wissenschaftsbereiche an Gesichtpunkten der Anwendung und Entwicklung orientiert. Ihre Arbeit ist aus volkswirtschaftlicher Perspektive besonders wichtig (wobei allerdings nicht übersehen werden sollte, daß heute die Forschung in *allen* Fachgebieten, nicht nur in den aktuellen technologisch relevanten Fächern, einen unverzichtbaren Bestandteil von Kultur, Wirtschaft und Gesellschaft bildet[6]). Aber auch die anwendungsorientierte Industrieforschung kommt nicht ohne Grundlagenforschung aus – schon aus dem Grund, daß sich heute zwischen Grundlagenforschung und angewandter Forschung nicht mehr strikt trennen läßt (man denke etwa an die Informatik oder die Erforschung von Supraleitern). Aus diesem Grund sucht die Industrieforschung die Kooperation mit den Hochschulen. Dies ist aber nur *ein* Beispiel dafür, wie eine institutionell sich auseinander entwickelnde Forschungsstruktur der gegenseitigen Ergänzung und entsprechender flexibler Elemente bedarf. Drei solcher verbindenden Maßnahmen, die einer Isolation der verschiedenen Bereiche entgegenwirken können, seien im folgenden genannt. Dabei sollte man bedenken, daß die bestehenden Forschungsstrukturen der Bundesrepublik Deutschland nicht das Resultat umfassender Planung sind, sondern daß es sich dabei um historisch gewachsene Strukturen handelt, deren Ausformung auch auf außerwissenschaftlichen Zufällen beruht und die daher einer kritischen Prüfung sowie gegebenenfalls einer Revision bedürfen.[7]

(1) Das Programm der Sonderforschungsbereiche. Dieses 1967 vom Wissenschaftsrat empfohlene und 1968 eingeführte Programm der Deutschen Forschungsgemeinschaft ermöglicht die Einrichtung von vielfach interdisziplinär angelegten Forschungsschwerpunkten, die langfristig, aber nicht auf Dauer angelegt sind.[8]

(2) Die vom Wissenschaftsrat empfohlene Einrichtung von Graduiertenkollegs. Sie kann ebenfalls dazu beitragen, sowohl Lehre und Forschung zu verbinden als auch eine befruchtende Mobilität zwischen Hochschulen und außeruniversitären Forschungseinrichtungen herzustellen.[9]

---

6 Vgl. Wissenschaftsrat, *Empfehlungen*, S. 21.
7 Vgl. Wissenschaftsrat, *Empfehlungen*, S. 31 f.
8 Vgl. ebd., S. 38.
9 Vgl. ebd., S. 74.

(3) Die Zusammenarbeit der Hochschulen mit der Wirtschaft. Sie kann durch vertraglich an Hochschulen gebundene Institute gefördert werden.[10]

Generell ist zur Forschung in den Hochschulen zu sagen, daß eine leistungsorientierte Differenzierung zwischen Fächern, Hochschulen und Hochschularten geeignet ist, die Hochschulen als Forschungsstätten attraktiv zu machen.[11] Mögliche Maßnahmen reichen hier von der Gewährung von Forschungsfreisemestern und der flexiblen Ausrichtung des Lehrangebots über Umwidmungen und Stellenverlagerungen bis hin zur arbeitsteiligen Preisgabe bzw. Zusammenlegung bestimmter Fachbereiche bei kooperierenden Hochschulen und dem Ausbau wie der Schließung bestimmter Hochschulstandorte.[12] In diesem Zusammenhang darf allerdings nicht verschwiegen werden, daß in der deutschen Universitätslandschaft (im Gegensatz zu den Verhältnissen etwa in den USA) die Idee eines Leistungsvergleichs zwischen Fachbereichen und Hochschulen nicht bei allen Betroffenen auf Gegenliebe stößt.[13]

7.2 Die Fragmentierung des Wissens und das Problem der Politikberatung

Die negativen Auswirkungen der institutionellen und fachlichen Fragmentierung des Wissens werden besonders deutlich angesichts der Schwierigkeiten einer wissenschaftlichen Politikberatung. Isolierte Forschungsprojekte, die immer mehr Daten ansammeln, den Blick für

10 Vgl. ebd.
11 Vgl. ebd., S. 226 f.
12 Vgl. ebd., S. 232.
13 Vgl. dazu M. Seiler, »Maß und Wert: Zur Forschungsmessung in den Geisteswissenschaften«, *Kursbuch* 91 (März 1988), S. 89–97. Zur Leistungsmessung der Forschung im allgemeinen vgl. R. Fisch u. H.-D. Daniel (Hrsg.), *Messung und Förderung von Forschungsleistung: Person – Team – Institution* (Konstanz, 1986), sowie H.-D. Daniel u. R. Fisch (Hrsg.), *Evaluation von Forschung: Methoden – Ergebnisse – Stellungnahmen* (Konstanz, 1988). Zur Leistungsmessung der Lehre vgl. M. Doerry u. a., »Die neuen Unis sind die besten«, *Der Spiegel* vom 11. Dez. 1989 (Nr. 50), S. 70–87.

größere Zusammenhänge aber eher verstellen, tragen häufig mehr zur Verwirrung als zur begründeten politischen Entscheidungsfindung bei. Die Partikularisierung des Wissens begünstigt die Erstellung einseitiger Stellungnahmen von Experten für einzelne Aspekte eines Problems, was wiederum dazu führen kann, daß sich jeder Politiker die für ihn zweckmäßige Meinung aussucht: Professoren-Gutachten zu Gesetzesentwürfen scheinen je nach Wunsch pro und contra verfügbar zu sein; Denkschriften von Wissenschaftlern, etwa im Bereich der Technikfolgenabschätzung, werden eher dazu benutzt, bereits beschlossene Entscheidungen zu legitimieren, als diese erst darauf zu gründen.[14]

Nichtsdestoweniger hat sich heute die Überzeugung durchgesetzt, daß die Kooperation zwischen Wissenschaft und Politik geboten ist – nicht aus Gründen der Einebnung unterschiedlicher Aufgabenstellungen, sondern aus Gründen gegenseitiger Ergänzungsbedürftigkeit. Die Politik benötigt verläßliche Daten als Grundlage politischer Entscheidungen: Z. B. ist eine Entscheidung über den weiteren Ausbau von Kernkraftwerken nur dann begründet zu fällen, wenn die relevanten wissenschaftlichen Daten (etwa über Reaktorsicherheit, Endlagerung von Atommüll und die Sicherung der künftigen Energieversorgung) adäquat berücksichtigt und gewichtet werden. Umgekehrt ist es hilfreich, wenn Wissenschaftler durch Politiker auf Problemfelder hingewiesen werden, deren Bearbeitung von gesellschaftlicher Bedeutung ist.

Die eigentliche Frage lautet daher: Wie lassen sich die verstreuten Forschungsergebnisse so prüfen und zusammenfassen, daß sie als Grundlage begründeter politischer Entscheidungen dienen können? Zu Zeiten, als das wissenschaftliche Zeitschriftenwesen in Form von Fachjournalen für bestimmte disziplinäre Gemeinschaften noch nicht entwickelt war, hatten Veröffentlichungen von Akademien eine solche

14 Vgl. P. Lorenzen, »Wissenschaftstheorie und Politikberatung: Die gegenwärtige Ohnmacht der pädagogischen Gewalt« (1976), in: Ders., *Theorie der technischen und politischen Vernunft* (Stuttgart, 1978), S. 140, sowie G. Bechmann, »TA – Konzept, Verfahren und Institutionalisierung – gesellschaftliche Folgeprobleme der Technikbewertung«, in: W. C. Zimmerli (Hrsg.), *Herausforderung der Gesellschaft durch den technischen Wandel: Informationstechnologie und Sprache – Biotechnologie – Technikdiskussion im Systemvergleich* (Düsseldorf, 1989), S. 208.

orientierende Funktion.[15] Heute lassen sich nicht mehr alle wichtigen wissenschaftlichen Ergebnisse in einer einzigen Zeitschrift (wie früher in den Mitteilungen der Akademien) zusammenfassen. Dies mag zwar bedauert werden, bildet jedoch eine unvermeidliche Konsequenz des Fortschritts und der Ausdifferenzierung der Wissenschaft. Dennoch ist es heute möglich, jeweils relevante Forschungsergebnisse zusammenzustellen bzw. problemorientierte interdisziplinäre Forschung durchzuführen und auf dieser Grundlage beratend tätig zu werden. In den USA bemüht sich die »National Academy of Sciences« gerade auch um solche Aufgaben. Während in der Bundesrepublik Deutschland die Deutsche Forschungsgemeinschaft in weitem Maße die Koordinierung und Schwerpunktbildung der Forschung regelt, fehlt eine zentrale Institution, die sich den Aufgaben der Politikberatung in allen Fragen der Wissenschaft und Technik widmet. Sie sollte auch in der Bundesrepublik Deutschland ins Auge gefaßt werden. Wenn man dabei auch keinen allumfassenden, übergreifenden Konsens in allen Fragen (und schon gar nicht die definitive Lösung aller bedeutsamen Probleme durch ein Zentralinstitut) erwarten darf, so sollte doch zumindest im Bereich der Feststellung faktischer Fragen, z. B. im engeren Bereich der Technikfolgenforschung, die Möglichkeit der Schaffung eines wissenschaftlichen Konsenses ernsthaft geprüft werden.[16]

Eine für solche Aufgaben zuständige Institution ist nicht auf bloß legitimierende Funktionen beschränkt. In der Rolle eines »Dolmetschers« berät sie nicht nur die Politiker, sondern informiert auch die Öffentlichkeit.[17] Die Zusammenführung spezialisierter Forschungser-

15 Vgl. V. v. Massow, *Organisation der Wissenschaft und der Wissenschaftsförderung in der Bundesrepublik Deutschland* (Frankfurt/Bonn, 1968), S. 28, sowie R. Stichweh, *Zur Entstehung des modernen Systems wissenschaftlicher Disziplinen: Physik in Deutschland 1740–1890* (Frankfurt, 1984), S. 91.

16 Vgl. J. Rüttgers, »Diskurse contra Defizite: Plädoyer für die Gründung einer ›Deutschen Akademie der Wissenschaften‹«, *Rheinischer Merkur* vom 13. Okt. 1989 (Nr. 41), S. 13.

17 Vgl. J. Habermas, »Verwissenschaftlichte Politik und öffentliche Meinung« (1963), in: Ders., *Technik und Wissenschaft als »Ideologie«* (Frankfurt, 1968), S. 140ff., sowie G. Bechmann, »TA – Konzept, Verfahren, Institutionalisierung«, S. 215.

gebnisse würde damit auch dazu führen, daß ein öffentlicher Diskurs über die *Bewertung* technischer Entwicklungen möglich ist.[18] So ist etwa für die neue »Baden-Württembergische Akademie für Technikfolgenabschätzung« geplant, daß einerseits durch problemorientierte Arbeitsgruppen isolierte Forschungsgewohnheiten transdisziplinär überschritten werden. Sie soll aber auch der Diskurspraxis dienen, bei der Wissenschaft, Staat, Wirtschaft und Gesellschaft gleichermaßen in den Bewertungsprozeß eingebunden werden.

Was die letztlich politische Entscheidungsbildung angeht, so läßt sich zwar grundsätzlich sagen, daß Politiker durch Wahl legitimiert werden.[19] Diese formale Legitimität ist aber zu unterscheiden von einer Legitimation, die sich durch intersubjektiv nachvollziehbare gute Gründe rechtfertigen kann: Die Aufgabe der Politikberatung ist daher

> keinesfalls die bloße Legitimation technologischer oder wissenschaftlicher Prozesse, sondern Aufklärung im Sinne einer Verdeutlichung der kritischen Aspekte, die auf beiden Seiten zum Nach- und Überdenken anregen soll.[20]

Hier geht es also nicht um die bloße Schaffung von *Akzeptanz*, sondern um die Prüfung der *Akzeptabilität* gewisser Entwicklungen. Und in diesem schwierigen Problemfeld zwischen Wissenschaft und Politik sollte Raum sein für eine unabhängige Institution, die die wichtige Rolle eines kritischen Moderators übernimmt.

---

18 Vgl. D. Wetzel, »Es geht um mehr als Geld: Über die Zukunft der Universitäten in der Risikogesellschaft«, *DIE ZEIT* vom 27. Jan. 1989 (Nr. 5), S. 53 f.

19 Vgl. H. Albach, »Probleme der wissenschaftlichen Politikberatung«, in: H. Sauermann u. E.-J. Mestmäcker (Hrsg.), *Wirtschaftsordnung und Staatsverfassung: Festschrift für Franz Böhm zum 80. Geburtstag* (Tübingen, 1975), S. 48.

20 G. Turner, »Der Großrat der Spürnasen in der alten Italienischen Botschaft: Zur 750-Jahr-Feier erhält Berlin eine Akademie der Wissenschaften«, in: Akademie der Wissenschaften zu Berlin, *Jahrbuch 1987* (Berlin/New York, 1988), S. 182.

8. Bibliographie

Adorno, Theodor W., u. a. *Der Positivismusstreit in der deutschen Soziologie* (Darmstadt/Neuwied, 1972).

Akademie der Wissenschaften zu Berlin. 2. Akademiekonferenz »Wasser – Boden – Luft« am 14.10.1988; Ergebnisprotokoll.

Albach, Horst. »Probleme der wissenschaftlichen Politikberatung«, in: Heinz Sauermann u. Ernst-Joachim Mestmäcker (Hrsg.), *Wirtschaftsordnung und Staatsverfassung: Festschrift für Franz Böhm zum 80. Geburtstag* (Tübingen, 1975), S. 45 – 75.

Albert, Hans. *Traktat über kritische Vernunft* (Tübingen, [3]1968).

Apel, Karl-Otto. *Transformation der Philosophie, Band II: Das Apriori der Kommunikationsgemeinschaft* (Frankfurt, 1973).

Arbeitsgemeinschaft der Großforschungsanlagen (AGF) (Hrsg.), *Handbuch der Großforschung 1989/90* (Bonn-Bad Godesberg, 1989)

Arbib, Michael A. *Brains, Machines, and Mathematics* (Berlin/New York, [2]1987).

Audretsch, Jürgen. »Ist die Raum-Zeit gekrümmt? Der Aufbau der modernen Gravitationstheorie«, in: Jürgen Audretsch u. Klaus Mainzer (Hrsg.), *Philosophie und Physik der Raum-Zeit* (Mannheim, 1988), S. 52 – 82.

Ayer, Alfred Jules. *Philosophy in the Twentieth Century* (London/Boston/Sidney, 1982).

Barr, Avron, u. Edward A. Feigenbaum. *The Handbook of Artificial Intelligence*, Bd. 1 (New York, 1981).

Bayertz, Kurt. »Karl R. Poppers Erkenntnis- und Wissenschaftstheorie«, in: Kurt Bayertz u. Josef Schleifstein, *Mythologie der »kritischen Vernunft«: Zur Kritik der Erkenntnis- und Geschichtstheorie Karl Poppers* (Köln, 1977), S. 108 – 186.

Bayertz, Kurt. *GenEthik: Probleme der Technisierung menschlicher Fortpflanzung* (Reinbek, 1987).

Bechmann, Gotthard. »TA – Konzept, Verfahren und Institutionalisierung – gesellschaftliche Folgeprobleme der Technikbewertung«, in: Walther C. Zimmerli (Hrsg.), *Herausforderung der Gesellschaft durch den technischen Wandel: Informationstechnologie und Sprache – Biotechnologie – Technikdiskussion im Systemvergleich* (Düsseldorf, 1989), S. 185 – 232.

Berg-Schlosser, Dirk, Herbert Maier u. Theo Stammen. *Einführung in die Politikwissenschaft*, Zweite Auflage (München, 1977).

Bernsdorf, Wilhelm, u. Gottfried Eisermann (Hrsg.). *Die Einheit der Sozialwissenschaften: Franz Eulenburg zum Gedächtnis* (Stuttgart, 1955).

Bertalanffy, Ludwig von. »Vorläufer und Begründer der Systemtheorie«, in: Ruprecht Kurzrock (Hrsg.), *Systemtheorie* (Berlin, 1972), S. 17 – 28.

Blaser, Albrecht, u. a. »Ein juristisches Expertensystem mit natürlichsprachlichem Dialog – Ein Projektbericht«, in: W. Brauer u. B. Radig (Hrsg.), *Wissensbasierte Systeme* (Berlin, 1985), S. 42–57.

Bodammer, Theodor. *Philosophie der Geisteswissenschaften* (Freiburg/München, 1987)

Böhme, Gernot, Wolfgang van den Daele u. Wolfgang Krohn. »Die Finalisierung der Wissenschaft«, *Zeitschrift für Soziologie* 2 (1973), S. 128–144.

Böhme, Gernot, Wolfgang van den Daele u. Rainer Hohlfeld. »Finalisierung revisited«, in: Gernot Böhme u. a. (Hrsg.), *Die gesellschaftliche Orientierung des wissenschaftlichen Fortschritts* (= *Starnberger Studien* I), (Frankfurt, 1978), S. 195–250.

Böhme, Hartmut. *Über das gegenwärtige Selbstbewußtsein der Geisteswissenschaften* (= *Oldenburger Universitätsreden* Nr. 22), (Oldenburg, 1989).

Born, Max. *Die Relativitätstheorie Einsteins* (Berlin, 1964).

Bubner, Rüdiger. »Wissenschaftstheorie und Systembegriff: Zur Position von N. Luhmann und deren Herkunft«, in: Ders., *Dialektik und Wissenschaft* (Frankfurt, 1973), S. 112–128.

Buck, Günther. *Hermeneutik und Bildung: Elemente einer verstehenden Bildungslehre* (München, 1981).

Buck, Günther. *Rückwege aus der Entfremdung: Studien zur Entwicklung der deutschen humanistischen Bildungsphilosophie* (München, 1984).

Bund, Elmar. »Subsumtionsunterstützende Dialogprogramme zur Lösung einfacher Zivilrechtsfälle«, in: Ulrich Erdmann u. a. (Hrsg.), *Computergestützte juristische Expertensysteme* (Tübingen, 1986), S. 171–178.

Bundesminister für Bildung und Wissenschaft (Hrsg.). *Neue Technologien und die Herausforderung an die Geisteswissenschaften* (= *Schriftenreihe Studien zu Bildung und Wissenschaft* Nr. 54), (Bonn, 1987).

Bundesminister für Forschung und Technologie. *Bundesbericht Forschung 1988* (Bonn, 1988).

Bundesminister für Forschung und Technologie (Hrsg.). »Förderschwerpunkt ›Ökosystemforschung‹«, Exposé vom 28.3.1988.

Bundesminister für Forschung und Technologie (Hrsg.). *Memorandum zur Technikfolgenabschätzung / Memorandum eines vom Bundesminister für Forschung und Technologie berufenen Sachverständigenausschusses zu Grundsatzfragen und Programmperspektiven der Technikfolgenabschätzung* (Bonn, Juni 1989).

Carnap, Rudolf. *Der logische Aufbau der Welt* (Berlin, 1928).

Carnap, Rudolf, Hans Hahn u. Otto Neurath. »Wissenschaftliche Weltauffassung – Der Wiener Kreis« (1929), in: Hubert Schleichert (Hrsg.), *Logischer Empirismus – der Wiener Kreis* (München, 1975), S. 201–222.

Carrier, Martin, u. Jürgen Mittelstraß. »Die Einheit der Wissenschaft«, in: Akademie der Wissenschaften zu Berlin, *Jahrbuch 1988* (Berlin/New York, 1989), S. 93–118.

Carrier, Martin, u. Jürgen Mittelstraß. *Geist, Gehirn, Verhalten: Das Leib-Seele-Problem und die Philosophie des Bewußtseins* (Berlin/New York, 1989).

Cartwright, Nancy. *How the Laws of Physics Lie* (Oxford, 1983).

Cassirer, Ernst. *Leibniz' System in seinen wissenschaftlichen Grundlagen* (Marburg, 1902).

Coleman, Jules L. »Negative and Positive Positivism«, *Journal of Legal Studies* 11 (Januar 1982), S. 139 – 164.

Dangelmayr, Siegfried. *Methode und System: Wissenschaftsklassifikation bei Bacon, Hobbes und Locke* (Meisenheim am Glan, 1974).

Daniel, Hans-Dieter, u. Rudolf Fisch (Hrsg.). *Evaluation von Forschung: Methoden – Ergebnisse – Stellungnahmen* (Konstanz, 1988).

D'Avis, Winfried. *Neue Einheit der Wissenschaften: Methodologische Konvergenzen zwischen Natur- und Sozialwissenschaften* (Frankfurt/New York, 1984).

D'Avis, Winfried. *Einheit der Wissenschaften* (Frankfurt, 1987).

Diemer, Alwin. Art. »Geisteswissenschaften«, in: *Historisches Wörterbuch der Philosophie*, hrsg. v. Joachim Ritter, Bd. 3 (Basel/Stuttgart, 1974), Sp. 211 – 215.

Dierkes, Meinolf, Thomas Petermann u. Volker von Thienen. »Vorwort der Herausgeber«, in: Dies. (Hrsg.), *Technik und Parlament: Technikfolgenabschätzung: Konzepte, Erfahrungen, Chancen* (Berlin, 1986), S. 7 – 19.

Dilthey, Wilhelm. »Die Entstehung der Hermeneutik« (1900), in: Ders., *Gesammelte Schriften I-XII* (Leipzig/Berlin, 1914 – 1936), Bd. V, S. 317 – 331.

Doerry, Martin, u. a. »Die neuen Unis sind die besten«, *Der Spiegel* vom 11. Dez. 1989 (Nr. 50), S. 70 – 87.

Dohmen, Günther. »Was heißt ›Bildung‹?« (1966), in: Jürgen-Eckardt Pleines (Hrsg.), *Bildungstheorien: Probleme und Positionen* (Freiburg/Basel/Wien, 1978), S. 160 – 171.

Dreyfus, Hubert L. *Was Computer nicht können: Die Grenzen künstlicher Intelligenz* (Frankfurt, 1989) [amerikan. Original = *What Computers Can't Do: The Limits of Artificial Intelligence* (New York, 1972, ²1979)].

Droysen, Johann G. *Grundriß der Historik*, hrsg. v. Rudolf Hübner (Darmstadt, 1974; urspr. 1868).

Droysen, Johann G. *Historik: Vorlesungen über Enzyklopädie und Methodologie der Geschichte* (München/Berlin, ⁸1977, urspr. 1937).

Dürr, Hans-Peter. *Das Netz des Physikers: Naturwissenschaftliche Erkenntnis in der Verantwortung* (München/Wien, 1988).

Duhem, Pierre. *Ziel und Struktur der physikalischen Theorien*, hrsg. v. Lothar Schäfer (Leipzig, 1908; repr. Hamburg, 1978).

Dworkin, Ronald. »No Right Answer?«, in: P. M.S. Hacker u. J. Raz (Hrsg.), *Law, Morality, and Society: Essays in Honour of H. L.A. Hart* (Oxford, 1977), S. 58 – 84.

Dworkin, Ronald. *Taking Rights Seriously* (Cambridge, Mass., 1978).

Dworkin, Ronald. »›Natural Law‹ Revisited«, *University of Florida Law Review* 34 (1981/82), S. 165 – 188.

Dworkin, Ronald. »Law as Interpretation«, *Critical Inquiry* 9 (1982/83), S. 179 – 200.

Eigen, Manfred, u. Ruthild Winkler. *Das Spiel: Naturgesetze steuern den Zufall* (München, 1985).

Erdmann, Ulrich, u. a. (Hrsg.). *Computergestützte Juristische Expertensysteme* (Tübingen, 1986).

Feinberg, Joel. »Human Duties and Animal Rights«, in: R. K. Morris u. M. W. Fox (Hrsg.), *On the Fifth Day: Animal Rights and Human Ethics* (Washington D. C., 1978), S. 45 – 69.

Fetscher, Iring. *Demokratie zwischen Sozialdemokratie und Sozialismus* (Stuttgart, 1973).

Feyerabend, Paul K. *Erkenntnis für freie Menschen*, Zweite Auflage (Frankfurt, 1980).

Fink, Eugen. »Technische Bildung als Selbsterkenntnis«, *Die Deutsche Schule* 55 (1963), S. 165 – 177.

Fisch, Rudolf, u. Hans-Dieter Daniel (Hrsg.). *Messung und Förderung von Forschungsleistung: Person – Team – Institution* (Konstanz, 1986).

Fischer, Ernst Peter. *Sowohl als auch: Denkerfahrungen der Naturwissenschaften* (Hamburg/Zürich, 1987).

Frankena, William K. *Ethics*, Second Edition (Englewood Cliffs, N. J., 1973).

Freedman, Daniel Z., u. P[i]eter van Nieuwenhuizen. »Die verborgenen Dimensionen der Raumzeit«, *Spektrum der Wissenschaft* (Mai 1985), S. 78 – 86.

Fritzsch, Harald. *Quarks – Urstoff unserer Welt* (München/Zürich, 1984).

Gabriel, Gottfried. »Wissenschaftliche Begriffsbildung und Theoriewahldiskurse«, in: Bernhard Badura (Hrsg.), *Seminar: Angewandte Sozialforschung: Studien über Voraussetzungen und Bedingungen der Produktion, Diffusion und Verwertung sozialwissenschaftlichen Wissens* (Frankfurt, 1976), S. 443 – 455.

Gabriel, Gottfried. »Über Bedeutung in der Literatur: Zur Möglichkeit ästhetischer Erkenntnis«, *Allgemeine Zeitschrift für Philosophie* 8 (1983), Heft 2, S. 7 – 21.

Gabriel, Gottfried. Besprechung von Nelson Goodman, *Weisen der Welterzeugung*, in: *Philosophische Rundschau* 33 (1986), S. 48 – 55.

Gabriel, Gottfried. »Literarische Form und nicht-propositionale Erkenntnis in der Philosophie«, in: Gottfried Gabriel und Christiane Schildknecht (Hrsg.), *Literarische Formen der Philosophie* (Stuttgart, 1990), S. 1 – 25.

Gabriel, Gottfried. »Erkenntnis in Wissenschaft, Philosophie und Dichtung: Argumente für einen komplementären Pluralismus«, in: Helmut Bachmaier u. Ernst Peter Fischer (Hrsg.), *Glanz und Elend der zwei Kulturen: Über die Verträglichkeit von Natur- und Geisteswissenschaft* (Konstanz, 1991), S. 76 – 90.

Gadamer, Hans-Georg. *Wahrheit und Methode: Grundzüge einer philosophischen Hermeneutik* (Tübingen, [4]1975; urspr. 1960).

Georgi, Howard. »Vereinheitlichung der Kräfte zwischen den Elementarteilchen«, in: Spektrum der Wissenschaft (Reihe: Verständliche Forschung), *Teilchen, Felder und Symmetrien: Quantenfeldtheorie und die Einheit der Naturgesetze* (Heidelberg, 1984), S. 134 – 152.

Glashow, Sheldon Lee. »Quarks mit Farbe und Flavor«, in: Spektrum der Wissenschaft, *Teilchen, Felder und Symmetrien*, S. 16 – 30.

Goodman, Nelson. *Ways of Worldmaking* (Hassocks, Sussex, 1978).

Goodman, Nelson. »Kunst und Erkenntnis«, in: Dieter Henrich u. Wolfgang Iser (Hrsg.), *Theorien der Kunst* (Frankfurt, 1982), S. 569 – 591.

Green, Michael B. »Superstrings«, *Spektrum der Wissenschaft* (November 1986), S. 54 – 68.

Grundmann, Stefan. »Juristische Expertensysteme – Brücke von (Rechts)informatik zu Rechtstheorie«, in: Ulrich Erdmann u. a. (Hrsg.), *Computergestützte Juristische Expertensysteme* (Tübingen, 1986), S. 97 – 110.

Grundmann, Stefan. »Ein juristisches Expertensystem«, *State of the Art* 1 (1986/87), Heft 1, S. 46 – 52.

Habermas, Jürgen. »Verwissenschaftlichte Politik und öffentliche Meinung« (1963), in: Ders., *Technik und Wissenschaft als »Ideologie«* (Frankfurt, 1968), S. 120 – 145.

Habermas, Jürgen. »Vom sozialen Wandel akademischer Bildung« (1963), in: Ders. *Theorie und Praxis: Sozialphilosophische Studien* (Frankfurt, 1978), S. 359 – 375.

Habermas, Jürgen. »Erkenntnis und Interesse« (1965), in: Ders., *Technik und Wissenschaft als »Ideologie«* (Frankfurt, 1968), S. 146 – 168.

Habermas, Jürgen. »Theorie der Gesellschaft oder Sozialtechnologie?: Eine Auseinandersetzung mit Niklas Luhmann«, in: Jürgen Habermas u. Niklas Luhmann, *Theorie der Gesellschaft oder Sozialtechnologie* (Frankfurt, 1971), S. 142 – 290.

Habermas, Jürgen. *Theorie des kommunikativen Handelns*, 2 Bde. (Frankfurt, 1981).

Habermas, Jürgen. »Diskursethik – Notizen zu einem Begründungsprogramm«, in: Ders., *Moralbewußtsein und kommunikatives Handeln* (Frankfurt, 1983), S. 53 – 125.

Habermas, Jürgen. *Die neue Unübersichtlichkeit: Kleine Politische Schriften V* (Frankfurt, 1985).

Habermas, Jürgen. »Die Einheit der Vernunft in der Vielheit ihrer Stimmen«, *Merkur* 42 (1988), S. 1 – 14.

Habermas, Jürgen. *Der philosophische Diskurs der Moderne: Zwölf Vorlesungen* (Frankfurt, 1988).

Habermas, Jürgen, u. Niklas Luhmann. *Theorie der Gesellschaft oder Sozialtechnologie – Was leistet die Systemforschung?* (Frankfurt, 1971).

Händle, Frank, u. Stefan Jensen. *Systemtheorie und Systemtechnik* (München, 1974).

Haft, Fritjof. »Juristische Erwartungen an Expertensysteme«, in: Ulrich Erdmann u. a. (Hrsg.), *Computergestützte Juristische Expertensysteme* (Tübingen, 1986), S. 21 – 48.

Hahn, Hans. »Logik, Mathematik und Naturerkennen« (1933), in: Hubert Schleichert (Hrsg.), *Logischer Empirismus – der Wiener Kreis* (München, 1975), S. 40 – 69.

Haken, Hermann. »Introduction to Synergetics«, in: Ders. (Hrsg.), *Synergetics: Cooperative Phenomena in Multi-Component Systems* (Stuttgart, 1973), S. 9 – 19.

Haken, Hermann. »Some Aspects of Synergetics«, in: Ders. (Hrsg.), *Synergetics: A Workshop* (Berlin, 1977), S. 2 – 17.

Haken, Hermann. »Selbstorganisation und Evolution – der Beitrag synergetischer Ansätze«, in: Hans-Jürgen Jensen (Hrsg.), *Kooperative Systeme in Biologie und Technik (= Berichtswerk über den 7. Kongreß der Deutschen Gesellschaft für Kybernetik, durchgeführt in Mainz / Kybernetik 1980)*, (München/Wien, 1980), S. 17 – 20.

Haken, Hermann. *Synergetik: Eine Einführung* (Berlin, 1990).

Harari, Haim. »Wie elementar sind Quarks und Leptonen?«, in: Spektrum der Wissenschaft (Reihe: Verständliche Forschung), *Teilchen, Felder und Symmetrien: Quantenfeldtheorie und die Einheit der Naturgesetze* (Heidelberg, 1984), S. 154 – 169.

Hardy, Godfrey Harold. *A Mathematician's Apology* (1940); Reprint mit einem Vorwort von Charles Percy Snow (Cambridge, 1967).

Hare, Richard Mervyn. »Rawls' Theory of Justice«, in: Norman Daniels (Hrsg.), *Reading Rawls: Critical Studies on Rawls' »A Theory of Justice«* (New York, 1975), S. 81 – 107.

Harmon, Paul, u. David King. *Expertensysteme in der Praxis: Perspektiven, Werkzeuge, Erfahrungen* (München/Wien, ³1989).

Hart, H. L.A. *The Concept of Law* (Oxford, 1961).

Hayes, John P. *Computer Architecture and Organization* (New York, ²1988).

Hegselmann, Rainer. »Otto Neurath – Empiristischer Aufklärer und Sozialreformer«, in: Otto Neurath, *Wissenschaftliche Weltauffassung, Sozialismus und Logischer Empirismus*, hrsg. v. Rainer Hegselmann (Frankfurt, 1979), S. 7 – 78.

Heinekamp, Albert. »Natürliche Sprache und Allgemeine Charakteristik bei Leibniz«, *Studia Leibnitiana Supplementa*, Vol. 15, Bd. 4 (Wiesbaden, 1975), S. 257 – 286.

Heisenberg, Werner. *Physik und Philosophie* (Berlin, 1968).

Heisenberg, Werner. »Die Richtigkeitskriterien der abgeschlossenen Theorien in der Physik«, in: Erhard Scheibe u. Georg Süßmann (Hrsg.), *Einheit und Vielheit: Festschrift für Carl Friedrich v. Weizsäcker zum 60. Geburtstag* (Göttingen 1973), S. 140 – 144.

Henderson, William L. »Understanding Academia«, *Journal of Irreproducible Results* 34 (1989), S. 9–10.
Hoerster, Norbert. »John Rawls' Kohärenztheorie der Normenbegründung«, in: O. Höffe (Hrsg.), *Über John Rawls' Theorie der Gerechtigkeit* (Frankfurt, 1977), S. 57–76.
Hoppe, Edmund. *Geschichte der Elektrizität* (Leipzig, 1884; repr. Wiesbaden, 1969).
Hoyningen-Huene, Paul. *Die Wissenschaftsphilosophie Thomas S. Kuhns* (Braunschweig, 1989).
Hübner, Kurt, u. a. (Hrsg.). *Die politische Herausforderung der Wissenschaft* (Hamburg, 1976).
Hübner, Kurt. »Die Einheit der Wissenschaft in neuer Sicht«, in: Paul Good (Hrsg.), *Von der Verantwortung des Wissens: Positionen der neueren Philosophie der Wissenschaft* (Frankfurt, 1982), S. 58–84.
Hübner, Wulf, u. Rüdiger Welter. Art. »Dilthey«, in: *Enzyklopädie Philosophie und Wissenschaftstheorie*, hrsg. v. Jürgen Mittelstraß, Bd. 1 (Mannheim/Wien/Zürich, 1980), S. 483–484.
Humboldt, Wilhelm von. *Werke in fünf Bänden*, hrsg. v. Andreas Flitner u. Klaus Giel (Darmstadt, 1964).
Hume, David. *Enquiry concerning the Principles of Morals* (1748), in: Ders., *Enquiries concerning Human Understanding and concerning the Principles of Morals*, hrsg. v. L. A. Selby-Bigge, *Third Edition* rev. v. P. H. Nidditch (Oxford, 1975).
Husserl, Edmund. *Logische Untersuchungen I* (Tübingen, 1900).
Huxley, Aldous. *Literature and Science* (London, 1963).
Jackson, John David. *Klassische Elektrodynamik* (Berlin, 1983).
Jacobi, Klaus. »Zur Konzeption der praktischen Philosophie bei Leibniz«, in: *Studia Leibnitiana Supplementa*, Vol. 14, Bd. 3 (Wiesbaden, 1975), S. 145–173.
Janich, Peter, Friedrich Kambartel u. Jürgen Mittelstraß. *Wissenschaftstheorie als Wissenschaftskritik* (Frankfurt, 1974).
Jeans, James. *Der Werdegang der exakten Wissenschaft* (Bern, 1948).
Johnson-Laird, Philip N. »Mental Models in Cognitive Science«, *Cognitive Science* 4 (1980), S. 71–115.
Jonas, Hans. »Freiheit der Forschung und öffentliches Wohl«, in: Oskar Schatz (Hrsg.), *Brauchen wir eine andere Wissenschaft?* (X. Salzburger Humanismusgespräch), (Graz/Wien/Köln, 1981), S. 101–116.
Jungk, Robert. *Der Atom-Staat: Vom Fortschritt in die Unmenschlichkeit* (Reinbek, 1979).
Kambartel, Friedrich. *Erfahrung und Struktur: Bausteine zu einer Kritik des Empirismus und Formalismus* (Frankfurt, [2]1976).
Kambartel, Friedrich. »Autonomie, mit Kant betrachtet: Zu den Grundlagen von Handlungstheorie und Moralphilosophie« (1978), in: Ders., *Philosophie der humanen Welt: Abhandlungen* (Frankfurt, 1989), S. 117–131.

Kambartel, Friedrich. »Zur grammatischen Unmöglichkeit einer evolutionstheoretischen Erklärung der humanen Welt« (1984), in: Ders., *Philosophie der humanen Welt: Abhandlungen* (Frankfurt, 1989), S. 61–78.

Kant, Immanuel. *Gesammelte Schriften*, hrsg. von der Königlich Preußischen Akademie der Wissenschaften (später: Preußische Akademie der Wissenschaften, Deutsche Akademie der Wissenschaften, Akademie der Wissenschaften der DDR), (Berlin, 1902 ff) [= Werke].

Kant, Immanuel. *Kritik der reinen Vernunft* [1781, ^{2}1787] (= Werke 3).

Kant, Immanuel. *Prolegomena zu einer jeden künftigen Metaphysik, die als Wissenschaft wird auftreten können* [1783] (= Werke 4).

Kant, Immanuel. *Von einem neuerdings erhobenen vornehmen Ton in der Philosophie* [1796] (= Werke 8).

Kant, Immanuel. *Der Streit der Fakultäten* [1798] (= Werke 7).

Keller, Christoph, u. Florianne Koechlin (Hrsg.). *Basler Appell gegen Gentechnologie: Materialienband* (Zürich, 1989).

Kohonen, Teuvo. *Self-Organization and Associative Memory* (Berlin/Heidelberg/New York, 1984).

Kraft, Victor. *Der Wiener Kreis – Der Ursprung des Neopositivismus* (Wien, 1968).

Kreuzer, Helmut. »Vorwort zur Taschenbuchausgabe«, in: Ders. (Hrsg.), *Die zwei Kulturen: Literarische und naturwissenschaftliche Intelligenz: C. P. Snows These in der Diskussion* (München, 1987), S. 11–17.

Krohn, Wolfgang u. Günter Küppers. *Die Selbstorganisation der Wissenschaft* (Frankfurt, 1989).

Krüger, Lorenz. »Über das Verhältnis der hermeneutischen Philosophie zu den Wissenschaften«, in: Rüdiger Bubner u. a. (Hrsg.), *Hermeneutik und Dialektik: Aufsätze I* (Tübingen, 1970), S. 3–30.

Krüger, Lorenz. »Einheit der Welt – Vielheit der Wissenschaft«, in: Jürgen Kocka (Hrsg.), *Interdisziplinarität: Praxis – Herausforderung – Ideologie* (Frankfurt, 1987), S. 106–125.

Krüger, Lorenz. »Über die Unverantwortbarkeit der Wissenschaft«, *Zeitschrift für Wissenschaftsforschung* 4 (1988), S. 121–130.

Kuhn, Thomas S. »Reflections on my Critics«, in: Imre Lakatos u. Alan Musgrave (Hrsg.), *Criticism and the Growth of Knowledge* (Cambridge, 1970), S. 231–278 [dt. »Bemerkungen zu meinen Kritikern«, in: Imre Lakatos u. Alan Musgrave (Hrsg.), *Kritik und Erkenntnisfortschritt* (Braunschweig, 1974), S. 223–269].

Kuhn, Thomas S. *Die Struktur wissenschaftlicher Revolutionen* (Frankfurt, 1973).

Kuhn, Thomas S. »Objektivität, Werturteil und Theoriewahl«, in: Ders., *Die Entstehung des Neuen: Studien zur Struktur der Wissenschaftsgeschichte*, hrsg. v. Lorenz Krüger (Frankfurt, 1977), S. 421–445.

Kurzrock, Ruprecht (Hrsg.). *Systemtheorie* (Berlin, 1972).

Lakatos, Imre. »Falsifikation und die Methodologie wissenschaftlicher Forschungsprogramme«, in: Imre Lakatos u. Alan Musgrave (Hrsg.), *Kritik und Erkenntnisfortschritt* (Braunschweig, 1974), S. 89 – 189.

Lakatos, Imre. »Die Geschichte der Wissenschaft und ihre rationalen Rekonstruktionen«, in: Imre Lakatos u. Alan Musgrave (Hrsg.), *Kritik und Erkenntnisfortschritt* (Braunschweig, 1974), S. 271 – 311.

Leavis, Frank R. *Two Cultures? The Significance of C. P. Snow: With an Essay on Sir Charles Snow's Rede Lecture by Michael Yudkin* (London, 1962) [dt. »Zwei Kulturen? Die ›Bedeutung‹ von C. P. Snow«, in: Helmut Kreuzer (Hrsg.), *Die zwei Kulturen: Literarische und naturwissenschaftliche Intelligenz: C. P. Snows These in der Diskussion* (München, 1987), S. 105 – 118].

Lehmann, Hein. »Das juristische Konsultationssystem LEX aus software-technischer Sicht«, in: Ulrich Erdmann u. a. (Hrsg.), *Computergestützte Juristische Expertensysteme* (Tübingen, 1986), S. 49 – 74.

Leibniz, Gottfried Wilhelm. *Sämtliche Schriften und Briefe*, hrsg. von der Preußischen Akademie der Wissenschaften (Darmstadt/Berlin, 1923 ff.) [Akad.-Ausgabe].

Lem, Stanisław. *Dialoge* (Frankfurt, 1980; urspr. 1957).

Lem, Stanisław. *Summa Technologiae* (Frankfurt, 1981; urspr. 1964).

Lenk, Hans, u. Günter Ropohl (Hrsg.). *Systemtheorie als Wissenschaftsprogramm* (Königstein, Ts., 1978).

Lenk, Hans, u. Günter Ropohl. »Einführung: Technik zwischen Können und Sollen«, in: Dies. (Hrsg.), *Technik und Ethik* (Stuttgart, 1987), S. 5 – 21.

Lepenies, Wolf. *Die drei Kulturen: Soziologie zwischen Literatur und Wissenschaft* (München, 1985).

Lichtenstein, Ernst. Art. »Bildung«, in: *Historisches Wörterbuch der Philosophie*, hrsg. v. Joachim Ritter, Bd. 1 (Basel/Stuttgart, 1971), Sp. 921 – 937.

Löwith, Kurt. »Max Weber und Karl Marx«, I-II, *Archiv für Sozialwissenschaft und Sozialpolitik* 67 (1932), S. 53 – 99 u. S. 175 – 214.

Lorenzen, Paul. »Szientismus versus Dialektik«, in: Rüdiger Bubner u. a. (Hrsg.), *Hermeneutik und Dialektik: Aufsätze I* (Tübingen, 1970), S. 57 – 72.

Lorenzen, Paul. »Regeln vernünftigen Argumentierens«, in: Ders., *Konstruktive Wissenschaftstheorie* (Frankfurt, 1974), S. 47 – 97.

Lorenzen, Paul. »Interdisziplinäre Forschung und infradisziplinäres Wissen«, in: Ders., *Konstruktive Wissenschaftstheorie* (Frankfurt, 1974), S. 133 – 146.

Lorenzen, Paul. »Wissenschaftstheorie und Politikberatung: Die gegenwärtige Ohnmacht der pädagogischen Gewalt« (1976), in: Ders., *Theorie der technischen und politischen Vernunft* (Stuttgart, 1978), S. 140 – 164.

Lorenzen, Paul, u. Rüdiger Inhetveen. »Die Einheit der Wissenschaften«, in: Friedrich Kambartel u. Jürgen Mittelstraß (Hrsg.), *Zum normativen Fundament der Wissenschaft* (Frankfurt, 1973), S. 70 – 78.

Lorenzen, Paul, u. Wilhelm Kamlah. *Logische Propädeutik: Vorschule des vernünftigen Redens* (Mannheim, 1967).

Lorenzen, Paul, u. Oswald Schwemmer. *Konstruktive Logik, Ethik und Wissenschaftstheorie* (Mannheim, 1973).

Luhmann, Niklas. »Moderne Systemtheorien als Form gesamtgesellschaftlicher Analyse«, in: Jürgen Habermas u. Niklas Luhmann, *Theorie der Gesellschaft oder Sozialtechnologie – Was leistet die Systemforschung?* (Frankfurt, 1971), S. 7 – 25.

Luhmann, Niklas. *Soziale Systeme: Grundriß einer allgemeinen Theorie* (Frankfurt, 1984).

Lyons, David. »Nature and Soundness of the Contract and Coherence Arguments«, in: Norman Daniels (Hrsg.), *Reading Rawls: Critical Studies on Rawls' »A Theory of Justice«* (New York, 1975), S. 141 – 167.

Mainzer, Klaus. Art. »Kybernetik«, in: *Enzyklopädie Philosophie und Wissenschaftstheorie*, hrsg. v. Jürgen Mittelstraß, Bd. 2 (Mannheim/Wien/Zürich, 1984), S. 515 – 518.

Mainzer, Klaus. Art. »Maschinentheorie«, in: *Enzyklopädie Philosophie und Wissenschaftstheorie*, hrsg. v. Jürgen Mittelstraß, Bd. 2 (Mannheim/Wien/Zürich, 1984), S. 781 – 782.

Mainzer, Klaus. »Einheit und Grenzen der Wissenschaften in wissenschaftstheoretischer und wissenschaftshistorischer Sicht«, in: Heinrich Mäding (Hrsg.), *Grenzen der Sozialwissenschaften* (Konstanz, 1988), S. 13 – 36.

Markl, Hubert. »Einführung: Auftrag und Grenzen der Wissenschaft im Wandel unserer Welt«, in: Ders., *Wissenschaft: Zur Rede gestellt: Über die Verantwortung der Forschung* (München/Zürich, 1989), S. 7 – 29.

Markl, Hubert. »Vom Sinn des Wissens: Auch die Genetik ist keine Wissenschaft im ›wertfreien‹ Raum«, *DIE ZEIT* vom 8. Sept. 1989 (Nr. 37), S. 62.

Marquard, Odo. »Über die Unvermeidlichkeit der Geisteswissenschaften«, in: Ders., *Apologie des Zufälligen: Philosophische Studien* (Stuttgart, 1986), S. 98 – 116.

Marquard, Odo. »Verspätete Moralistik: Bemerkungen zur Unvermeidlichkeit der Geisteswissenschaften«, *Kursbuch* 91 (März 1988), S. 13 – 18.

Massow, Valentin von. *Organisation der Wissenschaft und der Wissenschaftsförderung in der Bundesrepublik Deutschland* (Frankfurt/Bonn, 1968).

Maxwell, Nicholas. *From Knowledge to Wisdom: A Revolution in the Aims and Methods of Science* (Oxford, 1984).

McCulloch, Warren S., u. Walter H. Pitts. »A Logical Calculus of the Ideas Immanent in Neurons Activity«, *Bulletin of Mathematics and Biophysics* 5 (1943), S. 115 – 133.

Merton, Robert K. »Science and Democratic Social Structure« (1942), in: Ders., *Social Theory and Social Structure* (New York/London, 1968), S. 604 – 615.

Meyer-Abich, Klaus Michael. »Wie ist die Freiheit der Wissenschaft heute noch zu verantworten?«, in: Oskar Schatz (Hrsg.), *Brauchen wir eine andere Wissenschaft?* (X. Salzburger Humanismusgespräch), (Graz/Wien/Köln, 1981), S. 117 – 131.

Minsky, Marvin, u. Seymour Papert. *Perceptrons* (Cambridge, Mass., 1969).

Mittelstraß, Jürgen. *Neuzeit und Aufklärung: Studien zur Entstehung der neuzeitlichen Wissenschaft und Philosophie* (Berlin/New York, 1970).

Mittelstraß, Jürgen. »Das praktische Fundament der Wissenschaft und die Aufgabe der Philosophie«, in: Friedrich Kambartel u. Jürgen Mittelstraß (Hrsg.), *Zum normativen Fundament der Wissenschaft* (Frankfurt, 1973), S. 1 – 69.

Mittelstraß, Jürgen. »Philosophie und Wissenschaft«, in: Ders., *Die Möglichkeit von Wissenschaft* (Frankfurt, 1974), S. 8 – 28.

Mittelstraß, Jürgen. »Erfahrung und Begründung«, in: Ders., *Die Möglichkeit von Wissenschaft* (Frankfurt, 1974), S. 56 – 83.

Mittelstraß, Jürgen. »Sozialwissenschaften im System der Wissenschaft«, in: Manfred Timmermann (Hrsg.), *Sozialwissenschaften: Eine multidisziplinäre Einführung* (Konstanz, 1978), S. 173 – 189.

Mittelstraß, Jürgen. »Beratung und Kontrolle: Bemerkungen zur Rolle des unabhängigen Sachverstandes im System wirtschaftlichen Handelns«, in: Ders. (Hrsg.), *Methodenprobleme der Wissenschaften vom gesellschaftlichen Handeln* (Frankfurt, 1979), S. 384 – 408.

Mittelstraß, Jürgen. Art. »Enzyklopädie«, in: *Enzyklopädie Philosophie und Wissenschaftstheorie*, hrsg. v. Jürgen Mittelstraß, Bd. 1 (Mannheim/Wien/Zürich, 1980), S. 557 – 562.

Mittelstraß, Jürgen. »Wissenschaft als Lebensform: Zur gesellschaftlichen Relevanz und zum bürgerlichen Begriff der Wissenschaft«, in: Ders., *Wissenschaft als Lebensform: Reden über philosophische Orientierungen in Wissenschaft und Universität* (Frankfurt, 1982), S. 11 – 36.

Mittelstraß, Jürgen. »Technik und Vernunft: Orientierungsprobleme in der Industriegesellschaft«, in: Ders., *Wissenschaft als Lebensform: Reden über philosophische Orientierungen in Wissenschaft und Universität* (Frankfurt, 1982), S. 37 – 64.

Mittelstraß, Jürgen. »Forschungsplanung aus wissenschaftstheoretischer Sicht«, in: Ders., *Wissenschaft als Lebensform: Reden über philosophische Orientierungen in Wissenschaft und Universität* (Frankfurt, 1982), S. 85 – 100.

Mittelstraß, Jürgen. »Theorie und Empirie der Wissenschaftsforschung«, in: Ders., *Wissenschaft als Lebensform: Reden über philosophische Orientierungen in Wissenschaft und Universität* (Frankfurt, 1982), S. 185 – 225.

Mittelstraß, Jürgen. »Wissenschaft als Kultur«, *Heidelberger Jahrbücher* 30 (1986), S. 51 – 71.

Mittelstraß, Jürgen. »Bibliothek und geisteswissenschaftliche Forschung«, in: Richard Landwehrmeyer u. a. (Hrsg.), *Bibliotheken im Netz: Funktionswandel wissenschaftlicher Bibliotheken durch Informationsverarbeitungsnetze*, (München, 1986), S. 27 – 43.

Mittelstraß, Jürgen. *Das ethische Maß der Wissenschaft* (Stuttgart, 1987).

Mittelstraß, Jürgen. »Die Stunde der Interdisziplinarität«, in: Jürgen Kocka (Hrsg.), *Interdisziplinarität: Praxis – Herausforderung – Ideologie* (Frankfurt, 1987), S. 152 – 158.

Mittelstraß, Jürgen. »Das Maß der Wissenschaft und der Technik«, *Technische Rundschau* 80 (1988), Heft 10, S. 6 – 11.

Mittelstraß, Jürgen. »Der Flug der Eule: 15 Thesen über Bildung, Wissenschaft und Universität«, in: W. Böhm u. M. Lindauer (Hrsg.) *»Nicht Vielwissen sättigt die Seele«: Wissen, Erkennen, Bildung, Ausbildung heute* (3. Symposium der Universität Würzburg), (Stuttgart, 1988), S. 129 – 146.

Mittelstraß, Jürgen. »Wohin geht die Wissenschaft?: Über Disziplinarität, Transdisziplinarität und das Wissen einer Leibniz-Welt«, *Konstanzer Blätter für Hochschulfragen* 26 (1989), S. 97 – 115.

Mittelstraß, Jürgen. *Glanz und Elend der Geisteswissenschaften* (= *Oldenburger Universitätsreden* Nr. 27), (Oldenburg, 1989).

Mittelstraß, Jürgen. »Philosophische Grundlagen der Wissenschaften: Über wissenschaftstheoretischen Historizismus, Konstruktivismus und Mythen des wissenschaftlichen Geistes«, in: Ders., *Der Flug der Eule: Von der Vernunft der Wissenschaft und der Aufgabe der Philosophie* (Frankfurt, 1989), S. 194 – 227.

Mittelstraß, Jürgen. »Forschung, Begründung, Rekonstruktion: Wege aus dem Begründungsstreit«, in: Ders., *Der Flug der Eule: Von der Vernunft der Wissenschaft und der Aufgabe der Philosophie* (Frankfurt, 1989), S. 257 – 280.

Mittelstraß, Jürgen. *Der Flug der Eule: Von der Vernunft der Wissenschaft und der Aufgabe der Philosophie* (Frankfurt, 1989).

Mittelstraß, Jürgen, u. Peter Schroeder-Heister. »Zeichen, Kalkül, Wahrscheinlichkeit: Elemente einer Mathesis Universalis bei Leibniz«, in: Herbert Stachowiak (Hrsg.), *Pragmatik: Handbuch pragmatischen Denkens I [Pragmatisches Denken von den Ursprüngen bis zum 18. Jahrhundert]*, (Hamburg, 1986), S. 392 – 414.

Mocek, Reinhard. *Gedanken über die Wissenschaft* (Berlin-Ost, 1980).

Mocek, Reinhard. *Neugier und Nutzen: Fragen an die Wissenschaftsgeschichte* (Köln, 1988).

Mohr, Hans. *Wissenschaft und menschliche Existenz: Vorlesungen über Struktur und Bedeutung der Wissenschaft* (Freiburg, 1967).

Mohr, Hans. *Über die Bedeutung der Naturwissenschaften für die Kultur unserer Zeit* (= *Nova Acta Leopoldina*, Neue Folge Nr. 209, Band 37/2), (Halle a. S., 1973).

Mohr, Hans. *Homo investigans / Homo politicus: Zum Selbstverständnis des Naturwissenschaftlers* (= *Konstanzer Universitätsreden* Nr. 152), (Konstanz, 1985).

Mohr, Hans. »Wissenschaft und Bildung: Stellungnahme eines Naturwissenschaftlers zu den Thesen von C. P. Snow«, in: Helmut Kreuzer (Hrsg.), *Die zwei Kulturen: Literarische und naturwissenschaftliche Intelligenz: C. P. Snows These in der Diskussion* (München, 1987), S. 229 – 253.

Müller-Daehn, Claus. *Wissenschaft und Forschung in der Bundesrepublik Deutschland* (Darmstadt, 1970).

Nack, Armin. »Richter am Computer: Der Computer als Hilfsmittel des Richters: Aktueller Stand und Perspektiven«, in: Ulrich Erdmann u. a. (Hrsg.),

Computergestützte Juristische Expertensysteme (Tübingen, 1986), S. 191 – 200.

Neurath, Otto. »Empirische Soziologie« (1931), in: Ders., *Wissenschaftliche Weltauffassung, Sozialismus und Logischer Empirismus*, hrsg. v. Rainer Hegselmann (Frankfurt, 1979), S. 152 – 182.

Neurath, Otto. »Protokollsätze« (1932/33), in: Hubert Schleichert (Hrsg.), *Logischer Empirismus – der Wiener Kreis* (München, 1975), S. 70 – 80.

Neurath, Otto. »Radikaler Physikalismus und ›Wirkliche Welt‹« (1934), in: Ders., *Wissenschaftliche Weltauffassung, Sozialismus und Logischer Empirismus*, hrsg. v. Rainer Hegselmann (Frankfurt, 1979), S. 102 – 119.

Nozick, Robert. *Anarchy, State, and Utopia* (New York, 1974).

Patzig, Günther. »Die Göttinger Akademie: Gegenwärtige Lage und Zukunftsaufgaben«, in: Akademie der Wissenschaften in Göttingen, *Jahrbuch 1987* (Göttingen, 1987), S. 56 – 66.

Perutz, Max F. *Ging's ohne Forschung besser?: Der Einfluß der Naturwissenschaften auf die Gesellschaft* (Stuttgart, 1982).

Pfab, Reinhard. »›Wasser – Boden – Luft‹: Bestandsaufnahme« (Manuskript vom Sept. 1988).

Philipps, Andrea. »Experten, Laien und Systeme – das Münchener Expertensystem und seine Ziele«, in: Ulrich Erdmann u. a. (Hrsg.), *Computergestützte Juristische Expertensysteme* (Tübingen, 1986), S. 135 – 151.

Pleines, Jürgen-Eckardt (Hrsg.). *Bildungstheorien: Probleme und Positionen* (Freiburg/Basel/Wien, 1978)

Popper, Karl R. *Logik der Forschung* (Tübingen, ^{7}1982; urspr. engl. 1934).

Posner, Roland. »Mitteilungen an die ferne Zukunft: Hintergrund, Anlaß, Problemstellung und Resultate einer Umfrage«, *Zeitschrift für Semiotik* 6 (1984), S. 197 – 217.

Prigogine, Ilya, u. R. Levefer. »Theory of Dissipative Structures«, in: Hermann Haken (Hrsg.), *Synergetics: Cooperative Phenomena in Multi-Component Systems* (Stuttgart, 1973), S. 124 – 135.

Prigogine, Ilya, u. Isabelle Stengers. *Dialog mit der Natur: Neue Wege naturwissenschaftlichen Denkens* (München, 1986).

Quine, Willard Van Orman. »Two Dogmas of Empiricism« (1951), in: Ders., *From a Logical Point of View: Logico-Philosophical Essays* (Cambridge, Mass., 1964), S. 20 – 46.

Quigg, Chris. »Elementarteilchen und die Grundkräfte der Natur«, *Spektrum der Wissenschaft* (Juni 1985), S. 110 – 122.

Rahner, Karl. »Zum Problem der genetischen Manipulation«, in: Ders., *Schriften zur Theologie*, Band 8 (Einsiedeln/Zürich/Köln, 1967), S. 286 – 321; zitiert nach: Kurt Bayertz, *GenEthik: Probleme der Technisierung menschlicher Fortpflanzung* (Reinbek, 1987), S. 133.

Rapp, Friedrich. »Die normativen Determinanten des technischen Wandels«, in: Hans Lenk u. Günter Ropohl (Hrsg.), *Technik und Ethik* (Stuttgart, 1987), S. 31 – 48.

Rat von Sachverständigen für Umweltfragen. *Umweltgutachten 1987* (Bundestags-Drucksache 11/1568), (Bonn, 1987).
Rawls, John. *A Theory of Justice* (Cambridge, Mass., 1971).
Rawls, John. »Kantian Constructivism in Moral Theory«, *The Journal of Philosophy* 77 (1980), S. 515 – 572.
Rawls, John. »Justice as Fairness: Political not Metaphysical«, *Philosophy and Public Affairs* 14 (1985), S. 223 – 251.
Redner, Harry. *The Ends of Science: An Essay in Scientific Authority* (Boulder/ London, 1987).
Rentsch, Thomas. »Der Augenblick des Schönen: Visio beatifica und Geschichte der ästhetischen Idee«, in: Thomas Rentsch u. Helmut Bachmaier (Hrsg.), *Poetische Autonomie: Zur Wechselwirkung von Dichtung und Philosophie in der Epoche Goethes und Hölderlins* (Stuttgart, 1987), S. 329 – 353.
Rescher, Nicholas. *Cognitive Systematization: A Systems-Theoretic Approach to a Coherentist Theory of Knowledge* (Oxford/New York, 1977).
Rescher, Nicholas. »The Systematization of Knowledge«, *Philosophy in Context* 6 (1977), S. 6 – 8 u. S. 20 – 42.
Rescher, Nicholas. *Scientific Progress* (Oxford, 1978).
Rescher, Nicholas. »Leibniz and the Concept of a System«, *Studia Leibnitiana* 13 (1981), S. 114 – 122.
Rickert, Heinrich. *Die Grenzen der naturwissenschaftlichen Begriffsbildung: Eine logische Einleitung in die historischen Wissenschaften*, 2. neu bearbeitete Aufl. (Tübingen, 1913; urspr. 1902).
Riedel, Manfred. *Verstehen oder Erklären?: Zur Theorie und Geschichte der hermeneutischen Wissenschaften* (Stuttgart, 1978).
Riedel, Manfred. Art. »Geisteswissenschaften«, in: *Enzyklopädie Philosophie und Wissenschaftstheorie*, hrsg. v. Jürgen Mittelstraß, Bd. 1 (Mannheim/ Wien/Zürich, 1980), S. 724 – 728.
Ritter, Henning. »Preisfragen«, *Kursbuch* 91 (März 1988), S. 23 – 25.
Ritter, Joachim. »Die Aufgabe der Geisteswissenschaften in der modernen Gesellschaft« (1963), in: Ders., *Subjektivität: Sechs Aufsätze* (Frankfurt, ^{2}1980), S. 105 – 140.
Ropohl, Günter. »Einführung in die allgemeine Systemtheorie«, in: Lenk, Hans u. Günter Ropohl (Hrsg.), *Systemtheorie als Wissenschaftsprogramm* (Königstein, Ts., 1978), S. 9 – 49.
Rorty, Richard. *Philosophy and the Mirror of Nature* (Princeton, 1979).
Rüttgers, Jürgen. »Diskurse contra Defizite: Plädoyer für die Gründung einer ›Deutschen Akademie der Wissenschaften‹«, *Rheinischer Merkur* vom 13. Okt. 1989 (Nr. 41), S. 13.
Rumelhart, David E., u. James L. McClelland. *Parallel Distributed Processing*, Bd. 1 (Cambridge, Mass., 1986)
Runkel, Wolfram. »Brutaler Brüter«, *ZEITmagazin* vom 16. März 1990 (Nr. 12), S. 92 – 99.
Schäfer, Wolf. *Die unvertraute Moderne: Historische Umrisse einer anderen Natur- und Sozialgeschichte* (Frankfurt, 1985).

Scheibe, Erhard. »Gibt es eine Annäherung der Naturwissenschaften an die Geisteswissenschaften?«, *Universitas* 42 (1987), S. 5 – 18.

Scheibe, Erhard, u. Georg Süßmann (Hrsg.). *Einheit und Vielheit: Festschrift für Carl Friedrich v. Weizsäcker zum 60. Geburtstag* (Göttingen, 1973).

Schepers, Heinrich. »Leibniz' Disputationen ›De Conditionibus‹: Ansätze zu einer juristischen Aussagenlogik«, in *Studia Leibnitiana Supplementa*, Vol. 15, Bd. 4 (Wiesbaden, 1975), S. 1 – 17.

Schiller, Friedrich. »Sechster Brief«, in: Ders., *Ausgewählte Werke*, hrsg. v. Ernst Müller (Darmstadt, 1954).

Schleiermacher, Friedrich. *Gelegentliche Gedanken über Universitäten in deutschem Sinn. Nebst einem Anhang über eine neu zu errichtende* (urspr. 1808), in: Ernst Anrich (Hrsg.), *Die Idee der deutschen Universität* (Darmstadt, 1959), S. 219 – 308.

Schnädelbach, Herbert. *Reflexion und Diskurs: Fragen einer Logik der Philosophie* (Frankfurt, 1977).

Schnädelbach, Herbert. *Philosophie in Deutschland 1831 – 1933* (Frankfurt, 1983).

Schnädelbach, Herbert. »Kritik der Kompensation«, *Kursbuch* 91 (März 1988), S. 35 – 45.

Schneiders, Werner. »Gottfried Wilhelm Leibniz: Das Reich der Vernunft«, in: Josef Speck (Hrsg.), *Grundprobleme der großen Philosophen: Philosophie der Neuzeit I* (Göttingen, 1979), S. 139 – 175.

Schopper, Herwig. »Auf der Suche nach den Grundelementen der Materie«, *Physikalische Blätter* 44 (1988), S. 319 – 324.

Schröter, Joachim. »Zur Axiomatik der Raum-Zeit-Theorie«, in: Jürgen Audretsch u. Klaus Mainzer (Hrsg.), *Philosophie und Physik der Raum-Zeit* (Mannheim, 1988), S. 121 – 144.

Schwartz, Jacob T. »The New Connectionism: Developing Relationship Between Neuroscience and Artificial Intelligence«, in: Stephen R. Graubard (Hrsg.), *The Artificial Intelligence Debate: False Starts, Real Foundations* (Cambridge, [2]1989), S. 123 – 141.

Schwarz, Birgit. »Markenartikel Mensch: Ärztliche Ethik und Strafrecht sind der Embryonenforschung nicht gewachsen«, *DIE ZEIT* vom 22. Sept. 1989 (Nr. 39), S. 16.

Seiler, Manfred. »Maß und Wert: Zur Forschungsmessung in den Geisteswissenschaften«, *Kursbuch* 91 (März 1988), S. 89 – 97.

Snow, Charles Percy. *The Two Cultures and the Scientific Revolution: The Rede Lecture* 1959 (Cambridge, 1959).

Snow, Charles Percy. »Ein Nachtrag« (1963), in: Helmut Kreuzer (Hrsg.), *Die zwei Kulturen: Literarische und naturwissenschaftliche Intelligenz: C. P. Snows These in der Diskussion* (München, 1987), S. 59 – 96.

Sommer, Manfred. *Die Selbsterhaltung der Vernunft* (Stuttgart-Bad Cannstatt, 1977).

Stachowiak, Herbert. *Denken und Erkennen im kybernetischen Modell* (Wien, 1965).

Stegmüller, Wolfgang. *Rationale Rekonstruktion von Wissenschaft und ihrem Wandel. Mit einer autobiographischen Einleitung* (Stuttgart, 1979).
Stegmüller, Wolfgang. *Hauptströmungen der Gegenwartsphilosophie,* Bd. 1 (Stuttgart, [7]1989).
Stegmüller, Wolfgang. *Hauptströmungen der Gegenwartsphilosophie,* Bd. 2 (Stuttgart, [8]1987).
Stegmüller, Wolfgang. *Hauptströmungen der Gegenwartsphilosophie,* Bd. 3 (Stuttgart, [8]1987).
Stent, Gunther S. *Paradoxes of Progress* (San Francisco, 1978).
Stichweh, Rudolf. *Zur Entstehung des modernen Systems wissenschaftlicher Disziplinen: Physik in Deutschland 1740–1890* (Frankfurt, 1984).
Streminger, Gerhard. »Adam Smiths Gerechtigkeitskonzeption«, in: *Philosophie des Rechts, der Politik und der Gesellschaft (= Akten des 12. Internationalen Wittgenstein Symposiums),* hrsg. v. Ota Weinberger, Peter Koller u. Alfred Schramm (Wien, 1988), S. 67–76.
't Hooft, Gerard. »Symmetrien in der Physik der Elementarteilchen«, in: Spektrum der Wissenschaft (Reihe: Verständliche Forschung), *Teilchen, Felder und Symmetrien: Quantenfeldtheorie und die Einheit der Naturgesetze* (Heidelberg, 1984), S. 32–49.
Tugendhat, Ernst. »Die Geisteswissenschaften als Aufklärungswissenschaften«, Manuskript (1989).
Turner, George. »Der Großrat der Spürnasen in der alten Italienischen Botschaft: Zur 750-Jahr-Feier erhält Berlin eine Akademie der Wissenschaften«, in: Akademie der Wissenschaften zu Berlin, *Jahrbuch 1987* (Berlin/New York, 1988), S. 177–184.
Uhlemann, Frank. »Neurale Netze«, Manuskript (1989).
Veltman, Martinus J. G. »Das Higgs-Boson«, *Spektrum der Wissenschaft* (Januar 1987), S. 52–59.
Walder, Hans. »Computerprogramm ›Strafrecht‹ – Strafrechtliches Fall-Lösungsverfahren und Lernprogramm«, in: Ulrich Erdmann u. a. (Hrsg.), *Computergestützte Juristische Expertensysteme* (Tübingen, 1986), S. 179–184.
Weber, Max. »Die ›Objektivität‹ sozialwissenschaftlicher und sozialpolitischer Erkenntnis« (1904), in: Ders., *Gesammelte Aufsätze zur Wissenschaftslehre,* hrsg. v. Johannes Winckelmann (Tübingen, [7]1988), S. 146–214.
Weber, Max. »Der Sinn der ›Wertfreiheit‹ der soziologischen und ökonomischen Wissenschaften« (1917), in: Ders., *Gesammelte Aufsätze zur Wissenschaftslehre,* hrsg. v. Johannes Winckelmann (Tübingen, [7]1988), S. 489–540.
Weber, Max. »Wissenschaft als Beruf« (1919), in: Ders., *Gesammelte Aufsätze zur Wissenschaftslehre,* hrsg. v. Johannes Winckelmann (Tübingen, [7]1988), S. 582–613.
Weinberg, Steven. »Vereinheitlichte Theorie der elektroschwachen Wechselwirkung«, in: Spektrum der Wissenschaft (Reihe: Verständliche Forschung), *Teilchen, Felder und Symmetrien: Quantenfeldtheorie und die Einheit der Naturgesetze* (Heidelberg, 1984), S. 6–15.

Weizsäcker, Carl Friedrich von. *Die Einheit der Natur* (München, 1974).
Wetzel, Dietrich. »Es geht um mehr als Geld: Über die Zukunft der Universitäten in der Risikogesellschaft«, *DIE ZEIT* vom 27. Jan. 1989 (Nr. 5), S. 53–54.
Wiener, Norbert. *Cybernetics – or Control and Communication in the Animal and the Machine* (New York, 1948) [dt. *Kybernetik: Regelung und Nachrichtenübertragung in Lebewesen und Maschine* (Düsseldorf/Wien, 1962, [2]1965; Reinbek, 1968)].
Wissenschaftsrat. *Empfehlungen des Wissenschaftsrates zu den Perspektiven der Hochschulen in den 90er Jahren* (Köln, 1988).
Wolters, Gereon. Art. »Bertalanffy«, in: Enzyklopädie Philosophie und Wissenschaftstheorie, hrsg. v. Jürgen Mittelstraß, Bd. 1 (Mannheim/Wien/Zürich, 1980), S. 294–295.
Wolters, Gereon. Art. »Klassifikation«, in: *Enzyklopädie Philosophie und Wissenschaftstheorie*, hrsg. v. Jürgen Mittelstraß, Bd. 2 (Mannheim/Wien/Zürich, 1984), S. 409–410.
Wright, Georg Henrik von. *Explanation and Understanding* (London, 1971).
Wuchterl, Kurt. *Methoden der Gegenwartsphilosophie* (Bern, [2]1987).
Zimmerli, Walther C. »Statt eines Resümes: Die ›neuen‹ Technologien und die Aufgaben von Geisteswissenschaften und Philosophie«, in: Bundesminister für Bildung und Wissenschaft (Hrsg.), *Neue Technologien und die Herausforderung an die Geisteswissenschaften* (= *Schriftenreihe Studien zu Bildung und Wissenschaft* Nr. 54), (Bonn, 1987), S. 96–113.

9. English Summary

Contemporary science is often criticized for its negative effects or its shortcomings concerning the satisfaction of human interests. The results of research in the »hard« sciences seem to develop a dynamic force of their own, and their consequences seem to be neither forseeable nor controllable. The specialization of the various disciplines has led to an accumulation of particularized knowledge that disorients rather than clarifies. The moral responsibility for the defensible application of scientific results seems to have become a burden that no one is ready to shoulder – or one that cannot even be assigned to anyone in particular.

As a consequence of this modern critique of science, demands have been made for a change in science. These demands range from the rejection of the scientific ideal of providing the technical control of the powers of nature to the rejection of modern civilization as a whole as it is characterized by the Enlightenment ideal of rationality (or reason).

The present study examines how far the deficits mentioned above really exist, and how far the sciences can be blamed for them. The particularization of scientific disciplines and the problems connected with it receive special focus. It is shown that the negative side effects resulting from this specialization necessitate interdisciplinary research in problem-oriented projects. Since today's problems do not fall nicely into the categories of established disciplines, research nowadays requires more than the mere accumulation of the results from the various sciences. Instead, it must lead to overstepping disciplinary boundaries, which themselves have to be flexible enough to adjust to new problems. This practical requirement of interdisciplinarity (or *trans*disciplinarity) has its philosophical foundation in the idea of the »unity of science.« This idea not only refers to the methodological unity of scientific rationality, but also to the concept of science as a *praxis* rather than an organization of disciplines.

Still, it remains an open question whether the rationality of science suffices to fulfill the tasks of practical reason. In this respect, it is important to make it clear that one should not ask too much of the sciences. This warning applies not only to the »hard« sciences (the »Naturwissenschaften«), but also to the humanities (the »Geisteswissenschaften«). Although the humanities are *en vogue* at the moment, because they seem to satisfy certain needs that are left unanswered (or are even created) by the »hard« sciences, it has to be made clear that the humanities should not be put under too much strain by asking them to solve the practical problems arising from modern technical developments – nor should they be reduced to fulfilling a merely compensatory function by giving the modern world a »human touch.« Instead of putting the »hard« sciences and the humanities at opposite poles that have nothing in common (as C. P. Snow's thesis of the »two cultures« implies), it should rather be emphasized that all the sciences (the »hard« sciences as well als the humanities) form an integral part of our rational culture, stabilizing *and* developing it.

Practical reason, on the other hand, cannot be replaced by scientific research, neither by the »hard« sciences nor by the humanities. But this does not make the scientific enterprise less worthwhile, and it also need not lead to a rejection of scientific rationality – it only shows that there are limits of science and that there will always be a need for the power of normative judgment.

10. Register

In das Personenregister wurden Herausgebernamen nicht aufgenommen. Sowohl im Personen- als auch im Sachregister bedeutet die Angabe 1, 2, 3, daß die Person bzw. die Sache auf den Seiten 1, 2 und 3 behandelt wird, die Beiträge aber keinen direkten Zusammenhang bilden. Eine solche zusammenhängende Behandlung wird durch die Angabe 1 – 3 angezeigt.

Personenregister

Sachregister